DIMAISHI ZAISHENG SHUICHANG
JIANSHE GUANLI

地埋式再生水厂
建设管理

胡玉明　张　泰　刘兆兵　王　嘉　丁德军/编著

项目策划：唐　飞
责任编辑：王　锋
责任校对：刘柳序
封面设计：墨创文化
责任印制：王　炜

图书在版编目（CIP）数据

地埋式再生水厂建设管理 / 胡玉明等编著. — 成都：四川大学出版社，2022.4

ISBN 978-7-5690-5443-9

Ⅰ. ①地… Ⅱ. ①胡… Ⅲ. ①污水处理厂—地下建筑物—工程管理 Ⅳ. ①X505

中国版本图书馆CIP数据核字（2022）第067254号

书名　地埋式再生水厂建设管理
DIMAISHI ZAISHENG SHUICHANG JIANSHE GUANLI

编　　著	胡玉明　张　泰　刘兆兵　王　嘉　丁德军
出　　版	四川大学出版社
地　　址	成都市一环路南一段24号（610065）
发　　行	四川大学出版社
书　　号	ISBN 978-7-5690-5443-9
印前制作	四川胜翔数码印务设计有限公司
印　　刷	四川五洲彩印有限责任公司
成品尺寸	185mm×260mm
印　　张	18.25
字　　数	444千字
版　　次	2022年5月第1版
印　　次	2022年5月第1次印刷
定　　价	68.00元

◆ 读者邮购本书，请与本社发行科联系。
电话：(028)85408408/(028)85401670/
(028)86408023　邮政编码：610065
◆ 本社图书如有印装质量问题，请寄回出版社调换。
◆ 网址：http://press.scu.edu.cn

四川大学出版社
微信公众号

前　言

随着我国经济建设和社会的快速发展，环境保护问题日益突出，我国工业化、城市化带来了水污染的问题。由于生活、工业和农业灌溉等方面用水的过量使用和开采，加上地表水、浅层地下水的污染，造成水资源的恶化和稀缺。我国水资源正面临着两大问题：一是水环境污染，二是水资源短缺。城市水环境恶化加剧了水资源的短缺，影响着人民群众的身心健康，已经成为城市可持续发展的严重制约因素。

城市化进程的发展必然带来城市污染。早期的城市污水通过自然或工程修筑的污水收集系统收集并沿着水体排放到下游，污染物经过水体的稀释和自然净化变浊为清。随着城市化进程的加剧和工业的高速发展，排放的污水量逐年增加，水质越来越恶劣，水体的自然净化能力和水环境容量已不堪重负，必须对污水进行处理才能使水体净化满足需求。

《国民经济和社会发展第十四个五年规划纲要》要求，在十四五期间，推行功能复合、立体开发、公交导向的集约紧凑型发展模式，统筹地上地下空间利用，增加绿化节点和公共开敞空间，完善水污染防治流域协同机制，加强重点流域、重点湖泊、城市水体和近岸海域综合治理，推进美丽河湖保护与建设，化学需氧量和氨氮排放总量分别下降 8%，基本消除劣Ⅴ类国控断面和城市黑臭水体。新建污水处理厂的选址问题成为困扰城市中心区污水处理系统完善的瓶颈，地埋式再生水厂作为一种高效、集约用地的新模式成为未来城市污水处理规划的新方向。

截至 2018 年底，我国已建成 4000 多个市政污水厂和再生水厂，其中 98%以上为地上式，地埋式不足 2%。但近年来，地埋式污水厂和再生水厂已成为我国新兴的城镇污水处理建设模式，目前全国在建或拟建的各种规模地埋式污水厂和再生水厂约有数十座。

作为一种新兴的再生水厂建设形式，地埋式再生水厂的设计、建设、运行维护缺乏针对性的技术规范和指引，目前暂时依据传统城镇污水处理厂的标准规范体系。考虑到我国快速增长的工程实践以及传统标准体系已不能完全满足地埋式再生水厂建设的需求，迫切需要通过对实践经验的总结与规则的提炼，推动地埋式再生水厂建设的高质量发展。

本书主要着力于地埋式再生水厂建设管理的实用性研究，全书主要采用了系统研究、实例分析的方法，注重从地埋式再生水厂建设项目业主的视角出发，强调以实用性、可操作性为主导，并以地埋式再生水厂建设管理过程作为主要研究对象。通过对建设管理过程中的经验和教训的总结和梳理，形成成体系的建设管理方法，给参与地埋式再生水厂建设的业主提供参考。

本书共10章，内容虽偏重于管理，但实例中提供的工程技术资料对性质相同的其他项目也有参考价值。

今后，我们将陆续增加施工、工艺和设备安装等相关内容，以不断充实和完善，为有志于从事地埋式再生水厂建设的设计人员、建设管理人员、技术人员和大专院校学生，提供一套有实用参考价值的工具书。

本书编写者都是从事给排水及水处理工艺设备建设和研究多年的技术人员，有从事设计十余年的工艺设计师，有从事施工行业的建造师，有从事工程管理及教学近三十年的专家。

参加本书相关章节编写的有胡玉明、张泰、刘兆兵、王嘉、丁德军、鹿博、胡宇宏等。其中胡玉明、刘兆兵编写第1章，刘兆兵编写第2章，王嘉编写第3章，张泰编写第4章，胡玉明、张泰、刘兆兵、王嘉、鹿博、胡宇宏编写第5章，张泰、王嘉编写第6章，张泰、丁德军、胡宇宏编写第7章，丁德军编写第8章，丁德军、鹿博编写第9章，鹿博编写第10章。本书的编写得到了华北市政设计院、上海市政设计院、中南市政设计院、西南市政设计院、市政广州设计院、成都环境工程建设有限公司、中建七局和中铁上海局的大力支持，在此表示感谢。在本书编写过程中，参照和采用了近年来同行业技术人员公开发表的有关文献和技术资料，在此也向上述资料的作者表示衷心的感谢。

由于本书涉及工程、管理、工艺和技术等多个领域，限于编者的学术水平和研究能力，书中难免存在疏漏和不当之处，恳请读者批评指正。

编　者

2022年3月

目　录

第 1 章　地埋式再生水厂概述…………………………………………………………（ 1 ）
1.1　污水处理建设发展 …………………………………………………………（ 1 ）
1.2　地埋式再生水厂的现状 ……………………………………………………（ 4 ）
1.3　地埋式再生水厂的工艺 ……………………………………………………（ 11 ）
1.4　地埋式再生水厂的形式 ……………………………………………………（ 13 ）
第 2 章　前期阶段的管理……………………………………………………………（ 16 ）
2.1　前期阶段的工作 ……………………………………………………………（ 16 ）
2.2　前期阶段的采购 ……………………………………………………………（ 22 ）
2.3　项目建议书及可行性研究 …………………………………………………（ 23 ）
2.4　项目实施规划 ………………………………………………………………（ 28 ）
2.5　环境影响评价 ………………………………………………………………（ 31 ）
第 3 章　采购及合同管理……………………………………………………………（ 35 ）
3.1　采购与招投标管理 …………………………………………………………（ 35 ）
3.2　勘察设计招标及合同管理 …………………………………………………（ 44 ）
3.3　施工招标及合同管理 ………………………………………………………（ 52 ）
3.4　监理招标及合同管理 ………………………………………………………（ 59 ）
3.5　设备采购及合同管理 ………………………………………………………（ 64 ）
第 4 章　勘察设计的过程管理………………………………………………………（ 72 ）
4.1　地埋式再生水厂勘察设计特点 ……………………………………………（ 72 ）
4.2　勘察及设计过程管理 ………………………………………………………（ 80 ）
4.3　设计质量、进度及投资管理 ………………………………………………（ 86 ）
4.4　勘察设计控制要点 …………………………………………………………（ 91 ）
第 5 章　施工阶段过程管理…………………………………………………………（111）
5.1　施工准备阶段的管理 ………………………………………………………（111）
5.2　施工特点、难点分析 ………………………………………………………（117）
5.3　施工阶段质量管理 …………………………………………………………（119）
5.4　施工阶段进度管理 …………………………………………………………（131）
5.5　安全及文明施工管理 ………………………………………………………（142）
5.6　投资管理 ……………………………………………………………………（145）

5.7 索赔管理 …… (149)
5.8 土建施工管理要点 …… (154)
5.9 设备安装管理要点 …… (177)
5.10 地埋厂施工安全风险点及防控 …… (205)
第 6 章 设备调试及试运行管理 …… (217)
6.1 设备调试及试运行流程 …… (217)
6.2 设备调试 …… (218)
6.3 试运行管理 …… (222)
第 7 章 竣工阶段的管理 …… (229)
7.1 商业运营及竣工验收 …… (229)
7.2 竣工结算管理 …… (235)
7.3 竣工档案管理 …… (239)
第 8 章 项目后评价 …… (242)
8.1 项目后评价 …… (242)
8.2 项目各阶段的后评价 …… (243)
8.3 项目效果和效益评价 …… (245)
8.4 项目目标评价和可持续分析 …… (247)
第 9 章 风险管理 …… (249)
9.1 风险管理概述 …… (249)
9.2 地埋厂的风险与应对 …… (250)
9.3 工程保险与担保 …… (256)
9.4 工程担保 …… (262)
第 10 章 BIM 技术应用 …… (265)
10.1 BIM 技术概论 …… (265)
10.2 BIM 在设计阶段的应用 …… (267)
10.3 BIM 在施工阶段的应用 …… (270)
10.4 BIM 在调试运营阶段的应用 …… (281)
参考文献 …… (284)

第 1 章　地埋式再生水厂概述

1.1　污水处理建设发展

伴随着人类活动和城镇的产生，污水便随之产生。古时候由于人口数量不多，人们生活的自然环境消纳能力强，产生的污水通过自然或者修筑的污水收集系统收集并沿沟渠排放到江、河、湖、海下游水体，污染物经过下游水体的稀释和自然净化变浊为清。当时水体的自净能力能够满足人类的用水需求，人们仅需考虑排水问题即可。随着人口数量增长、居住集聚化，生活污水通过细菌传播引发了传染病的蔓延，出于防疫的考虑，城市管理部门开始对生活污水进行处理。

1.1.1　污水处理在欧美的发展

工业革命后，城市的人口开始迅速增长，其中英国成为当时水污染较严重的国家之一。由于城镇反复出现卫生问题，英国开始重视城镇水污染问题，成立了相关机构——河道污染皇家委员会（1865 年成立），颁布了相关法律——《河流污染预防法》（1876 年颁布），推出了较科学的出水标准。

英国谢菲尔德在 1886 年修建了当地的第一座污水厂（也称再生水厂、净水厂）Blackburn Meadows（见图 1.1），设计处理规模约为 4 万吨/天。截至 2012 年，该污水厂多次进行改造，目前出水标准仍满足欧盟的污水排放标准。

图 1.1　Blackburn Meadows 污水厂

从 1893 年第一个生物滤池在威尔士投入使用，到 1914 年活性污泥法试验厂在曼彻斯特建成，污水处理技术迅速在欧洲和北美得到广泛应用。

20世纪50年代开始，由于水体富营养化问题凸显，脱氮除磷成为污水处理的另一主要目的。于是，在活性污泥法的基础上衍生出了一系列的脱氮除磷工艺，生物除磷、AO、氧化沟、AAO、AB、SBR、ICEAS、CASS/CAST、UNITANK、MSBR、生物膜等工艺陆续研发成功并应用到欧美的各大污水厂。

1.1.2 污水处理在中国的发展

1.1.2.1 中国古代的污水处理

中国古代是非常重视排水系统和污水处理的，据《左传·成公六年》记载，（公元前585年）韩献子在迁都选址上建议晋景公“不如新田，土厚水深，居之不疾，有汾浍以流其恶，且民从教，十世之利也”。

中国古代的大城市都设置有完善的排污设施，在非常讲究卫生的朝代，这些设施能够很好地起到作用。古代通过修葺城内排水渠和地下暗沟的方式将城内污水排放到城外流量较大的江河湖海中，任其进行自然降解。

古代的人们按照一定比例，把石块、沙砾、泥土进行巧妙的搭配组合，再用枯枝败叶分隔为若干层用以过滤污水，形成了最早的城市排污沟。这些通过治污处理的“中水”，最终会进入护城河，接受深度治理和充分利用。古时的护城河实际上是一个集排水去污、消防储水、环境保护于一体的强大水利与环保工程。由于当时人口基数不大，城市依河而建，河流也成为城市水源及净化污水的主要载体。

1.1.2.2 中国近代的污水处理

中国严格意义上的污水处理从20世纪20年代开始，上海北区污水厂是中国第一座城市污水厂，建成于1923年。污水厂采用当时先进的活性污泥工艺，建成时处理能力为3500吨/天，1990年8月北区污水厂停止运转。

1926年，在上海贵阳路建成东区污水厂（见图1.2），次年在天山路建成西区污水厂。当时这三个污水厂的处理能力合计3.55万吨/天，是我国近代最早的城市污水处理设施。

图1.2 上海东区污水厂

1.1.2.3　水污染期的污水处理

1949 年以后，我国的污水处理行业经历了初步的发展，包括水体自净、一级处理和污水利用三个阶段。

20 世纪 50 年代，国外的污水处理技术发展较快，国内的污水处理技术依旧停留在较初级的阶段，大多还是利用水体的自净方式，没有把污水处理作为城市发展的一项重要内容，在技术上也没有较大的发展，处于相对落后的状况下。当时全国仅有几个大城市建设了近十座污水厂（包括上述上海北区等三个污水厂），在处理工艺上有的还是一级处理，处理的规模也很小，每天只有几千吨，最大的也仅每天 5 万吨左右，污水处理技术和管理水平处于较落后的状态。

从 60 年代开始，由于工农业的进一步发展，且当时的污水污染程度很低，污水用于农业灌溉的观念得到强化，特别是北方缺水地区将污水灌溉利用作为经验进行推广，如北京东南郊污水灌溉区、天津武宝宁污水灌溉区、沈抚灌渠等都是当时以污水灌溉为主的地区。

70 年代之前由于受到认知水平的局限，人们往往只看到污水灌溉有利的一面，而忽略了它可能给人类带来极大危害的不利的一面。城市污水包含生活污水、工业污水和初期雨水，这些组成部分中均可能有多种有毒、有害物质，特别是重金属和较稳定的有毒化学物质，无法降解。如果不经过适当处理直接用工业废水或城市污水灌溉农田，会造成环境卫生恶化、传染病和寄生虫病广泛传播以及农产品中有害物质的积累等，甚至可能污染地下水。

为了避免给土壤作物及人类健康带来危害，随着城市规模的扩大、现代化程度的提高以及我国经济实力的增强，我国逐渐禁止了污水灌溉农田。

1.1.2.4　污水处理发展期

20 世纪 70 年代至 80 年代末，我国开始关注水污染问题并采取了一定的整治措施。1979 年 9 月我国第一部环境保护基本法（简称《环保法》）颁布，标志着污水处理正式处于法律法规的管理之下。但这个时期主要是针对工业污染源的分散治理，污水处理尚未进入统一收集、处理模式。

进入 80 年代后，我国污水处理技术应用发展较快，进入水污染的综合防治阶段。国外污水处理新技术、新工艺、新设备被引进到我国，在活性污泥工艺应用的同时，AB、AO、AAO、CASS、SBR、UNITANK、氧化沟、稳定塘、土地处理法等工艺也在污水处理厂的建设中得到应用。

1.1.2.5　污水处理全面发展

随着改革开放的深化，我国开始日益重视污水处理行业的发展，1996 年我国批准《污水综合排放标准》（GB 8978—1996），自 1998 年起实施，新标准对各项出水指标有了更加严格的限制，因此又促进了污水深度处理技术的发展。

在 20 世纪 90 年代后期，由于建设大型城市污水厂的投资很大，我国有限的建设资金无法满足水污染治理的需要。为此我国引进国外资金建设污水处理厂成为建设资金的重要组成部分，从而加快了我国污水处理厂的建设速度。当时利用国外资金建设了一批大型城市污水厂，如成都三瓦窑污水处理厂（40 万吨/天）等。

进入 21 世纪以来，我国全面加大了水污染治理力度。2002 年 12 月我国颁布了现阶段仍在执行的《城镇污水处理厂污染物排放标准》(GB 18918—2002)，并于 2003 年 7 月起实施。该标准的实施，有力地促进了国内城镇污水处理行业的快速发展。

在此标准的基础上，全国各地根据当地社会经济发展状况和环境容纳能力状况，编制了相关地方标准。例如上海市于 2018 年颁布了《污水综合排放标准》(DB 31/199—2018)，第二类污染物排放限值接近甚至高于《城镇污水处理厂污染物排放标准》(GB 18918—2002）的一级 A 标。浙江省于 2018 年 12 月颁布了《城镇污水处理厂主要水污染物排放标准》(DB 33/2169—2018)。四川省于 2016 年颁布了《四川省岷江、沱江流域水污染物排放标准》（DB 51/2311—2016)，其排放限制基本达到地表四类水标准（见表 1.1)。

表 1.1　城镇污水厂排放标准比较（单位：mg/L)

<table>
<tr><th>基本控制项目</th><th>一级 A</th><th>四川</th><th>上海</th><th>浙江</th><th>备注</th></tr>
<tr><td>COD</td><td>≤50</td><td>30</td><td>50</td><td>30</td><td rowspan="6">四川的括号内为水温≤12℃时的控制指标，上海的括号内为11—次年 2 月的控制指标，浙江的括号内为 11—次年 3 月的控制指标</td></tr>
<tr><td>BOD</td><td>≤10</td><td>6</td><td>10</td><td>—</td></tr>
<tr><td>SS</td><td>≤10</td><td>—</td><td>20</td><td>—</td></tr>
<tr><td>氨氮</td><td>≤5</td><td>1.5 (3)</td><td>1.5 (3)</td><td>1.5 (3)</td></tr>
<tr><td>TP</td><td>≤0.5</td><td>0.3</td><td>0.3</td><td>0.3</td></tr>
<tr><td>TN</td><td>≤15</td><td>10</td><td>10 (15)</td><td>10 (12)</td></tr>
</table>

1.2　地埋式再生水厂的现状

1.2.1　地埋式再生水厂发展状况

1.2.1.1　国外地埋式再生水厂发展状况

地埋式再生水厂最早出现在气候寒冷的北欧地区，距今已有 80 多年的历史。目前，在全球已经有两百多座地埋式再生水厂在为城市居民服务。地埋式再生水厂的兴起基于各种各样的原因，芬兰赫尔辛基 Viikinmaki 污水厂、挪威奥斯陆 VEAS 污水厂的兴建，主要是由于芬兰和挪威两国受山地多、平原少、紧靠峡湾等用地条件的限制。荷兰鹿特丹 Dokhaven 污水厂、法国马赛 Geolide 污水厂选择地埋式，则主要是因为拟建地块位于市中心，用地非常紧张、对环境的要求较高，故采用地下形式。在亚洲地区，日本的地埋式再生水厂应用较多，其建设形式的选择主要考虑用地紧张、周边环境要求高等。

总体来看，很多发达国家的地埋式再生水厂建设高峰期集中在20世纪的八九十年代。随着环境污染治理系统的逐渐完善以及城市人口增长速度的下滑，近年来，发达国家关于地埋式再生水厂的研究及建设反而不是很多。国外主要地埋式再生水厂见表1.2。

表1.2 国外主要地埋式再生水厂

国家	项目	处理规模（万吨/天）	工艺	运营时间
芬兰	赫尔辛基 Viikinmaki 污水厂	33	活性污泥法	1994
	图尔库 Kakolanmaki 污水厂	9	活性污泥法	2009
挪威	奥斯陆 Bekkelaget 污水厂	16	活性污泥法	2000
	奥斯陆 VEAS 污水厂	24	BIOFOR 生物滤池	1995
瑞典	Henriksdal 污水厂	25	MBR	1942
	Kappala 污水厂	13	—	1957
	BrommAa 污水厂	23	—	1994
荷兰	鹿特丹 Dokhaven 污水厂	34	AB 工艺	1987
法国	马赛 Geolide 污水厂	24	ACTIFLO 高效+BIOSTYR 生物滤池	1987
马来西亚	吉隆坡 Pantai 第二污水厂	32	改良 AAO	2015
日本	神奈川县叶山町污水厂	2.47	活性污泥法+深度处理	1999
韩国	大邱智山污水厂	4.5	AAO	2002
	龙仁污水厂	11	转盘过滤+5段 BNR	2009
	仁川污水厂	13	AAO	2009

1.2.1.2 国内地埋式再生水厂发展状况

我国对于地埋式再生水厂的关注，主要集中在近十年。由于地埋式再生水厂投资较大，在2013年以前，国内的地埋式再生水厂建设数量还非常少，主要集中在北上广深等经济发达地区。近年来，随着国家对生态环境保护的要求逐渐提升、土地价值的再利用及污水处理技术的探索，全国各地地埋式再生水厂的建设开始提速，地域分布已延伸到了二、三线城市及中西部地区。目前国内已经投运及在建的地埋式再生水厂在100座以上，这些再生水厂以中小规模居多，总规模超过700万吨，数量和规模还在快速增长。国内主要地埋式再生水厂见表1.3。

表 1.3　国内主要地埋式再生水厂

项目	处理规模（万吨/天）	工艺	排放标准	运营时间
天津东郊污水厂	60	AAO+深床滤池，超滤+反渗透	天津市（DB 12/599—2015）A类	2020年6月
北京槐房再生水厂	60	MBR	地表水准Ⅳ类	2016年10月
北京郑王坟再生水厂	60	MBR	回用水	2016年
太原晋阳地埋式污水厂一期	48	改良 AAO+MBR	一级 A	2016年9月
深圳福田污水厂	40	AAO	一级 A	2016年3月
温州中心片污水厂	40	改良 AAO 工艺	一级 A	2018年6月
兰州七里河安宁污水厂改扩建工程	40	AAO+MBR	一级 A	—
上海泰和污水厂	40	AAO+反硝化	一级 A	2019年9月
杭州七格污水厂四期	30	AAO+深床滤池	一级 A	2019年6月
深圳布吉污水厂	20	AAO+生物膜法	一级 A	2011年8月
合肥清溪净水厂	20	AAO+深床滤池	一级 A	2017年12月
杭州临平净水厂	20	水解酸化+MBR	一级 A	2019年6月
青岛高新区污水厂	18	AAO	一级 A	2017年9月
通州碧水污水厂	18	AAO+MBR	地表水准Ⅳ类	2017年7月
北京稻香湖再生水厂一期	16	MBR	地表水准Ⅳ类	2017年3月
昆明第十污水厂	15	MBR	一级 A	2013年7月
烟台套子湾污水厂二期	15	MBR	一级 A	2014年12月
昆明第九污水厂	10	MBR	一级 A	2014年1月
石家庄正定新区地埋式再生水厂	10	MBR	一级 A	2015年6月
广州京溪净水厂	10	MBR	一级 A	2010年9月
合肥十五里河污水厂二期	10	AAO+深床滤池	一级 A	2014年1月
郑州南三环污水厂	10	改良 AAO	一级 A	2014年8月
成都天府新区第一污水厂一期	10	MBR	地表水Ⅳ类	2018年8月
成都双流区牧马山污水厂二期	10	AAO+深床滤池	地表水Ⅳ类	2022年2月
成都双流区航空港污水处理厂三期	10	AAO+深床滤池	地表水Ⅳ类	2022年3月

续表1.3

项目	处理规模（万吨/天）	工艺	排放标准	运营时间
广州番禺洛溪岛净水厂	10	AAO+MBR 膜工艺	一级 A	2020 年 3 月
珠海前山净水厂一期	10	MBR	一级 A	2016 年 9 月
贵州兴义滴水污水厂	10	AAO+MBR	一级 A	2018 年 2 月
合肥胡大郢污水厂	10	AAO+深度处理	地表水准Ⅳ类	2018 年 12 月
北京肖家河再生水厂	8	AAO+节能 MBR	地表水准Ⅳ类	2016 年 9 月
北京大兴天堂河污水厂	8	AAO+多段 AO+MBR	一级 B，部分一级 A	—
昆明第十一污水厂	6	AAO+深度处理	一级 A	2015 年 10 月
昆明安宁第二污水厂	6	AAO	一级 A	2017 年 3 月

1.2.2　地埋式再生水厂实例

1.2.2.1　芬兰赫尔辛基 Viikinmaki 污水厂

芬兰最大的地埋式再生水厂 Viikinmaki 污水厂（见图 1.3）从 1986 年开始建设，于 1994 年建成投产。该厂是芬兰乃至整个北欧地区最大的污水厂，设计处理规模为 33 万吨/天，实际处理量为 28 万吨/天，其中 85%为生活污水，15%为工业废水。该厂的工程总造价约为 2.15 亿美元，其中地下部分造价约为 1.98 亿美元，采用鼓风曝气活性污泥法，除办公室、职工活动中心、部分车间及能量生产站外，其余部分均位于地下岩洞内。该厂出水经过岩石隧道，采用重力流排入大海，出水口位于水底20 m深处，该设计还可防止海水倒灌入厂内。

图 1.3　芬兰赫尔辛基 Viikinmaki 污水厂

芬兰将污水厂建在地下首先是出于空间利用的考虑，污水厂选址多属环境敏感区，建于地下会免去许多城市规划方面的麻烦；其次，选址的岩洞地质也适合地下建筑；再者，北欧接近北极，长年处于严寒，生物处理工艺需要合适的温度条件，把厂建到地下能更好、更稳定地给生物处理工艺提供温度条件。

1.2.2.2 广州京溪净水厂

广州京溪净水厂（见图 1.4）是国内首座地埋式 MBR 膜再生水厂，于 2009 年 9 月开工，2010 年 6 月底建成通水，设计处理规模为 10 万吨/天。

图 1.4 广州京溪净水厂

京溪净水厂位于广州市白云区犀牛村，厂区占地 1.83 hm^2，采用 MBR 膜处理工艺，处理构筑物采用全地下布置和组团布局。配套有污泥处理、臭气处理、地面园林景观等构筑物。处理出水水质满足一级 A 标准，尾水直接排入下游 12 km 河道景观补水。

1.2.2.3 天津东郊污水厂

天津东郊污水厂（见图 1.5）总用地面积 42.23 万 m^2，是亚洲最大的半地埋式再生水厂。污水处理采用“AAO +深床滤池”处理工艺，日处理规模为 60 万吨，再生水处理采用“超滤+反渗透”处理工艺，日处理规模为 10 万吨，部分出水可直接排至南淀郊野公园作为景观和湿地用水，真正实现景观生态的有机结合。该厂于 2018 年 1 月开工，2020 年 6 月通水。

图 1.5 天津东郊污水厂

1.2.2.4 贵阳贵医再生水厂

贵阳贵医再生水厂（见图 1.6）建设总处理规模为 5 万吨/天，工程建设总投资约 7.53 亿元，采用 AAO+MBR 工艺。该厂将地下再生水厂与地下停车场、地下商场，以及地面综合建筑（包括学生公寓、住宅等在内的商业楼宇）、地面景观有机的结合，实现地上地下空间的最大化综合利用，实现了再生水厂与城市和谐共生，是国内第一座超级综合体再生水厂。

图1.6　贵阳贵医再生水厂

该厂在全国首创“地上+地下”结合的功能结构，破解成本平衡难的问题。这种设计不仅有效解决了传统地面厂臭气、噪声的邻避效应，还解决了人口密集老城区的选址建设难题，将“市政基础+生态环境+城市建筑”融为一体，实现生态建设与集约化发展的“双赢”。

1.2.3　地埋式再生水厂的机遇和前景

1.2.3.1　地埋式再生水厂的发展机遇

(1) 生态环保的要求。

生态资源是最宝贵的资源，“绿水青山就是金山银山”。2019年5月，住房城乡建设部、生态环境部、国家发展改革委印发《城镇污水处理提质增效三年行动方案(2019—2021年)》(建城〔2019〕52号)。要求通过3年努力，地级及以上城市建成区基本无生活污水直排口，基本消除城中村、老旧城区和城乡结合部生活污水收集处理设施空白区，基本消除黑臭水体，城市生活污水集中收集效能显著提高，加快推进生活污水收集处理设施改造和建设。

在生态文明的大背景下，特别是进入“十四五”时期以来，地埋式再生水厂的总处理规模和总投资增量明显，分别占同期污水处理水量和总投资的18%和30%左右。众所周知，发展趋势要看增量，而不是看存量，因此地埋式再生水厂的建设已经形成非常明显的发展趋势。

(2) 城市化的要求。

改革开放以来，中国一直以举世瞩目的速度进行着城镇化，城镇化率已经由1978

年的18%提高到2020年的63.89%，是40余年来城镇化速度最快的国家之一。迈入21世纪，过度膨胀的人口、越发紧张的城市土地、日益严峻的环境形势贯穿中国城镇化进程，快速膨胀的中国城市正面临着城市容量的扩张需求与土地稀缺资源供给不足的突出矛盾。向地下要土地、要空间已成为城市发展的历史必然。

2019年12月，中国环境保护产业协会发布国内首部地埋式污水厂标准《地下式城镇污水处理厂工程技术指南》，并于2020年1月开始实施。

2020年6月，浙江省住建厅发布《地埋式城镇污水处理厂建设技术导则》，同年5月，浙江省住建厅发布了《关于进一步加强城镇污水处理设施建设管理工作的指导意见》，文中明确了大力推广地埋式污水处理厂建设方式，不断提高污水处理设施建设标准。要求经济发达、用地紧张的市县，2020年6月30日之后立项建设的5万吨/天及以上规模的城市污水处理厂原则上要采取地埋式建设模式；鼓励其他市县和建制镇，在新规划选址建设的污水处理设施中采用地埋式建设方式。

广东省也正在推动地埋式再生水系统相关指导意见及技术标准制定，2021年3月1日，由广东省住建厅发布的广东省标准《城镇地下污水处理设施通风与臭气处理技术标准》（DBJ/T 15—202—2020）正式实施。截至2020年底，广州已建成地埋式再生水厂13座，全市污水处理能力达到约769万吨/天，位居全国第二。

（3）地下空间开发的要求。

①地下空间利用是城市发展的需要。

近年来，随着城市化进程的加速，城市内可供建设开发的土地资源日益紧缺，大规模合理利用地下空间已成为可持续发展的重要手段之一。同时，在各大城市轰轰烈烈进行轨道交通建设的带动下，地下空间利用也日益普遍，这必然会对城市规划和城市管理提出迫切要求，带来较大挑战。

城市地下空间的开发就是要利用城市地下空间构建交通运输方面的地下铁道、公路隧道、地下停车场及各种穿越障碍的地下通道、各种地下制作车间、电站、车库、商店等工业与民用建筑、人防、水处理设施等市政地下工程。

②政策支持地下空间开发。

城市的持续扩张和经济的高速发展引起了城市建设用地紧张等矛盾，为了加强对城市地下空间开发利用的管理，合理开发城市地下空间资源，适应城市现代化和城市可持续发展建设的需要，关于城市地下空间利用的规划、管理指导意见纷纷出台，显示出我国的地下空间开发正受到越来越多的关注与重视（见图1.7）。

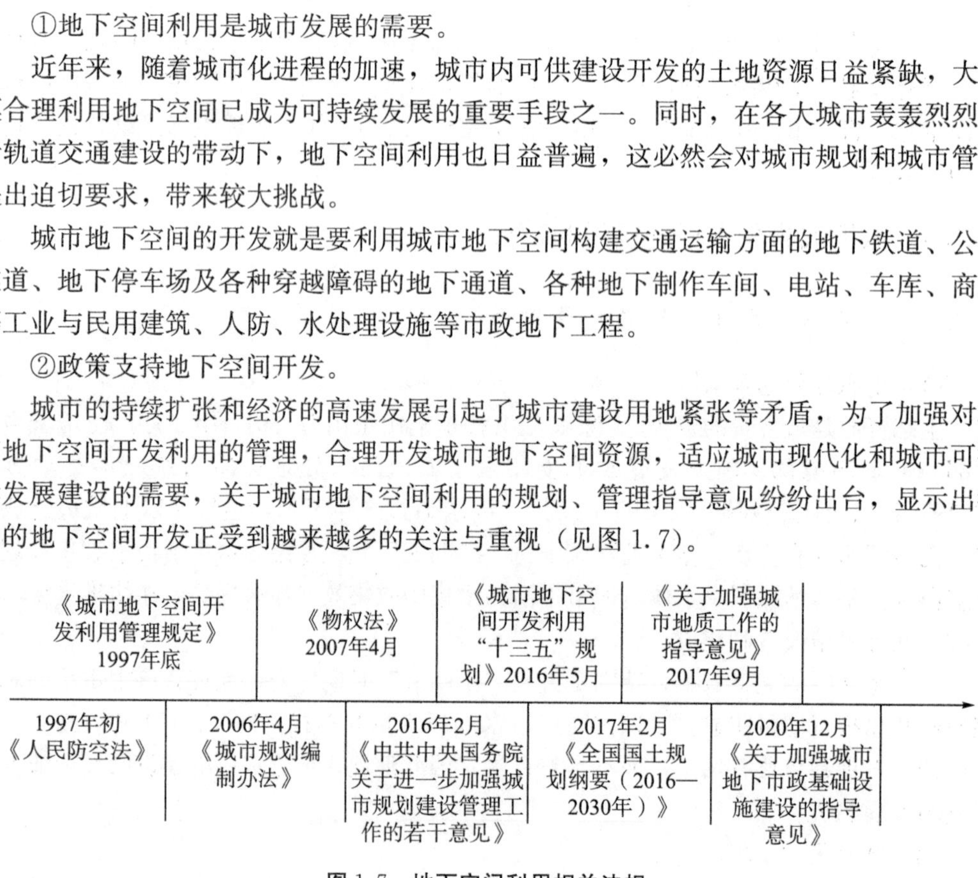

1997年初《人民防空法》
《城市地下空间开发利用管理规定》1997年底
2006年4月《城市规划编制办法》
《物权法》2007年4月
2016年2月《中共中央国务院关于进一步加强城市规划建设管理工作的若干意见》
《城市地下空间开发利用"十三五"规划》2016年5月
2017年2月《全国国土规划纲要（2016—2030年）》
《关于加强城市地质工作的指导意见》2017年9月
2020年12月《关于加强城市地下市政基础设施建设的指导意见》

图1.7 地下空间利用相关法规

住建部依据《城市规划法》及有关法规，于1997年颁布了《城市地下空间开发利用管理规定》(2011年修订)，首次以法规形式规定“城市地下空间规划是城市规划的重要组成部分”。同年，我国第一部城市地下空间开发利用法规《人民防空法》正式颁布实施。

2006年4月开始实施的《城市规划编制办法》将城市地下空间规划正式纳入城市规划体系。2007年10月施行的《物权法》第136条对城市地下空间开发利用权属问题做了初步界定：“建设用地使用权可以在土地的地表、地上或者地下分别设立。”

2016年2月，中共中央国务院印发了《中共中央国务院关于进一步加强城市规划建设管理工作的若干意见》，同年5月住建部编制的《城市地下空间开发利用“十三五”规划》指出，合理开发利用城市地下空间，是优化城市空间结构和管理格局，缓解城市土地资源紧张的必要措施，对于推动城市由外延扩张式向内涵提升式转变，改善城市环境，建设宜居城市，提高城市综合承载能力具有重要意义。2017年2月发布的《全国国土规划纲要(2016—2030年)》对我国国土空间开发、资源环境保护、国土综合整治和保障体系建设等做出了总体部署与统筹安排。其中就谈到了通过统筹地上地下空间，提升优化城镇化质量。同年9月，《关于加强城市地质工作的指导意见》发布，中央明确要求“统筹城市地上地下建设，加强城市地质调查”，为地下空间开发利用的具体实践指明了方向。

1.2.3.2　地埋式再生水厂的发展前景

各地方政府在上述文件的指导下，陆续细化落地政策，并进行了实践工作的尝试。

2016年11月14日，四川省成都市以挂牌方式出让一宗位于成都市锦江区二环路与东大街交汇处的地下空间，出让面积约7.7亩，启动了地下空间单独转让的尝试。最终某地产商以底价158万元/亩竞得该地下空间。

2017年12月，成都市发布《成都市城市地下空间开发利用管理办法(试行)》，以顺应城市发展规律，规范城市空间开发秩序，科学合理利用城市地下空间资源，加强过程管理。

2020年2月，为缓解交通拥堵和城市用地紧张局面，改善环境，促进地下空间开发利用，进一步鼓励开发利用城市地下空间的实施，成都市发布《成都市人民政府办公厅关于进一步鼓励开发利用城市地下空间的实施意见(试行)》。

1.3　地埋式再生水厂的工艺

城镇污水处理常用工艺包括：AO工艺、AAO工艺、MBR工艺、曝气生物滤池工艺和SBR工艺。地埋式再生水厂由于占地面积小、空间密闭，主要采用AAO工艺或MBR工艺，也有将两者结合在一起的。

1.3.1　AAO工艺

AAO(Anaerobic−Anoxic−Oxic)工艺也叫厌氧—缺氧—好氧处理工艺，与AO

工艺相比，AAO 工艺对生活污水中氮、COD、有机物的去除率更高，在脱氮的同时还可以去除磷，这是 AO 工艺不具备的特点。AAO 工艺目前在处理生活污水要求不是特别高的情况下是主流的处理工艺。

该工艺在厌氧好氧工艺中加一缺氧池，将好氧池流出的一部分混合液回流至缺氧池前端，并具有脱氮除磷的作用（见图 1.8）。在 AAO 工艺基础上还产生了 AAO 改良工艺，例如分段进水 AAO 工艺、Anoxic－AAO 工艺、多级 AO 工艺等。为了使出水水质更加稳定、水质更好，在设计地埋式再生水厂时，AAO 工艺经常和其他工艺设备组合使用，比如 MBBR、MBR、纤维转盘滤池、深床滤池等。

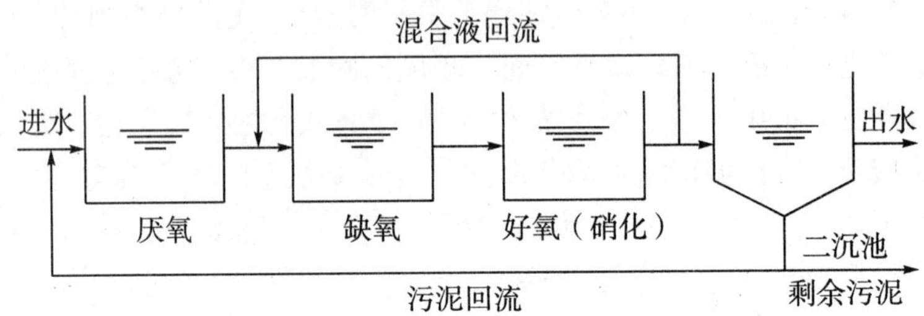

图 1.8　AAO 工艺流程图

1.3.1.1　AAO 工艺的优点

（1）厌氧、缺氧、好氧三种不同的环境条件和不同种类的微生物菌群的有机配合，能同时具有去除有机物、脱氮除磷的功能，运转费用低；

（2）在同时脱氮除磷去除有机物的工艺中，该工艺流程最为简单，总的水停留时间也少于同类其他工艺；

（3）在厌氧—缺氧—好氧交替运行下，丝状菌不会大量繁殖，SVI 一般小于 100，不易发生污泥丝状胀大而导致污泥膨胀；

（4）污泥中磷含量高，一般为 2.5%以上，具有较高肥效。

1.3.1.2　AAO 工艺的缺点

（1）AAO 工艺的投资费用和运行费用均高于普通活性污泥法，运行管理要求高；

（2）AAO 工艺处理效率一般能达到：BOD5 和 SS 为 90%～95%，总氮为 70%以上，磷为 90%左右，一般适用于要求脱氮除磷的大中型再生水厂；

（3）脱氮效果受混合液回流比的影响，除磷效果则受回流污泥中夹带 DO 和硝酸态氧的影响，因此脱氮除磷效率不可能很高。

1.3.2　MBR 工艺

MBR 是膜生物反应器（MembraneBio－Reactor）的简称，是活性污泥法和膜分离技术组合的新型工艺，处理效率上升一个层次，处理后的水质标准高。MBR 工艺通过将膜分离技术与传统废水生物处理技术有机结合，不仅省去了二沉池的建设，而且大大提高了固液分离效率。由于曝气池中活性污泥质量浓度的增大和污泥中特效菌的出现，提高了生化反应速率。同时，通过降低 F/M 比减少剩余污泥产生量（甚至为 0），从而基本解决了传统活性污泥法存在的许多突出问题（见图 1.9）。

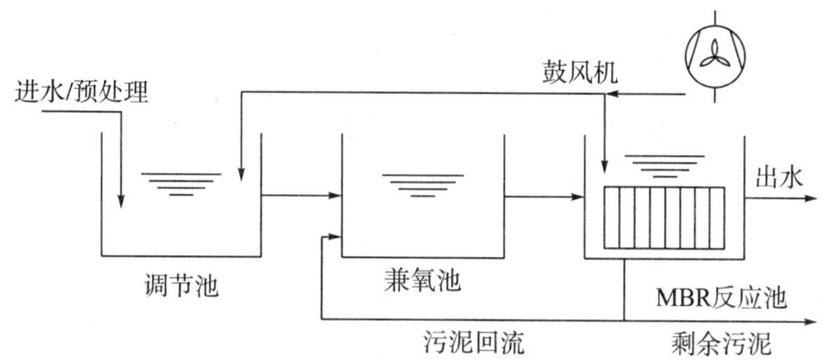

图 1.9　MBR **工艺流程图**

MBR 工艺的优点是剩余污泥产量少、出水水质稳定、脱氮除磷的效率很高、工艺占地面积很小、可以全程自动控制等，非常适合自动化要求程度高、占地面积小的地埋式再生水厂的建设和运行。MBR 工艺几乎不影响周围环境，集约化的程度很高，污水经过处理后可直接在景观河道补水。另外，取消二沉池进行深度处理而使用 MBR 膜过滤工艺，不仅可以节约占地，还可以增加生化池内的污泥浓度，增强地埋式再生水厂总体的处理效率。

但是 MBR 不是万能的，它属于微滤膜，是按能通过的颗粒物粒径来定义的。因此，对于它来讲堵塞问题是关键，一些易结垢、含油类物质和黏稠性物质较多的污水，建议不要采用 MBR 工艺。例如，四川、重庆、湖南、贵州等地区喜好辛辣油腻食物，MBR 膜工艺出现故障的概率较高，应优先选择 AAO 工艺。

1.4　地埋式再生水厂的形式

随着城市发展和污水处理工艺技术的进步，再生水厂的布置形式从早期的常规地上式演化到地埋式。地埋式再生水厂也称下沉式再生水厂、地下式再生水厂或地埋厂，污水处理构筑物位于地面以下，设备操作区封闭，地面层可进行土地综合利用。地埋式再生水厂通常从上至下分为两层：操作层、水池层，地上为景观层。结合周边环境和埋地深度，目前地埋式再生水厂共有四种形式：半地埋式、全地埋式、局部下沉式和洞穴式。

1.4.1　半地埋式再生水厂

半地埋式再生水厂也称半地下式再生水厂，是污水处理构筑物完全位于地面以下，员工巡视及设备、景观层位于地面，高出地面的箱体上部完全覆盖土层种植绿色植物的再生水厂（见图 1.10）。

图 1.10　半地埋式再生水厂

半地埋式再生水厂的优点有：

（1）工艺池体在地下隐藏而不至于暴露在视线范围内；

（2）操作层的通风除臭和自然采光效果相对较好；

（3）操作层直通室外地面，消防问题容易解决；

（4）污泥车可从操作层直接进出。

其缺点有：操作层依旧在地面以上，臭气的密闭性没有全地埋式好，对周边环境有一定影响。

1.4.2　全地埋式再生水厂

全地埋式再生水厂也称全地下式再生水厂，是结构箱体完全位于地面以下，池体上部完全覆盖土层，地面层进行土地综合利用，生产活动均位于密封地下的再生水厂（见图 1.11）。

图 1.11　全地埋式再生水厂

全地埋式再生水厂的优点有：

（1）消除了噪声和异味污染，从外观来看，景观层与周边环境相协调；

（2）景观公园给厂区运营人员和周边居民提供了休闲场所，地面空间既得到了很好的利用，又适应海绵城市建设。

其缺点有：

（1）投资相对较高，施工周期长；

（2）为解决操作层的消防分区，需要设置较多楼梯；

（3）通风、除臭、采光效果不佳；

（4）污泥车从地下行驶到地面，需要设置专用的汽车坡道。

1.4.3　局部下沉式再生水厂

局部下沉式再生水厂整体埋深与全地埋式差不多，但在地下箱体周边设置下沉式廊道，使操作层与廊道一起形成开放空间，景观层与周边地面齐平。就整体效果来说，从廊道看，其与半地埋式一样，而从地面远处看，其与全地埋式一样。目前这种形式的再生水厂案例较少。

局部下沉式再生水厂的优点有：解决了半地埋式和全地埋式的缺点，同时又拥有两者的优点。

其缺点有：

（1）下沉式廊道需要增加地下水防渗措施；

（2）距离水源较近、透水性较好地质或地下水位较高地区有被淹的风险；

（3）投资相对较高。

1.4.4　洞穴式再生水厂

洞穴式再生水厂是将部分或整体构筑物设置在开挖或已有的山体隧洞内，有效利用山体岩洞的内部空间，在不影响山体生态功能的同时，达到污水处理的目的。该形式的再生水厂充分利用山体空间，节省出的外部土地资源可进行其他开发利用，具有节约工程用地、环境友好的优势，在多山城市具有较广泛的应用前景（图 1.12）。目前国内外有我国香港地区赤柱污水厂、芬兰赫尔辛基污水厂、法国土伦污水厂、福建厦门海沧污水厂以及拟迁建的我国香港地区沙田污水厂等实例。

图 1.12　洞穴式再生水厂

上述地埋式再生水厂形式各有特点，整体都具有单体布置紧凑、节约土地资源、噪声小、环境污染少等优点。至于如何选用，应结合投资状况、规划条件、饮食习惯、技术能力、气候条件、周边环境等多方面因素综合考虑再做决定。

地埋式再生水厂发展相对较晚，近年来，随着相关技术的发展，在一些环境要求较高、用地紧张的大城市，已加快推广地埋式再生水厂建设。地埋式再生水厂由于处于地下全封闭状态，对周围环境的影响较小、协调性强、可节约土地资源、防止周边土地贬值，特别适合在土地资源高度紧张、环境要求高的地区建设。

第2章　前期阶段的管理

2.1　前期阶段的工作

2.1.1　前期阶段的管理程序

2.1.1.1　建设项目审批制度

2004年投资体制改革以后，建设项目分为三种审批制度，分别是审批制、核准制、备案制。

（1）政府投资项目的审批管理。

审批制主要针对申请政府投资建设资金的项目，比如：使用财政资金建设办公楼、学校、医院等项目，这些项目就实行审批制。

对于政府投资项目，其业主（政府业主）要按照严格的基本建设程序进行管理。政府投资项目必须列入行业、部门或区域发展规划，政府管理部门审批业主的项目建议书，委托独立咨询企业进行评估，审查项目建设的必要性，从而确定项目是否可以立项；立项批准后，业主编制可行性研究报告并报批。政府管理部门审查可行性研究报告时，委托独立咨询企业进行评估，从经济、社会、技术等方面分析项目的可行性，最终决定是否进行项目的建设。

（2）属于核准制的企业投资项目的政府核准管理。

核准制是指对企业投资建设不使用政府性资金的重大项目和限制类项目，不再由政府进行审批，政府只是从维护经济安全、合理开发利用资源、保护生态环境、优化重大布局、保障公共利益、防止出现垄断等方面进行核准。项目的市场前景、经济效益、资金来源和产品技术方案等均由企业自主决策、自担风险，但要依法办理环境保护、土地使用、资源利用、安全生产、城市规划等许可手续。

企业投资实行核准制的项目，仅需向政府提交项目申请报告，不再经过批准项目建议书、可行性研究报告和开工报告的程序。

对于核准类项目，各级政府都会不定期发布政府核准的投资项目目录。例如，针对市政类项目，中央层面有《国务院关于发布政府核准的投资项目目录（2016年本）的通知》（国发〔2016〕72号），其中规定“其他城建项目：由地方政府自行确定实行核准或者备案”。

在省级层面有《四川省人民政府关于发布政府核准的投资项目目录（四川省 2017 年）的通知》（川府发〔2017〕43 号），其中规定“其他城建项目：生活垃圾环保发电、医疗废物、危险废弃物及污水污泥处理项目由市（州）人民政府投资主管部门按照省级批准的专项规划核准”。

在市级层面有《关于印发政府核准的投资项目目录（成都市 2015 年本）的通》（成府发〔2015〕32 号），其中规定“垃圾、污水处理：采用焚烧、裂解气化等工艺的生活垃圾环保发电项目，医疗废物、危险废弃物及污水污泥处置项目由省政府投资主管部门核准。其余项目试行按投资规模分级管理，即日转运量 450 吨及以上的生活垃圾压缩转运项目，日处理 5 万吨以上污水处理项目，日处理 200 吨以上餐厨处置项目及垃圾卫生填埋场等项目由市政府投资主管部门核准；其余项目由区（市）县政府投资主管部门核准”。

（3）属于备案制的企业投资项目的政府备案管理。

备案制是指企业投资建设不使用政府性资金的非重大项目和非限制类项目，就是除上述两类项目以外的项目，由企业按照属地原则向地方政府投资主管部门备案后，依法办理环境保护、土地使用、资金利用、安全生产、城市规划等许可手续。针对民营企业投资的项目，比如民营企业投资的一个采石场、木片加工厂、机制砂场等这些项目，实行的是备案制。

企业投资新能源不属于政府核准的项目，一般是企业完成项目投资机会研究，或项目可行性研究后，上报政府管理部门进行政府备案管理。

2.1.1.2　建设项目审批流程

为贯彻落实党中央、国务院关于深化“放管服”改革和优化营商环境的部署要求，推动政府职能转向减审批、强监管、优服务，促进市场公平竞争，各级政府持续开展工程建设项目审批制度改革。

以四川省成都市为例，以提高办事群众和企业获得感为根本，按照“全流程、全覆盖”的要求，紧紧围绕完善“五个一”审批体系和实施“减放并转调”各项具体措施，统一审批流程、精简审批环节、完善审批体系、强化监督管理，审批事项、环节、要件和时间减少一半，到 2018 年底将工程建设项目从立项到竣工验收全流程总用时控制在 120 个工作日以内，2019 年 6 月底前进一步优化提升至 90 个工作日以内，大幅度降低企业审批成本。

成都市将工程建设项目审批流程划分为 4 个阶段（图 2.1），指定了牵头部门，并限定了流程审批时限。

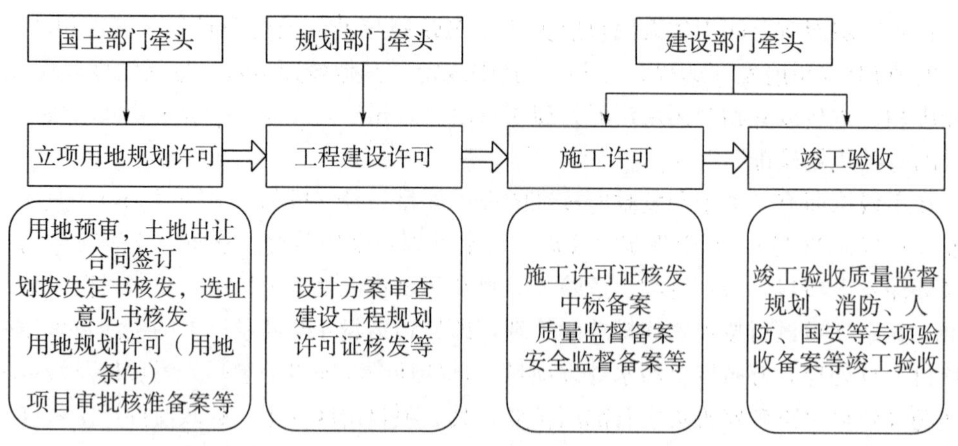

图 2.1　工程审批流程图

2.1.2　项目基本建设程序

基本建设程序是指建设项目从设想、选择、评估、决策、设计、施工到竣工验收、投入生产整个建设过程中，各项工作必须遵循的先后次序的法则。

目前我国基本建设程序的内容和步骤主要有：前期工作阶段，主要包括项目建议书、可行性研究报告、设计工作；建设实施阶段，主要包括施工准备、建设实施；竣工验收阶段和后评价阶段。

（1）根据国民经济和社会发展长远规划，结合行业和地区发展规划的要求，提出项目建议书。

（2）在勘察、试验、调查研究及详细技术经济论证的基础上编制可行性研究报告。

（3）根据项目的咨询评估情况，对建设项目进行决策。

（4）根据可行性研究报告编制设计文件。

（5）初步设计批准后，做好施工前的各项准备工作。

（6）组织施工，并根据工程进度做好生产准备。

（7）按批准的设计建成并经竣工验收合格后，正式投产，交付生产使用。

（8）生产运营一段时间后（一般为两年），进行项目后评价。

2.1.3　项目前期阶段业主工作程序

项目前期阶段包括从项目构思、项目立项，直到项目决策审批（或核准、或备案）。在项目前期阶段，业主的主要工作是组织编制项目前期策划、项目建议书、项目可行性研究报告；同时，在进行可行性研究阶段，业主还应组织编制项目选址报告、建设项目环境影响评价（见图 2.2）。

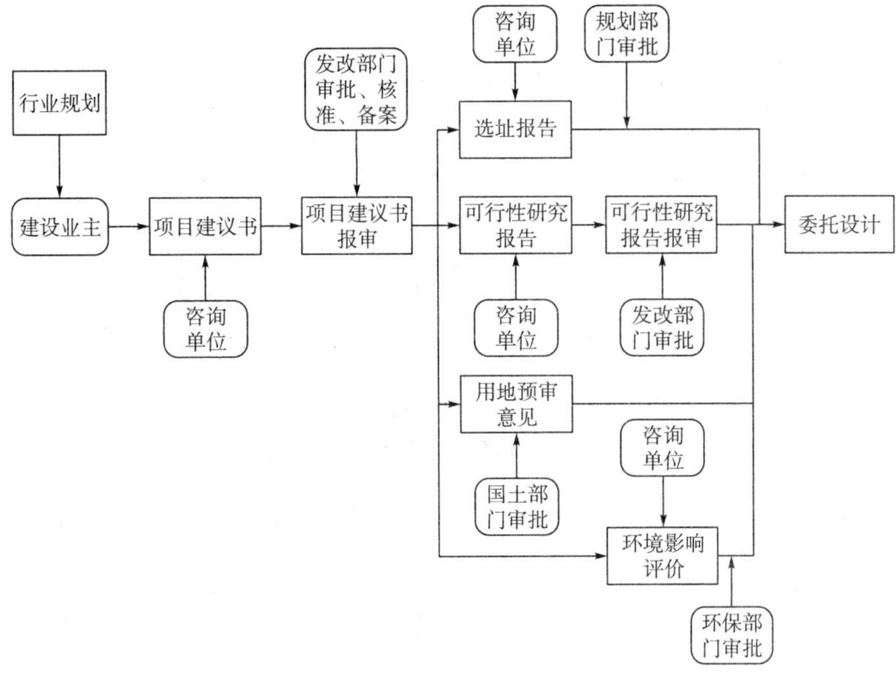

图 2.2　前期阶段的项目业主工作程序

2.1.4　项目立项阶段工作流程

2.1.4.1　项目立项用地阶段

（1）项目立项用地规划阶段由国土部门牵头，其工作流程见图 2.3。

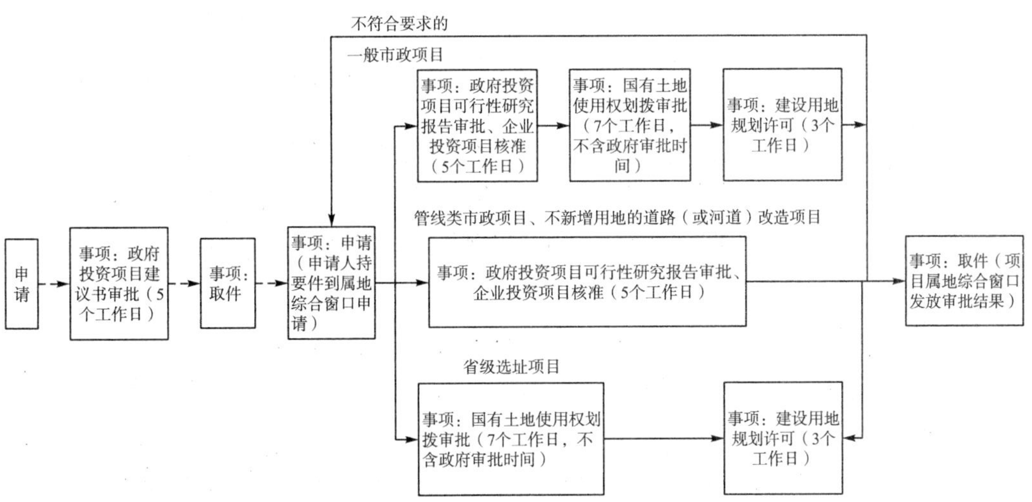

图 2.3　项目立项用地规划阶段的工作流程

（2）项目立项用地规划阶段涉及的技术审查见图 2.4。

策划生成阶段可串联或并联办理中介服务	
规自：地质灾害危险性评估	地震：地震安全评价
生态：环境影响评估书编制	水利：洪水影响评价报告编制
文旅：建设工程文物影响评估报告	水利：水资源论证报告书

办理用地手续

图 2.4　项目立项用地规划阶段的技术审查

（3）项目立项用地规划阶段的审批主线及辅线见图 2.5。

立项用地规划许可阶段审批主线牵头：自然资源和规划局	生成阶段与立项用地规划许可阶段并联办理事项
项目建议书审批	气象：建设工程避免危害气象探测环境审批
可行性研究报告审批	交运：与航道有关项目对航道通航条件影响评价审核
用地预审与选址意见书	住建：改变绿化规划、绿化用地的使用性质审批
建设用地规划许可证核发	人防：核实项目、落实人民防空要求
国有建设用地使用权划拨批准	文旅：文物埋藏区域内项目前期考古调查、勘探与发掘审批
	文旅：文物保护单位的建设控制地带内进行建设工程的许可
	文旅：文物保护单位的保护范围内进行其他工程或爆破、钻探、挖掘等作业的许可

图 2.5　项目立项用地规划阶段的审批事项

2.1.4.2　工程建设许可阶段

（1）工程建设许可阶段的工作流程见图 2.6。

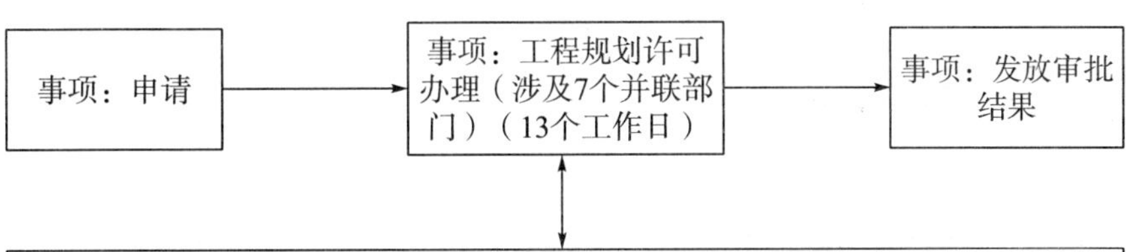

工程许可阶段并联部门及事项：
1.应急部门：提出高压、次高压燃气项目等涉及危化品市政项目的审查意见。
2.住建部门：提出涉及城市规划轨道交通控制保护区内的建设项目审查意见，提出涉及历史建筑保护范围内的建设项目审查意见。
3.文广旅部门：提出涉及文物保护单位建设控制地带内及文物保护范围内的建设项目审查意见。
4.人防部门：提出综合管廊项目、轨道项目人防审查意见。
5.公园城市部门：提出涉及古树名木的建设项目审查意见。
6.水务部门：提出水利工程管理范围内建设项目审查意见。

图 2.6　工程建设许可阶段的工作流程

（2）工程建设许可阶段涉及的技术审查见图 2.7。

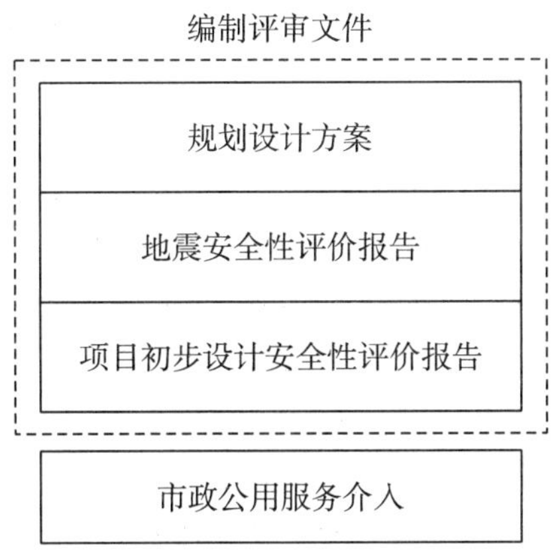

图 2.7　工程建设许可阶段的技术审查

（3）工程建设许可阶段的审批主线及辅线见图 2.8。

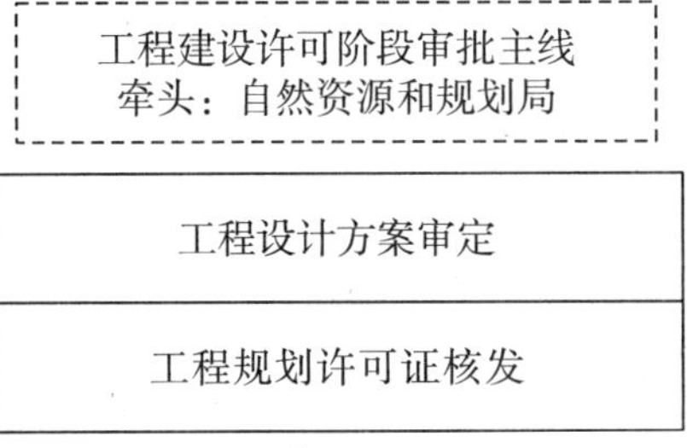

图 2.8　工程建设许可阶段的审批事项

水土保持方案、环境影响评价、洪水影响评价和节能审查可以同步办理。

2.2 前期阶段的采购

2.2.1 服务采购内容和特点

2.2.1.1 业主服务采购的内容

在前期阶段，业主根据项目特点和自身管理能力决定服务采购的内容，一般情况下，业主需要服务采购的内容包括：项目前期策划、项目建议书、项目可行性研究、项目评估等。

业主可以选择专业性服务机构（如工程咨询公司、设计院等），通过直接委托或招标方式选择有能力的专业性服务机构。

2.2.1.2 业主服务采购的特点

业主服务采购不同于业主的工程采购、货物采购，其服务采购的特点如下：

（1）咨询服务属于知识和技能类工作，其内容和质量不像工程、货物那样可以进行量化评价，有时无法准确描述其技术规格。

（2）服务采购的内容和合同条件无法细化。服务采购的内容仅仅是服务采购合同谈判的主要事项，专业性服务机构可以提出对服务采购内容的修改、创新意见或改进建议，最大限度地满足业主的要求；而工程采购、货物采购的内容或合同条件是已经确定的，承包商、供应商等无权更改采购的内容或合同条件。

（3）专业性服务机构要维护业主的利益，与业主的经济立场是一致的；而工程承包商、供应商是以获取自身经济利益最大化或利润最大化为目的的。

（4）如果服务采购涉及某些特定技术或专利技术，会受到知识产权的保护限制，能够满足要求的专业性服务机构数量受到一定的限制。

（5）专业性服务机构的选择方法不同于工程承包商、供应商的选择。业主服务采购的主要方式包括招标、竞争性谈判、聘请咨询专家等；即使服务采购与工程采购、货物采购一样采取招标方式，两者的招标过程、评审方法也不同。

2.2.2 专业性服务机构的选择

2.2.2.1 专业性服务机构选择的原则

对承担项目策划、可行性研究报告、项目建议书和项目评估的专业性服务机构的选择，业主应从服务机构的资质、信誉、实力等方面进行考察。

（1）资质。专业性服务机构必须依法取得政府有关部门认定的工程咨询资质。

（2）信誉。专业性服务机构应能遵循公正、科学、诚信、守法的原则。

（3）实力。专业性服务机构应有自己的专家队伍，应具有规范化、制度化和现代化的业务管理体系和质量控制体系，并有组织高层次评审的能力。

2.2.2.2　专业性服务机构选择方式

业主对专业性服务机构的选择方式主要有以下几种：

（1）公开招标。公开招标是指招标人通过公开媒体（通常是网络）发布招标公告来采购咨询服务的方式。公开招标要求对于咨询服务可以拟定详细的条件。

（2）邀请招标。邀请招标是业主给选定的若干专业性服务机构发出邀请函，请他们就业主提出的咨询服务项目进行投标，从而选择专业性服务机构的方式。邀请招标除了不需要公开刊登招标公告，其他均与公开招标的方法相同。

（3）竞争性谈判。竞争性谈判是业主通过谈判选择专业性服务机构的方式。其适用条件如下：①不能确切拟定咨询服务条件；②咨询服务相当复杂；③急需得到某种咨询服务，采用公开或邀请招标方式因耗时太久而不可行；④所涉及服务或风险的性质不允许事先做出总体定价；⑤由于技术原因，或由于保护专属权的原因，咨询服务只能由特定的专业性服务机构提供。

（4）聘请专家。聘请专家提供咨询服务，主要是指招标人通过一定的程序聘请专家提供项目前期咨询服务、工程设计、项目管理（工程监理）等方面的技术或专门服务。

2.3　项目建议书及可行性研究

2.3.1　项目建议书

项目建议书是业主为推动某个项目上马，提出的具体项目的建议文件，是专门对拟建项目提出的框架性的总体设想，作为项目拟建主体上报审批部门审批决策、项目批复后编制项目可行性研究报告的依据。

一般不使用政府资金的项目，就不用编制项目建议书。在推进“放管服”改革的背景下，各级政府部门也尽量在简化项目审批程序。2016 年 8 月，国家发展改革委宣布，为了加快推进“十三五”规划纲要重大工程项目的实施，原则上不再审批项目建议书，而直接审批可行性研究报告。

2.3.1.1　项目建议书的作用

项目建议书是由项目投资方上报其主管部门的文件，目前广泛应用于项目的国家立项审批工作中。它要从宏观上论述项目设立的必要性和可能性，把项目投资的设想变为概略的投资建议。项目建议书的呈报可以供项目审批机关做出初步决策。它可以减少项目选择的盲目性，为下一步可行性研究打下基础。决策者可以在对项目建议书中的内容进行综合评估后，做出对项目批准与否的决定。

2.3.1.2　项目建议书的编制方法

项目建议书的编制一般由项目业主委托咨询单位编制，通过粗略地考察和分析，提出项目的设想。

(1) 论证重点：拟建项目建设的必要性，能否达到国家对流域水污染控制的相关要求，建设规模、工期分期、建设地点、处理标准和污染物消减总量、配套城市排水管网建设等。

(2) 宏观信息：国民经济和社会发展规划，城市总体规划、上级或主管部门有关方针政策方面的文件等。

(3) 估算误差：项目建议书阶段的分析、测算，对数据精度要求较粗，内容相对简单。往往可以参考同等规模、水质条件和排放标准的再生水厂的有关数据或其他经验数据进行投资估算和占地面积测算。项目建议书的投资估算误差控制在±20％以内。

(4) 最终结论：一般会给出项目设想的肯定性推荐意见。

2.3.1.3 项目建议书的内容

(1) 关于投资建设项目的必要性和依据。阐明拟建项目提出的背景、城市规划资料、拟建地点，说明项目建设的必要性；对于引进技术和设备的项目，还要说明国内外技术的差距与概况以及进口的理由、工艺流程和生产条件的概要等。

(2) 关于项目内容与范围、拟建规模和建设地点的初步设想。项目的规模和工程分期，建设地点的分析。

(3) 关于资源、交通运输以及其他建设条件和协作关系的初步分析。拟利用的资源供应的可行性和可靠性；拟建地点供水、供电和其他公用设施单位情况；主要协作条件情况；如果需引进国外技术，应说明引进国别、与国内技术的差距以及技术来源、技术鉴定和转让等概况；需进口主要设备要说明选择理由、国外厂商的概况等。

(4) 关于投资估算和资金筹措的设想。投资估算可进行详细估算，也可以按单位生产能力或类似企业情况进行估算或匡算。投资估算中应包括建设期利息和考虑一定时期内的涨价影响因素（即涨价预备金），流动资金可参考同类企业条件及利率，说明偿还方式、测算偿还能力。对于技术引进和设备进口项目，应估算项目的外汇总用汇额及其用途，外汇的资金来源与偿还方式，以及国内费用的估算和来源。

(5) 关于项目建设进度的安排。建设前期工作的安排，应包括涉外项目的询价、考察、谈判、设计等；项目建设需要的时间和生产经营时间。

(6) 关于经济效益和社会效益的初步估算（可能的话，应含有初步的财务分析和国民经济分析的内容）。计算项目全部投资的内部收益率、贷款偿还期等指标以及其他必要的指标，进行盈利能力、偿还能力初步分析；项目的社会效益和社会影响的初步分析。

2.3.2 可行性研究报告

可行性研究是确定建设项目前具有决定性意义的工作，是在投资决策之前，对拟建项目进行全面技术经济分析的科学论证。在投资管理中，可行性研究是指对拟建项目有关的自然、社会、经济、技术等进行调研、分析比较以及预测建成后的社会经济效益。在此基础上，综合论证项目建设的必要性、财务的盈利性、经济上的合理性、技术上的先进性及适应性以及建设条件的可能性及可行性，从而为投资决策提供科学依据。

2.3.2.1　可行性研究的依据、要求和作用

（1）可行性研究的依据。

①项目建议书及批复文件；

②国家和地方的国民经济社会发展规划、行业部门的发展规划，如江河流域开发治理规划、供排水规划，以及企业发展战略规划等；

③有关法律、法规和政策；

④有关机构发布的工程建设方面的标准、规范、定额；

⑤拟建项目地址的自然、经济、社会概况等基础资料；

⑥合作项目各方签订的协议书或意向书；

⑦PPP、BOT 项目各方有关的协议或意向书；

⑧与拟建项目有关的各种市场信息资料或社会公众要求等。

（2）可行性研究的基本要求。

①预见性。可行性研究不但要研究和分析历史、现状资料，而且要预测和估算未来的市场需求、投资效益。

②客观公正性。可行性研究必须在调查研究的基础上，按照客观情况，实事求是地进行论证和评价。

③可靠性。可行性研究应对项目的技术经济措施进行研究分析，以确保项目的可靠性，同时要否定不可行的项目或方案，以避免投资失误。

④科学性。可行性研究必须用科学的方法进行市场预测，运用科学的评价体系对项目的盈利能力和偿债能力进行分析。

（3）可行性研究的作用。

①投资决策的依据。可行性研究对项目的市场需求、建设方案、项目需要投入的资金、可能获得的效益以及项目可能面临的风险等都要做出结论。可行性研究的结论是项目业主进行投资决策的依据。

②筹措资金和申请贷款的依据。银行等金融机构一般会要求项目业主提交可行性研究报告，通过对可行性研究报告的评估，决定是否对项目提供贷款。

③编制初步设计文件的依据。按照建设程序，一般只有在可行性研究报告完成后，在经审定的可行性研究的基础上，才能进行初步设计的编制。

④签订合同、协议的依据。可行性研究的结论是项目业主与原材料供应、产品销售及运输、勘察设计等单位签订合同、协议的依据。

2.3.2.2　可行性研究的内容

项目可行性研究的内容，因项目的性质不同、行业特点不同而有所差别。从总体看，可行性研究的重点是项目建设的可行性，必要时还需进一步论证项目建设的必要性。

以地埋厂项目为例，可行性研究的内容包括：

（1）概论。简要介绍地埋厂项目情况，包括项目名称、业主、项目地点、设计规

模、进出水水质、主要工艺、设计依据、编制原则和编制范围等。

（2）项目背景。描述地理厂项目地理条件、自然社会条件、城市排水现状及规划和项目来源等。

（3）工程规模、水质与选址。对地埋厂项目进行定量分析，包括污水量预测、地埋厂规模确定依据、进出水水质确定依据和厂址选择依据。

在计算值的基础上要结合污水规划来确定设计规模，根据规划中污水量的变化趋势，进行分期建设规模的合理划分。不但要确定地埋厂的近期建设规模，还要对远期的污水量有一定的预期和规划，应考虑雨季污水量的情况。

针对不同厂址条件下导致的管网工程量、水电接入工程量、泵站数量、能耗、土方量、防洪、地基处理和护坡护堤等工程难度和费用、投资差异、环境影响、文物保护，厂址地块价值以及地埋厂对周边地块用途和商业价值的影响等方面进行比较、评估，优化后确定厂址。

（4）地埋厂建设形式的确定。分析建设形式和地点的要求、各类形式污水厂的优缺点，最终确定地埋厂建设形式。

（5）方案比选与论证，包括工艺方案选择原则、水质分析、一级处理工艺、生物处理工艺、深度处理工艺、消毒工艺、污泥处理工艺、除臭工艺、防噪声方案等。编制各比选方案的投资、运行费用、占地、运行维护等方面的比较，最终确定可行性研究推荐的处理工艺，推荐工艺的平面布置和高程是否合理。

（6）工程设计，包括基础设计、工艺设计、总平面设计、厂区道路及交通设计、建筑设计、结构设计、电气设计、自控仪表设计、暖通设计、景观设计和海绵城市设计等。

（7）管理机构、劳动定员及建设进度，包括项目管理机构、管理内容、运行人员编制、建设参与方和进度计划等。

（8）土地利用与征地、拆迁，包括征地政策、征地方案及费用等。

（9）环境及生态影响分析。要分析项目可能造成的环境影响及其是否符合环保法规的要求；提出减少污染排放、强化污染治理、促进清洁生产、提高环境质量的对策建议。

（10）水土保持，包括水土保持目标、措施等。

（11）节能设计，包括节能设计标准、能耗分析、能耗指标及评价、节能措施。

（12）消防设计，包括设计依据、设计分析、设施配置、厂区消防设计、消防给水设计等。

（13）防腐设计，包括设计依据、材料选用、构筑物防腐、设备及管道防腐。

（14）安全生产及职业病防护，包括地埋厂防淹措施、运营安全管理机制、高温、粉尘、有害气体、噪声等防治措施。

（15）工程投资估算及资金筹措。在确定项目建设方案的基础上估算项目所需的投资，分别估算建筑工程费、设备购置费、安装工程费、工程建设其他费用、基本预备费、涨价预备费、建设期利息和流动资金。

在投资估算确定融资需要量的基础上，研究项目融资方案。项目融资方案的研究包括融资主体、资金来源的渠道和方式、资金结构、融资成本、融资风险、结合融资方案的财务分析、比较、选择和确定较优的融资方案。

（16）工程招标计划，包括基本要求、依据、发包方式等。

（17）社会风险与稳定分析，包括风险因素分析、防控措施，在社会调查的基础上，分析拟建地埋厂的社会影响；分析主要利益相关者的需求，对项目的支持和接受程度；分析项目的社会风险，提出需要解决的社会问题及解决方案。

（18）工程效益分析，包括环境效益、经济效益、社会效益和综合效益。

（19）结论和建议。在以上各项分析研究之后，应做出归纳总结，说明所推荐方案的优点，指出可能存在的主要问题和可能遇到的主要风险，做出项目是否可行的明确结论，并对项目下一步工作和项目实施中需要解决的问题提出建议。

2.3.3　项目建议书与可行性研究报告的区别

（1）含义不同。

项目建议书是业主就项目建设事项向发改部门申报的书面材料。项目建议书的主要作用是对拟建项目提出的框架性的总体设想，它主要供项目审批机关做出初步决策。

可行性研究报告同样是在投资决策之前，对拟建项目进行全面技术经济分析的科学论证，是对拟建项目有关的自然、社会、经济、技术等进行调研、分析比较，以及预测建成后的社会经济效益。在此基础上，综合论证项目建设的必要性、财务的盈利性、经济上的合理性、技术上的先进性及适应性以及建设条件的可能性及可行性，从而为投资决策提供科学依据。

（2）研究的内容不同。

项目建议书是初步选择项目，其决定是否需要进行下一步工作，主要考察建议的必要性和可行性。可行性研究则需进行全面深入的技术经济分析论证，做多方案比较，推荐最佳方案，或者否定该项目并提出充分理由，为最终决策提供可靠依据。

（3）基础资料依据不同。

项目建议书是一种定性研究，其编制依据主要是国家的长远规划、行业或地区规划和产业政策，以及有关的自然资源条件和生产布局状况。而可行性研究报告由全面深入论证的特点决定，其编制依据不仅仅需要已批准的项目建议书，还需要项目文件详细的设计资料以及其他数据资料。

（4）内容繁简和深度不同。

项目建议书是对初步选择的项目进行研究，内容上只要求一个大概的轮廓，内容概略简洁，属于定性性质的研究。可行性研究报告则需对项目进行全面深入的技术、经济、社会分析论证，对多方案进行比较，推荐最佳方案，或者否定该项目方案并提出充分的理由，为最终决策提供可靠的依据。

因此，可行性研究报告编制从内容上是对项目建议书的充实、完善，并进行更加详尽科学的定量论证过程。

（5）投资估算的精度要求不同。

项目建议书的投资估算一般根据国内外类似已建工程进行测算或对比推算，误差允许控制在 20%以上，而可行性研究报告必须对项目所需的各项费用进行比较详尽精确的计算，误差要求不超过 10%。

2.4 项目实施规划

2.4.1 项目实施规划概述

项目实施规划是指对任何拟建项目的活动进行的规划，包括项目总体规划和分项实施规划。

项目总体规划是对项目实施进行总控作用，主要包括项目管理目标规划、项目采购规划、项目管理组织规划、项目管理制度规划和项目管理信息系统规划等。

分项实施规划是根据项目实施总体规划、项目实施阶段初期完成的设计图纸提供的工程技术经济参数，在分项管理团队主持下制定。内容包括分项的管理目标、服务及工程或物资采购方案、管理组织、管理制度、管理信息系统等。分项规划包括项目管理规划、项目融资规划、项目营销规划、项目运营准备规划等。分项实施规划是项目实施总体规划在各子系统的落实和细化，也是各子系统组织实施的指导性文件。

2.4.2 项目管理规划

2.4.2.1 项目管理的内涵

项目管理是指从设计开始至竣工验收的过程，是对项目实施工程建设全过程的管理。因此，项目管理是业主工程项目管理的核心，是业主工程项目管理的主线。而对于生产性项目，项目管理、项目运营准备管理构成了业主工程项目管理的主线。

2.4.2.2 项目管理规划的内容

项目管理规划是对如何开展项目的工程建设活动进行全面系统的规划，制订合理方案，包括采购方案、合同管理、管理组织、管理制度、管理信息系统方案等。项目管理规划的内容有：

（1）项目管理目标的规划。项目管理目标规划是通过制定科学的目标控制计划和实施有效的目标控制策略，使项目管理的预定目标得以实现。在编制项目管理目标控制的规划时，应遵循主动控制与被动控制相结合的原则、项目总体目标最优原则、全过程全方位控制的原则。

（2）项目管理的采购规划。服务、工程、货物三类采购在工程实践中并非彼此孤立而是相互影响的。服务采购一般先进行，但在规划服务采购时，也应同时考虑工程、货物采购的可行方案。项目管理中的采购规划，其最终成果在于形成各类采购方案对应的合同体系，作为下一步实施招标采购、直接委托采购的依据。

（3）项目管理中的管理组织规划。包括项目管理组织规划、项目管理机构规划等。对于生产性项目的项目管理规划，应考虑项目运营管理的需要。应让项目运营阶段的主要管理、技术人员参与管理规划，包括：参与设计招标文件的编制和审定，参与重大设计方案的比选和工艺技术参数的确定，参加设计审查，从运营的角度对工程设计提出合理的意见，以保证工程设计的技术先进性和经济效益的合理性。根据设计选定的工艺技术和流程的成熟程度，必要时应组织相应的工艺和生产条件下的试验，进行必要的技术调研，以便及早发现问题，在设计过程中加以改进。了解国内外同类生产企业的生产运营情况，从项目运营的角度，对设备的质量标准、交货验收条件、设备监造、设备维修、备品备件以及人员培训等方面提出要求。

(4) 项目管理制度的规划。包括管理机构内部运行制度、与项目高层管理间的沟通制度、对专业性服务企业的监督及沟通制度、与其他项目利益相关者的合同管理制度、项目系统内部和外部的沟通协调以及信息管理制度、法律咨询制度等。

(5) 项目管理信息系统的规划。根据项目实际和项目管理的需要制定出所需信息及信息流，建立业主项目管理报告系统和文档管理系统。

2.4.3　项目融资规划

2.4.3.1　项目融资的概念

项目融资可以从广义和狭义上进行定义，从广义的角度定义，项目融资就是为满足项目建设、收购以及重组所需要的资金而安排的融资活动，是债权人（如银行）对借款方（如项目公司）抵押资产以外的资产有百分之百追索权的融资活动。从狭义的角度定义，项目融资是与公司融资相对应的，就是以项目自身的资产、项目预期收益等作担保，为满足项目资金需求而安排的一系列融资活动。债权人对借款方作为支撑或担保的抵押资产以外的资产没有任何追索权或只有事先约定的有限范围内的追索权。

项目融资的主要构架见图 2.9。

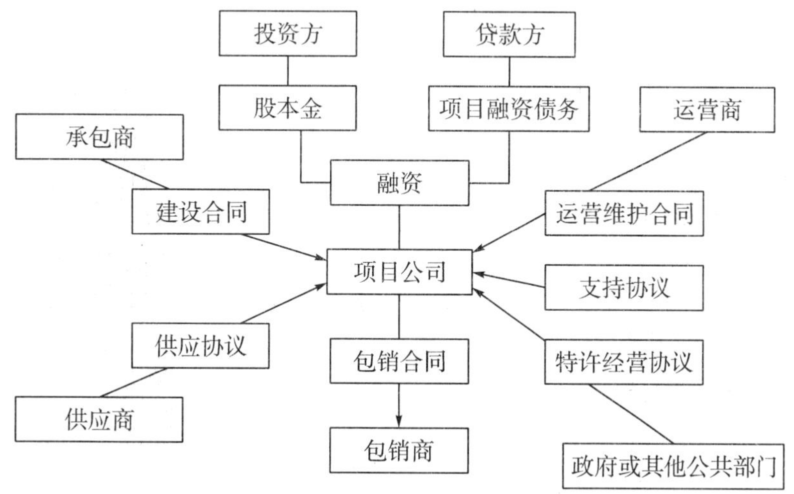

图 2.9　项目融资的主要构架示意图

2.4.3.2 项目融资规划的内容

(1) 明确融资渠道。

在进行项目融资规划时，首先要根据自身单位情况和项目环境，对项目渠道进行分析，一般地有以下渠道：

①权益成本。项目的权益成本就是投入项目的资本，即项目实体在工商管理部门登记注册的资本金。

②国内银行贷款。国内银行贷款一般分短期（1年内）、中期（1~5年）、长期（5年以上）贷款。

③国外贷款。一般包括外国政府贷款、国际金融组织贷款、国际商业贷款，现在一般较少采用。

④发行债券。债券是债务人为筹资而发行的，承诺按期向债权人支付利息和偿还本金的一种有价证券，一般分为有担保债券和无担保债券。发行债券是项目获得中长期建设资金的有效渠道之一。

⑤资产证券化（ABS）。就是把缺乏流动性而具有未来现金流收入的资产汇集起来，通过法律和财务上的结构性重组，将其转变成可在金融市场上出售和流通的金融产品，据以融通资金的过程。

⑥其他渠道。如金融租赁方式筹资，当项目需要设备时不是通过购买而是以付租金的方式向租赁公司租赁设备，租金可以根据设备价格、租赁公司购买设备的利率和预期收益而确定。

(2) 选择还款方式。

在融资渠道确定的前提下，可以根据自身情况规划融资偿还方式，有以下几种：

①以未来固定收入偿还，这是大部分情况下的偿还方式。

②其他方式。根据融资渠道对应还款方式，如融资租赁方式下是以租金的方式偿还的。

(3) 分析融资风险。

项目融资会面临许多风险，分析项目融资风险是融资规划的重要工作，也是编制项目融资方案的依据。

项目融资风险有系统性风险和非系统性风险。系统性风险是指与项目所处的环境相关，超出了项目自身的风险，包括政治风险和经济风险。非系统性风险是指由项目实体自行控制的风险，包括项目的完工风险、项目经营、管理和维护风险、项目的环保风险。

(4) 制订项目融资方案。

在明确项目的融资渠道、还款方式、分析风险的基础上，进行多方案比较，最后选定最适合的项目融资方案。

2.4.4 项目营销规划

项目营销是项目如何适应客户和市场的需求，以最终实现项目投资效益的问题。项目营销贯穿于项目的全生命周期。项目营销的作用有：参与和配合项目决策，做好项目定位并推介项目吸引投资人，筹措必要的启动项目的资本金。

对地埋厂项目来说，有服务的特定销售市场，营销规划可以弱化或忽视。

2.4.5　项目运营准备规划

2.4.5.1　项目运营准备规划的概念

项目运营准备规划跨越实施和项目收尾两个阶段，在项目竣工验收之前进行，是指在项目实施阶段对项目建设完成后运营期内的项目运营管理组织、所需人员、所需资源的准备与组织等的规划。

2.4.5.2　项目运营准备规划的内容

（1）确定运营管理组织。建立项目运营管理组织，组织模式一般分为三类，即业主自行管理模式、业主委托专业性服务机构运营管理模式、业主自行与委托专业性服务机构相结合的运营管理模式。

（2）所需人员的培训。在项目运营准备规划时拟定项目运营所需人员的招聘、培训与实习计划，以便项目建成后尽快投入生产并产生预定的收益。

（3）所需资源的准备。所需资源包括：技术、信息等软资源的准备，如技术规范、产品试验、检测标准等；物质等硬资源的准备，如原材料、半成品、工器具等。

（4）项目移交等收尾总结工作：

①项目财务决算及财务审计。

②项目验收、资产权属移交。

③运营调试、试运行。

④工程保修凭证。

⑤获得生产许可。

⑥项目达到审计生产能力。

⑦组织分期偿债。

⑧项目后评价等。

2.5　环境影响评价

2.5.1　环境影响评价的含义和必要性

随着环境保护问题的重要性越来越突出，环境保护问题也是一个项目可行性的重要内容。不论在哪一类项目的可行性研究报告中都必须有专门的部分说明项目的环境污染情况和治理方法，并在提交项目可行性研究报告的同时，向有关部门提交环境影响报告书。

环境影响评价是指对规划和建设工程实施后可能产生的环境影响进行分析、预测和评估，提出预防或者减轻不良环境影响的对策和措施，进行跟踪监测的方法与制度。再生水厂环境影响评价工作应贯穿整个建设的周期，包括建设、生产、运行等各个阶段，其环境影响评价主要包括：工程概况及污染源分析、环境现状调查，大气、地表水、地下水、噪声、固废、土壤、生态环境影响预测与评价，环境风险评价，污水处理工艺及污染防治措施论证，选择合理性分析等。

再生水厂是一项减轻水污染及改善城市景观的公益性环保工程，实现城市污水处理达标排放，使工程产生显著的环境效益是其重要目标。环境影响评价的重点是分析工程方案实现治理目标的可靠性以及工程在施工及运行过程中二次污染问题，在评价工作中根据国家有关的环保法律和法规，从环境保护角度出发对工程规模、设计水质与处理程度、工艺方案和二次污染防治措施等进行可行性和可靠性论证，提出切实可行的防治措施，以保证工程能达到所需的排放标准，实现工程项目的环境效益和最大限度地减轻工程对环境的不利影响。

2.5.2　再生水厂环境影响评价的重点

《建设项目环境保护分类管理名录》将城市污水处理厂列入对环境可能造成重大影响的建设项目，需编制环境影响报告书。

再生水厂建设期的环境影响评价应抓住其特点，把进水水量、水质的分析、处理工艺与尾水水质达标可行性分析、接管水质标准分析、污染防治与水环境评价级别、厂址选址和尾水排放去向分析作为评价的重点。运营期应把污水处理厂的噪声、恶臭和污泥污染防治措施作为重点。

2.5.2.1　进水水量、水质的分析

再生水厂的进水水量、水质是再生水厂选用工艺和确定建设规模的重要依据。进水水量预测不准，水质可生化性不清楚，就无法进行处理工艺论证，规模也难以确定。为了确定进水水质、水量就需要对服务范围内的水污染源数量、排水量、水质情况进行充分调查，生活污水水量和水质可根据人口及排污系数进行估算。

2.5.2.2　处理工艺与尾水达标可行性分析

再生水厂出水水质的确定应考虑两个方面：一是环境容量，以受纳水体污染物现状值及其水体功能确定再生水厂的出水水质；二是按《城镇污水处理厂污染物排放标准》(GB 18918—2002) 或地方标准确定出水水质。

应分析拟采取的污水处理工艺是否合理，还要根据对同类再生水厂的调查进行类比分析，论证其技术、经济的可行性；然后，按照选择的工艺路线，列出各工艺段污染物去除率，并根据工艺参数对达标稳定性进行分析，论证尾水中各污染因子是否全部达标；最后，还应对拟采用的工艺设备的先进性进行评价，提出工艺调整意见或替代方案。

2.5.2.3　接管水质标准分析

对进水水质规定一个合理的标准，控制排污单位污水的排放浓度，是保证再生水厂正常运行和尾水稳定达标的重要措施。进水水质浓度规定过高，会导致处理难度加大，影响出水水质；规定过低，会降低再生水厂效益，提高排污单位的预处理费用，难以体现集中式污水处理的优势。环境评价进行进水水质论证，对于生产排污企业和再生水厂都非常有益。

2.5.2.4　污染防治与水环境评价级别

项目建设前后为同一受纳水体的情况下，由于污水截流前，多点源分散排放，项目运营后尾水集中排放，难以对河流的水质改善情况进行量化比较。针对这种情况，只需对部分敏感水体断面进行影响分析，不进行 1、2 级水环境影响评价。对于项目建设前后为不同纳污水体的情况，对新的纳污水体的影响可能是很大的，甚至会影响其水体功能，应进行较高级别的水环境影响评价。

2.5.2.5　厂址选择和尾水排放去向分析

（1）充分论证厂址和排放口位置的选择与城市总体规划相融性，是否符合城市总体规划和土地利用规划。另外，是否选择在人口密度低的城市边缘地区（减轻恶臭、噪声影响）和选择没有洪水淹没风险的地势较低地区。

（2）应尽量避开水源保护区等环境敏感区、生态保护红线，论证排放口是否设置在河流保护目标的下游或远离保护目标处。

（3）与现有和规划的居住区、学校、医院等保持一定的防护距离。

（4）排污口应满足受纳水体功能区的纳污要求，是否选择水量较大且功能较低的水体作为尾水纳污水体和选择有利于尾水的工业回用或农业灌溉等因素是论证选择合理性的重要方面。

2.5.2.6　运营期间的噪声

再生水厂的噪声主要是在污水处理过程中由鼓风机、水泵、管道和水流产生的。对于拟建的再生水厂的噪声控制，可以采用改进工艺、增加隔声罩设计、加消音器、控制管道噪声、提高鼓风机房围护结构的隔声功能和加强个人防护等措施减小噪声污染。

2.5.2.7　运营期间的恶臭

恶臭影响预测作为重点内容，要预测项目建成后造成的恶臭物质的浓度，衡量恶臭影响程度和范围，并以此确定卫生防护距离，提出合理的防范措施，将其不利影响降至最小。涉及厂址选择及居民安置等重要且敏感的问题，预测结果要尽量准确，结论意见必须慎重。

2.5.2.8 运营期间的污泥处理

污泥是再生水厂最主要的固体废弃物，其处置是整个再生水厂最重要的环节之一，妥善处置能有效防止再生水厂可能产生的二次污染。

2.5.3 环境影响评价的作用

再生水厂环境影响评价报告的意见对项目最终能否通过环保验收具有决定性作用。因此，对于环评报告中提出的液、固、气体废物排放标准，相关技术、工艺措施，在后续施工图设计等工作中要认真逐项落实。

【案例】

某一地上式污水厂，为防止臭气散排，环评报告提出了在生化池、二沉池上增加密封盖。但施工图设计上忽略了环评报告的要求，设计的是开敞式。在施工完毕进行环保验收时，环保验收单位提出设计与环评报告不符，需要按照环评报告的要求增加密封盖。

该项改造施工增加了相关费用，又影响了环保验收进度，进而影响项目转入商业运营的时间，减少了项目收益。

第3章　采购及合同管理

3.1　采购与招投标管理

3.1.1　采购与招投标概述

项目业主采购（或招标）包括服务采购、工程采购和货物采购。项目业主的服务采购、工程采购和货物采购的方式包括直接委托或招标方式（公开招标、邀请招标等）采购。

项目业主在完成项目管理规划后，编制建设项目采购计划，并按有关法律法规要求实施服务采购、工程采购和货物采购。

3.1.2　招投标法律体系

我国建设项目实施采购行为依据的法律法规主要有《招标投标法》（2017 年修订）、《招标投标法实施条例》（2019 年修订）、《建筑工程设计招标投标管理办法》（2017 年修订）、《房屋建筑和市政基础设施工程施工招标投标管理办法》（住建部 2018 年第 43 号）、《工程建设项目货物招标投标办法》（2013 年修订）、《必须招标的工程项目规定》（发改委 2018 年第 16 号令）、《必须招标的基础设施和公用事业项目范围规定》（发改法规〔2018〕843 号）、《招标公告和公示信息发布管理办法》（发改委 2017 年第 10 号）、《评标委员会和评标方法暂行规定》（2013 年修正）等规范性文件。

3.1.2.1　招标方式

为了规范招标投标活动，保护国家利益和社会公共利益以及招标投标活动当事人的合法权益，《招标投标法》规定招标方式分为公开招标和邀请招标两大类。

（1）公开招标。

公开招标是政府采购的主要采购方式，是指采购人按照法定程序，通过发布招标公告，邀请不特定的法人或其他组织参加投标，采购人通过某种事先确定的评审标准，从所有投标人中评选出中标人，并与之签订采购合同的一种采购方式。招标人在国家指定的报刊、网络或者其他公开媒介（目前通常采用网络形式）发布招标公告，凡具备相应资质、符合招标条件的法人或组织不受地域、行业限制均可申请投标。

采用公开招标方式，招标人可以在较广的范围内选择中标人，投标竞争激烈，有利于将建设项目交予有实力、可靠的中标人，并取得有竞争性的报价。但是，由于申请的投标人较多，一般要设置资格预审程序（有的地区已经取消了资格预审，采用资格后审方式），而且评标的工作量也较大，所需招标的时间长、费用高。

（2）邀请招标。

招标人向预先选择的若干家具备相应资质、符合招标条件的法人或组织发出邀请函，将拟招标项目的概况、工作范围和实施条件等做出简要说明，邀请他们参加投标竞争。邀请对象的数目以5～7家为宜，但不应少于3家。被邀请人同意参加投标后，从招标人处获取招标文件，按规定要求进行投标报价。采用邀请招标方式，不需要发布招标公告和设置资格预审程序，节约了招标费用和时间。由于对投标人以往的业绩和履约能力比较了解，减少了合同履行过程中中标人违约的风险。但是，由于邀请范围较小，可能排斥了某些在技术或报价上有竞争实力的潜在投标人，因此，投标竞争的激烈程度相对较小。

3.1.2.2 必须招标的范围

依据《招标投标法》规定，任何单位和个人不得将依法必须招标的项目化整为零或者以其他方式规避招标，并规定了属于下列范围的建设项目的勘察、设计、施工、监理以及与工程建设有关的重要设备、材料等采购，必须进行招标：

（1）大型基础设施、公用事业等关系社会公共利益、公共安全的项目；

（2）全部或者部分使用国有资金投资或者国家融资的项目；

（3）使用国际组织或者外国政府贷款、援助资金的项目。

国家发改委发布的《必须招标的工程项目规定》（2018年第16号）对必须招标的范围做了进一步细化的规定，要求各类工程项目的勘察、设计、施工、监理以及与工程建设有关的重要设备、材料等的采购达到下列标准之一的，必须进行招标：

（1）施工单项合同估算价在400万元人民币以上；

（2）重要设备、材料等货物的采购，单项合同估算价在200万元人民币以上；

（3）勘察、设计、监理等服务的采购，单项合同估算价在100万元人民币以上。

为了防止将应该招标的工程项目化整为零规避招标，同一项目中可以合并进行的勘察、设计、施工、监理以及与工程建设有关的重要设备、材料等的采购，合同估算价合计达到前款规定标准的，必须招标。

3.1.2.3 可以不进行招标的范围

按照《招标投标法》和《招标投标法实施条例》规定，属于下列情况之一的，可以不进行招标，采用直接委托的方式：

（1）需要采用不可替代的专利或专有技术；

（2）采购人依法能够自行建设、生产或者提供；

（3）已通过招标方式选定的特许经营项目投资人依法能够自行建设、生产或提供；

（4）需要向原中标人采购工程、货物或者服务，否则将影响施工或者功能配套要求；

（5）国家规定的其他特殊情形。

3.1.2.4　招标应具备的条件

具备下列条件后，才能开展项目招标：

（1）建设项目已批准立项；

（2）建设资金能满足项目的要求，符合规定的资金到位率；

（3）建设用地已依法取得；

（4）技术资料能满足招标投标的要求；

（5）法律、法规、规章规定的其他条件。

3.1.2.5　招标人的能力

（1）有与招标工作相适应的经济、法律咨询和技术管理人员；

（2）有组织编制招标文件的能力；

（3）有审查投标人资质的能力；

（4）有组织开标、评标、定标的能力。

利用招标方式选择中标人属于招标人自主的市场行为，因此《招标投标法》规定：招标人具有编制招标文件和组织评标能力的，可自行办理招标事宜，应向有关行政监督部门备案。如果招标人不具备上述要求的，则需要委托具有相应资质的工程招标代理机构。

3.1.2.6　政府管理部门的监督

在全国各地深化国际化营商环境建设的背景下，有关行政监督部门的工作都在从事前监管向事中事后监管转移。

成都市 2020 年 10 月发布《成都市发展和改革委员会等 7 部门关于进一步优化营商环境强化事中事后监管工作的通知》（成发改法规〔2020〕440 号），明确各级行政监督部门在招标人按规定上传完毕备案资料至行政监督平台后 3 个工作日内对项目招标文件进行随机抽查，抽查比例不低于行政监管项目总数的 30%。

3.1.3　工程项目招标程序

招标是招标人选择中标人并与其签订采购合同的过程，而投标则是投标人力争获得采购合同的竞争过程，招标人和投标人均须遵循招标投标法律、法规的规定进行招标投标活动。建设项目招标的程序一般分为准备阶段、招投标阶段、成交阶段。需注意的是，建设项目的工程施工招标的程序依据招标方式（公开招标、邀请招标）不同有一定的区别。此外，建设项目的服务采购招标、货物采购招标与工程施工招标也存在一定的区别。工程项目招投标流程如图 3.1 所示。

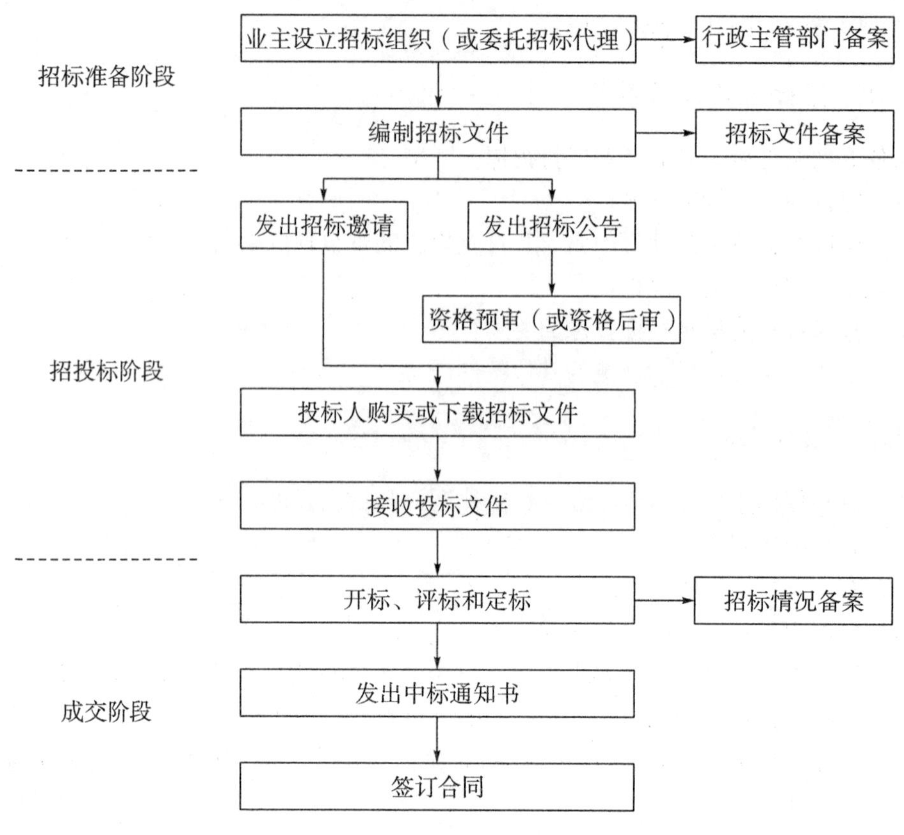

图 3.1　工程项目招投标流程图

3.1.3.1　业主的准备工作

准备阶段的工作由招标人单独完成，业主招标准备阶段的主要工作有：

(1) 选择招标方式。

①根据建设项目特点和招标人自身的能力确定招标范围。

②依据建设项目总进度计划，确定项目建设过程中的招标标段划分和各招标标段的工作内容，合理划分合同数量，如监理、设计、施工、设备等合同数量。

③选择合同的计价方式。

④依据建设项目的特点、招标前准备工作的完成情况、合同类型等因素的影响程度，招标人最终确定招标方式（如公开招标、邀请招标）。

(2) 编制招标相关文件。招标准备阶段应编制好招标过程中涉及的有关文件，保证招标活动的正常进行。这些文件包括：招标公告、预审文件（如果有）、招标文件、合同协议书、资格预审和评标的方法。

(3) 招标人应将招标文件向有关行政监督部门备案。

3.1.3.2　招标阶段工作及程序

(1) 发布招标公告。招标公告的作用是让潜在投标人获得信息，确定是否参与竞争。各地的招标监督机构通常会提供招标公告的格式。

（2）资格预审。

①招标人依据项目的特点编写资格预审文件。

②潜在申请人购买资格预审文件，按要求填报后作为申请人的资格预审文件，提交给招标人。

③招标人对申请人的资格预审文件进行审核，通过对各申请人的评定和打分，确定各申请人的综合得分。

目前陕西、上海、山东、河北等省市仍存在资格预审，通常对投标单位资质、企业业绩、企业信誉、项目负责人业绩等进行评定，采用有限数量制（通常为 7～12 家）。

（3）招标文件。招标人根据拟招标项目特点和需要编制招标文件，它是投标人编制投标文件和报价的依据，因此，它应包括招标项目的所有实质性要求和条件。招标文件通常包括投标须知、合同条件、技术标准和要求、图纸和技术资料、工程量清单等。

（4）踏勘现场。一般招标人不会组织踏勘现场，由投标人自行安排踏勘现场。

（5）解答投标人的质疑。投标人研究招标文件和现场考察后会以书面形式（目前通常通过当地公共资源交易网站提交）提出某些质疑问题，招标人应及时给予书面解答。招标人对任何一位投标人所提问题的回答，必须发送给每一位投标人保证招标的公平、公开，但不必说明问题的来源。回答函件作为招标文件的组成部分，如果书面解答的问题与招标文件中的规定不一致，以函件的解答为准。

3.1.3.3　成交阶段工作及程序

（1）开标。

开标是指在投标人提交投标文件后，招标人依据招标文件规定的时间和地点，开启投标人提交的投标文件，公开宣布投标人的名称、投标价格及其他主要内容的行为。

在 2020 年新冠疫情爆发后，为加强疫情防控，有效减少人员聚集、阻断疫情传播，各地开始试行推进不见面开标和异地远程评标工作。例如，成都市在 2021 年 5 月发布《成都市工程建设项目不见面开标交易工作规程》（成发改法规〔2021〕70 号）的通知，开始推行不见面开标方式。

（2）评标。

评标是对各投标书优劣的比较，以便最终确定中标人，由评标委员会负责评标工作。评标委员会由招标人的代表和有关技术、经济等方面的专家组成，成员人数为 5 人以上单数，其中招标人以外的专家不得少于成员总数的 2/3。评标委员会的专家成员，应当由招标人从建设行政主管部门及其他有关政府部门确定的专家库内相关专业的专家名单中确定。确定专家成员一般应当采取随机抽取的方式，与投标人有利害关系的人不得进入评标委员会，已经进入的应当更换，保证评标的公平和公正。

评标程序通常分为初步评审和详细评审两个阶段进行。

①初步评审。

评标委员会以招标文件为依据，审查各投标书是否为响应性投标，确定投标书的有效性。检查内容一般包括形式评审（投标人名称、盖章要求、投标文件格式、报价唯一)、资格评审（营业执照、资质等级、类似工程业绩要求、财务要求、项目经理、信誉要求、其他要求、联合体投标人)、响应性评审（投标其他要求、招标范围、计划工期、质量要求、投标有效期、投标保证金、招标控制价、投标要求、权利义务、已标价工程量清单、技术标准和要求）等。

②详细评审。

评标委员会根据招标文件确定的评标标准和方法，对各投标书技术部分和商务部分作进一步评审，按招标文件确定的量化因素和分值进行打分，并计算出综合评估得分。

由于项目的规模不同、招标标的不同，特别是各类招标性质不同（如监理招标、施工招标、设计招标存在明显不同)，因此，其评审方法也不相同。

我国现行的工程项目招标的评标方法一般应用综合评估法、经评审的最低投标价法或者法律、行政法规允许的其他评标方法，对各投标书进行科学的量化比较。

(3）定标。

招标人应根据评标委员会提出的评标报告和推荐的招标候选人确定中标人，也可以授权评标委员会直接确定中标人。中标人确定后，招标人向中标人发出中标通知书，同时将中标结果通知未中标的投标人并退还其投标保证金或保函。中标通知书对招标人具有法律效力，招标人改变中标结果或中标人拒绝签订合同均要承担相应的法律责任。

中标通知书发出后的 30 日内，双方应按照招标文件和投标文件订立书面合同，不得做实质性修改。招标人不得向中标人提出任何不合理要求作为订立合同的条件，双方也不得私下订立背离合同实质内容的协议。

招标人确定中标人后 15 天内，应向行政监督部门提交招标投标情况的书面报告进行备案。

3.1.4 招标文件编制要求

对于招标文件的编制，没有统一的模板，各地住建部门或招标监督机构都有相应规定。2021 年 6 月，为了进一步细化招标文件资格设定原则和评标标准，成都市住建局印发了《成都市房屋建筑和市政工程招标文件编制指引（2021 版)》的通知（成住建发〔2021〕142 号)，对招标文件的编制分类做出了指导意见。

3.1.4.1 投标人资格条件

(1) 招标人应该按照住建部关于印发《建筑业企业资质标准》的通知（建市〔2014〕159 号)、《工程监理企业资质管理规定》(建设部令第 158 号)、《工程勘察资质标准实施办法》(建市〔2013〕86 号)、《工程设计资质标准》（建市〔2007〕86 号)、《住房城乡建设部关于简化建筑业企业资质标准部分指标的通知》（建市〔2016〕226 号）及其配套规定确定对投标人的资质等级要求。

(2) 资质类别：资质类别应与招标工程内容相对应，当招标工程内容涉及多个资质时，应合理划分标段发包或通过总承包后专业分包的方式发包；确需整体发包要求投标人具备相应多个资质的，应接受投标人组成联合体投标，招标文件设置允许联合体成员的数量不得少于所适用的资质的数量。

施工总承包工程应由取得相应施工总承包资质的企业承担，设有专业承包资质的专业工程单独发包时，应由取得相应专业承包资质的企业承担。

(3) 不具备相应资质或超越资质等级取得的业绩，不作为有效业绩认定。

(4) 重组、分立后的企业，其重组、分立前承接的工程项目不作为有效业绩认定；合并后的新企业，原企业在合并前承接的工程项目，提供了企业合并相关证明材料的，作为有效业绩认定。

(5) 招标人不得脱离招标项目的具体特点和实际需要，随意和盲目地设定投标人要求；不得设定与招标项目具体特点和实际需要不相适应或者与合同履行无关的资质资格、技术、商务条件或者业绩、奖项要求；不得设定企业股东背景、年平均承接项目数量或者金额、从业人员、纳税额、营业场所面积等规模条件；不得设定企业注册资本、资产总额、净资产规模、营业收入、利润、授信额度等财务指标（采购项目可根据实际需求设置以上财务指标）；不得设定投标人在本地注册设立子公司、分公司、分支机构，在本地拥有一定办公面积，在本地缴纳社会保险等；不得限定或者指定特定的专利、商标、品牌、原产地或者供应商；不得限定潜在投标人或者投标人所有制形式或者组织形式；不得设定国家已经明令取消的资质资格、非国家法定的资格；不得设定未列入国家公布的职业资格目录和国家未发布职业标准的人员资格；不得设定要求投标人提供材料供应商授权书等（采购项目可要求提供供应商授权书）。

(6) 单独发包的园林绿化工程不得将具备住建部门核发的原城市园林绿化企业资质或市政公用工程施工总承包资质等作为投标人资格条件。

(7) 招标人在招标项目资格预审公告、资格预审文件、招标公告、招标文件中不得以营业执照记载的经营范围作为确定投标人经营资质资格的依据，不得将投标人营业执照记载的经营范围采用某种特定表述或者明确记载某个特定经营范围细项作为投标、加分或者中标条件，不得以招标项目超出投标人营业执照记载的经营范围为由认定其投标无效。招标项目对投标人经营资质资格有明确要求的，应当对其是否被准予行政许可、取得相关资质资格情况进行审查，不应以对营业执照经营范围的审查代替，或以营业执照经营范围明确记载行政许可批准证件上的具体内容作为审查标准。

3.1.4.2　人员资格条件

(1) 严格按照《注册建造师执业工程规模标准》《各行业建设项目设计规模划分表》及各行业相关配套文件规定设置人员标准，不得设定与招标项目具体特点和实际需要不相适应或者与合同履行无关的人员资格。

(2) 设计负责人应为注册建筑师（市政项目除外，可依据项目实际情况及需求设置），勘察负责人应为注册土木工程师（岩土工程），项目总监理工程师应为全国注册监理工程师，项目经理应为注册建造师。

(3) 园林绿化工程施工实行项目负责人负责制，项目负责人应具备相应的现场管理工作经历和专业技术能力，原则上应由园林相关专业职称或市政公用工程专业建造师担任。

（4）工程总承包项目经理应具备下列条件：

①取得注册建筑师、勘察设计注册工程师、注册建造师等注册执业资格之一，依法在一个工程勘察设计、施工单位注册执业；取得注册监理工程师注册执业资格拟担任工程总承包项目经理的，应当注册在一个工程设计单位或者施工单位；未实施注册执业资格的，应取得高级专业技术职称。

②担任过与拟建项目相类似的工程总承包项目经理、设计项目负责人、施工总承包项目负责人或者项目总监理工程师。

（5）注册建造师担任施工项目负责人期间原则上不得更换；一名注册监理工程师可担任一项建设工程监理合同的总监理工程师，当需要同时担任多项建设工程监理合同的总监理工程师时，应经建设单位书面同意，且最多不得超过三项。

3.1.4.3 投标人业绩

（1）设定的企业业绩每类别个数不得超过3个（含资格条件个数）。

（2）类似业绩可设定为已完成或新承接或正在实施（多选）。

（3）类似工程业绩指标仅限于工程规模、结构形式等方面，且应当符合拟招标工程建设项目的内容，从项目具有的技术管理特点需要和所处自然环境条件的角度提出业绩要求，类似业绩中设置的投资额、面积、长度等规模性量化指标不得高于拟招标工程的相应指标且不可同时设置两个及以上规模性量化指标和技术指标。不得以特定行政区域或者特定行业的业绩作为资格条件业绩要求。

（4）类似工程业绩以提供的合同协议书和（或）竣工验收证明资料为准。新承接和正在实施项目以合同协议书为准，已完工项目以竣工验收证明资料为准。

3.1.4.4 评分办法

（1）大纲评分标准（包含勘察大纲、设计大纲、监理大纲、施工组织设计大纲）。

招标人应当根据项目实际情况，合理设置大纲中的具体评分重点分值，评分标准设置原则：按照各投标单位大纲内容优劣分为“优、良、一般、差、无”五档（“优”得最高分，“无”得0分）。招标人应合理设置各档分值或区间分值，设置分值或区间分值应分布均衡、合理。

①勘察大纲：评分因素可从勘察范围、勘察内容，勘察依据、勘察工作目标，勘察机构设置和岗位职责，勘察说明和勘察方案，勘察质量、进度、保密等保证措施，勘察安全保证措施，勘察工作重点、难点分析，合理化建议等方面设置。

②设计大纲：设计大纲评分标准适用于采用设计团队招标的，评分因素可从设计范围、设计内容、设计依据、设计工作目标、设计机构设置和岗位职责，设计构思，设计质量、进度、安全、保密、绿色、节能、环保等保证措施，设计工作重点、难点分析，合理化建议等方面设置。（设计方案评分标准适用于采用设计方案招标的，评分因素可从功能、技术、经济、美观和城市设计及安全、绿色、节能、环保等方面设置。）

③监理大纲：评分因素可从监理范围、监理内容，监理依据、监理工作目标，监理机构设置和岗位职责，监理工作程序、方法和制度，质量、进度、造价、安全、环保监

理措施，合同、信息管理方案，监理组织协调内容及措施，监理工作重点、难点分析，合理化建议等方面设置。

④施工组织设计大纲：评分因素可从内容完整性和编制水平，施工方案与技术措施，质量管理体系与措施，安全管理体系与措施，环境保护管理体系与措施，工程进度计划与措施，资源配备计划，绿色、节能、环保及建筑垃圾减排和资源化利用计划与措施等方面设置。

⑤EPC 组织架构及分工配合：根据项目特点阐述牵头单位在项目实施过程中的管理及组织流程，以及成员单位之间的相互配合及分工。

（2）项目管理机构配置。

针对各类项目团队人员配置情况进行评分。

其他专业类人员应按工程建设项目实际情况及需求设置，不得设置与本项目无关的注册执（职）业资格要求。勘察、设计类人员设置原则上应符合与本项目适用资质的《主要技术人员配备表》中的注册执（职）业资格人员；监理类人员原则上应设置符合《工程监理企业资质管理规定》中允许配置的注册执（职）业资格人员；施工类人员原则上应设置符合《建筑业企业资质标准》中允许配置的注册执（职）业资格人员。

人员评分设置应采用注册执（职）业资格、专业技术职称或注册执（职）业资格与专业技术职称相结合的方式，且同一人员原则上不得设置 2 个及以上注册执（职）业资格。

施工类项目班子其他配备应根据《四川省住房和城乡建设厅关于促进民营建筑企业健康发展的实施意见》（川建行规〔2019〕1 号）第十条规定“房屋建筑和市政基础设施工程项目编制招标文件时，招标人不得再将施工员、质量员、安全员等现场专业管理人员配备情况列入招标文件中投标人响应承诺事项”。

项目负责人、总监、项目经理、施工技术负责人可将类似业绩作为加分条件，类似业绩按照资审业绩要求设置，原则上每人不超过 3 个业绩要求（含资格条件个数），业绩的时限不超过 5 年。人员从业业绩可以是不在投标单位的类似业绩，但需附相应业绩证明材料。不得设定特定行政区域或者特定行业的业绩作为加分条件；不得设定与招标项目的具体特点不相适应的业绩作为加分条件。

设计施工总承包类（EPC）针对项目负责人的要求，需符合《四川省房屋建筑和市政基础设施项目工程总承包管理办法》（川建行规〔2020〕4 号）中对项目负责人相关要求的规定。

（3）其他评分因素。

招标人针对企业实力可通过类似工程业绩、相关获奖情况等方面进行评分，招标人设置的类似工程业绩与资审业绩要求相同。

不得设定特定行政区域或者特定行业的奖项作为加分条件，不得设定与招标项目的具体特点不相适应的奖项作为加分条件，不得设定全国评比达标表彰工作协调小组办公室按照《评比达标表彰活动管理办法》公布的目录以外的奖项作为加分条件；招标项目的技术指标达到相应奖项申报条件的，方可设置相应奖项作为加分条件；设定奖项年限为近 3 年的，个数不得超过 1 个，设定奖项年限为近 5 年及以上的，个数不得超过 2

个；评标办法中各类奖项加分总分值不得超过3分。

（4）投标报价。

勘察、设计、监理类：

①采用A方式（最低报价为评标基准价）、B方式（算术平均值为评标基准价）确定评标基准价，以基准价为准，有效投标的评审价等于基准价的得满分。

投标报价的偏差率计算公式可采用：

$$偏差率=\frac{|投标人报价-评标基准价|}{评标基准价}\times 100\%$$

②若投标人在除报价评分和信用评分内容外的其他评分项得分不足其他评分项总分的50%～70%（由招标人按照项目特点确定），不得作为A方式有效最低报价，不参与B方式投标报价评标基准价的计算，该投标报价不作否决，仍按评标办法标准进行评审。当所有投标人在前述评分部分得分均不满足规定比例时，投标报价评标基准价默认为所有有效投标报价的最低报价（A方式）或算术平均值（B方式）。

③EPC类项目设计部分报价参照前述A、B方式。施工、货物采购类仍按照《四川省房屋建筑和市政工程标准招标文件（2021年版）》执行。

3.1.4.5　其他要求

招标人应单独成册“发包人要求”随同工程总承包招标文件一并发布。“发包人要求”应根据不同发包阶段结合合同价格形式、计量计价模式进行编制。需包含对项目建设范围、建设规模、功能要求、建设标准等所有拟建内容进行阐述，包括但不限于项目设计范围及设计任务书，项目施工范围及施工要求，项目功能需求的配置标准，材料设备档次等。

3.2　勘察设计招标及合同管理

3.2.1　勘察设计招标概述

3.2.1.1　勘察与设计工作范围

勘察是为了查明项目建设地点的地形地貌、地层土质、岩性、地质构造、水文等自然条件而进行的测量、测绘、测试、观察、调查、勘探、试验、鉴定、研究和综合评价工作，可为项目进行厂（场、坝）址选择、项目的设计和施工，提供科学可靠的依据。

勘察阶段应与工程设计阶段相适应，一般分为初步勘察（亦称初勘）和详细勘察（亦称详勘），对工程地质条件复杂或具有特殊要求的大型建设项目，还应进行施工勘察。

设计是项目全生命周期中非常基础和重要的一个环节，它是在前期策划的基础上，以项目建议书和可行性研究报告等资料为依据，通过设计文件将项目策划中项目定义的主要内容予以具体化和明确化，也是下一个阶段项目建设的具体指导性依据。地埋厂设计一般包括初步设计和施工图设计。

（1）初步勘察。

初步勘察应满足厂址选择和初步设计的要求，其基本工作包括：初步查明地质、构造、岩石和土壤的物理力学性质、地下水埋藏条件和冻结深度；查明场地不良地质现象的成因、分布范围、对地基的稳定性的影响程度及其发展趋势；对设计烈度为7度及7度以上的建筑物，应制定场地和地基的地震效应。

（2）详细勘察。

详细勘察应符合施工图设计的要求，其基本工作包括：查明地质结构、岩石和土壤的物理力学性质，对地基的稳定性及承载能力做出评价；提供防治不良地质问题所需的计算参数及资料；查明地下水的埋藏条件和侵蚀、渗透性、水位变化幅度及规律；制定地基岩石、土和地下水在建（构）筑物施工和使用中可能产生的变化和影响，并提出防治办法与建议。

（3）施工勘察。

施工勘察是为了应对施工中遇到的地质问题而进行的进一步勘察。需进行施工勘察的情况包括：施工验槽，深基坑施工勘察和桩应力测试，地基加固处理勘察和加固效果检验，施工完成后的沉陷监测工作，其他有关环境工程地质的监测工作。

（4）初步设计。

初步设计文件根据设计任务书进行编制，由设计说明书、设计图纸、主要设备及材料表和工程概算书四部分组成。

各专业对本专业内容的设计方案或重大技术问题的解决方案进行综合技术经济分析，认证技术上的适用性、可靠性和经济上的合理性，并将其主要内容写进本专业初步设计说明书中。

（5）施工图设计。

施工图文件是指导施工的直接依据，是设计阶段质量控制的重点。

3.2.1.2 勘察与设计采购方式

地理厂勘察设计的采购方式主要有两种：

（1）直接委托方式。建设业主寻找一个符合要求的勘察设计单位，并将勘察设计任务委托给它。

（2）招标方式（包括公开招标、邀请招标、比选）。业主通过勘察设计招标及评标，将勘察设计任务委托给中标的勘察设计单位。按照我国现行法律法规的要求，政府投资项目业主的勘察设计任务委托应该采用招标方式。

3.2.2 勘察设计招标要点

3.2.2.1 勘察设计招标条件

依法必须进行勘察设计招标的建设项目，进行招标时应当具备如下条件：

（1）按照国家有关规定需要履行项目审批手续的，已履行审批手续，取得批准；

(2) 勘察设计所需资金已经落实;

(3) 所必需的勘察设计基础资料已经收集完成;

(4) 法律法规规定的其他条件。

3.2.2.2 勘察设计招标文件

业主应当根据招标项目的特点和需要编制招标条件,其一般包括以下几个方面:

(1) 招标公告,包括招标条件、项目概况和范围、资格要求、招标文件的获取和递交、公告媒介和联系方式等;

(2) 投标须知,包括所有对投标要求的有关事项;

(3) 评标办法;

(4) 合同条款及格式;

(5) 技术标准和要求;

(6) 投标文件格式;

(7) 勘察大纲和设计方案;

(8) 其他资料,包括财务报表;

(9) 投标报价汇总表。

3.2.2.3 项目设计任务书

项目设计任务书是对项目设计提出的明确具体的要求,一般包括如下内容:

(1) 设计文件编制的依据,包括已批准的项目建议书、可行性研究报告,以及其他经政府批准的文件等;

(2) 政府行政主管部门对规划方面的要求,如规划控制条件和用地红线图等;

(3) 拟建项目设计方面的要求,如功能、平面布局、立面设计、环境景观、园林、交通组织等要求;

(4) 结构设计方面的要求;

(5) 设备设计方面的要求;

(6) 技术经济指标要求;

(7) 特殊工程方面的要求;

(8) 其他方面的要求,如环保、消防要求。

3.2.2.4 投标人的资格

业主对投标人的资格主要从资质、能力、经验三方面进行审查。

(1) 资质审查。指投标人所持有的资质证书是否与勘察设计招标的要求符合。

(2) 能力审查。判定投标人是否具备承担工程勘察、设计任务的能力,通常审查投标人及其技术人员的技术力量和所拥有的技术设备两方面。

(3) 经验审查。通过投标人报送的最近几年(通常不超过5年)相关项目业绩,侧重于考察已完成的设计项目与本设计招标工程在规模、性质、形式上是否相适应。

3.2.3　勘察设计合同管理

3.2.3.1　合同应约定的内容

（1）业主应向勘察设计人提供的文件资料。

①经批准的项目可行性研究报告或项目建议书，以及用地、施工、勘察许可证等批件；

②勘察设计任务书、技术要求和工作范围的地形图、建筑总平面图；

③勘察工作范围已有的技术资料及项目所需的坐标与标高资料；

④勘察工作范围地下已有埋藏物的资料（如电力、电信电缆、各种管道、人防设施、洞室等）及具体位置分布图；

⑤其他必要相关资料。

如果业主不能提供上述资料，合同中应明确由勘察设计人收集，业主支付相应费用。

（2）项目设计要求。

委托的设计阶段和内容可能包括方案设计、初步设计和施工图设计的全过程，也可以是其中的某几个阶段：

①限额设计要求。

②设计依据的标准。

③建筑物的设计合理使用年限要求。

④设计深度要求。设计标准可以高于国家规范的强制性规定，业主不得违反国家有关标准进行设计。方案设计文件应满足编制初步设计文件和控制概算的需要。初步设计文件应满足编制施工招标文件、主要设备材料订货和编制施工图设计文件的需要。施工图设计文件应满足设备材料采购、非标准设备制作和施工的需要，并注明建设工程合理使用年限。

⑤设计人配合施工工作的要求，包括向业主和施工承包人进行设计交底，处理有关设计问题，参加重要隐蔽工程部位验收和竣工验收等事项。

⑥合同范围。是否包括红线外的附属管道、供电和供水等设计。

（3）开始时间和结束时间。

①明确约定勘察工作的开始时间和交付勘察成果的时间；

②合同内约定设计工作开始时间和结束时间，作为设计期限；

③设计单位交付设计资料的时间，在合同条款内进行约定。

（4）设计费的支付。

合同内除了约定总设计费，还要列明分阶段支付进度款的条件、占总设计费的百分比及金额。支付通常按勘察和设计工作分别完成的进度，或委托勘察和设计范围内的各项工作中提交的某部分的成果报告进行分阶段支付，而不是按月支付。

（5）业主应提供现场条件。

包括施工现场的工作条件、生活条件及交通等方面的具体内容。

(6) 设计人应交付的工作成果。

约定勘察和设计成果的内容、形式以及成果的要求等，具体写明勘察和设计应向业主交付的报告、成果、文件的名称，交付数量，交付时间和内容要求。

分项列明交付的勘察设计资料和文件，包括名称、份数、提交日期和其他事项的要求。

(7) 违约责任。需要约定承担违约责任的条件和违约金的计算方法等。

(8) 合同争议的解决方式。明确约定解决合同争议的最终方式是采用仲裁或诉讼，当采用仲裁时，需注明仲裁委员会的名称。

3.2.3.2 业主应提供的工作条件

(1) 落实土地征用、青苗树木补偿；

(2) 拆除地上地下障碍物；

(3) 处理作业扰民及影响勘察设计作业正常进行的有关问题；

(4) 平整作业现场；

(5) 修好通行道路、接通电源水源、挖好排水沟渠及水上作业用船等。

3.2.3.3 费用支付

(1) 合同约定的勘察费用支付方式，可以按照下列要求支付：

①主要勘察机具（或设备）及勘察人员进驻现场后，15 个工作日内发包人按工程勘察合同价的 20%支付预付款；

②完成详细勘察，提交了合格的勘察报告（含电子版）且达到施工图设计深度要求后 15 个工作日内支付至勘察合同价的 70%；

③工程竣工验收合格并移交有关资料后支付至勘察费合同结算价的 95%；

④在工程竣工结算审计（或工程结算审核完成满两年）且工程缺陷责任期满后 15 个工作日内，支付勘察费的剩余部分。

(2) 合同约定的设计费用支付方式，可以按照下列要求支付：

①合同生效后 15 个工作日内发包人按工程设计合同价的 20%支付预付款；

②初步设计文件全部完成，并经发包人和有关部门审查合格，完成初步设计审查（交底）提出的所有修改内容，提交了初步设计文件（含概算书）后 15 个工作日内，支付至工程设计合同价的 40%；

③施工图设计文件全部完成，并经发包人和有关部门审查合格，完成施工图审查（交底）提出的所有修改内容，提交了施工图设计文件（含电子版），待发包人完成所有施工、材料（设备）标段（如有）招标工作后 15 个工作日内，支付至工程设计合同价的 65%；

④工程竣工验收合格并办理完设计结算，同时移交有关资料后支付至该设计结算价的 80%；

⑤项目通过环保验收后 15 个工作日内，支付至该设计结算价的 95%；

⑥在工程竣工结算审计（或工程结算审核完成满两年）且工程缺陷责任期满后 15

个工作日内，支付设计费的剩余部分。

3.2.4　勘察设计履约管理

3.2.4.1　双方职责

（1）业主。除了在通用条款和专用条款中已约定的主要权利和义务，还可增加下列约定：

①业主负责初步设计（含概算）、施工图设计等文件的报审工作，向设计人提供行政主管部门对勘察设计文件进行审查后的批复意见。对设计人在贯彻落实审查意见时提出的有关问题应及时认真予以解答，但并不免除设计人根据合同约定应负的责任。应组织专家对勘察设计文件和为了满足勘察设计需要而进行的研究试验成果进行审查（由设计人负责组织审查的设计专篇除外）。

②业主不应向设计人提出不符合工程安全生产法律、法规和工程建设强制性标准规定的要求。

（2）设计人。除了在通用条款和专用条款中已约定的主要权利和义务，还可对设计人增加下列约定：

①设计人在接到勘察设计任务后，应进行详细的现场调研及实地踏勘，业主对于现场踏勘情况应进行记录及签到管理，并随时对设计人的工作进行监督、检查。

②设计人应严格按照合同约定的内容进行勘察设计工作，业主可根据项目具体情况对管理流程进行调整，包括要求设计人在工程所在地进行设计工作，设计人需满足业主的设计管理。

③解决施工中出现的设计问题。设计人有义务解决施工中出现的设计问题，如属于设计变更的，按照变更原因的责任确定费用分担责任。业主要求设计人派专人驻场进行配合与解决有关问题时，设计人应安排专人处理。

④工程验收。设计人应按合同约定参加工程验收工作，可能涉及重要部位的隐蔽工程验收、试车验收和竣工验收、设备开箱验收。

⑤保护业主的知识产权。设计人应向业主提交设计成果电子文档（包括但不限于PDF、WORD、DWG格式），应保护业主的知识产权，不得向第三人透露、转让业主提交的产品图纸技术经济资料。如发生上述情况，业主有权向设计人索赔。

3.2.4.2　变更管理

（1）设计工作内容的变更，按照发生的原因，一般可能涉及以下几个方面：

①设计人的工作。设计人交付成果后，按规定参加有关的设计审查，并根据审查结论负责对不超出原定范围的内容做必要调整补充。

②任务范围内的设计变更。为了维护设计文件的严肃性，经过批准的设计文件不应随意变更。如果业主据实需要修改时，应先报原审批机关批准，然后由原设计勘察单位修改，经过修改的文件仍需按设计管理程序经有关部门审批后使用。

③委托其他设计单位完成的变更。在某些特殊情况下，业主需要委托其他设计单位

完成设计变更工作，如变更增加的设计内容专业性特点较强，超过了设计人资质条件允许承接的工作范围，或施工期间设计变更，设计人由于能力有限，不能完成，在此情况下，业主经原设计人书面同意后，也可以委托其他具有相应资质的设计单位修改。修改单位对修改的勘察设计文件承担相应责任，设计人不再对修改的部分负责。

④业主原因的重大设计变更。业主委托设计项目、规模、条件发生变化或因提交的资料错误，或所提交的资料做较大修改，以致造成设计需返工时，业主应按设计人所耗工作量增付设计费。

（2）设计人引起变更的处理。

①因设计人原因引起的工程变更增加投资，除由设计人负责继续完善勘察设计外，视累计变更增加金额，业主可收取设计人违约金。

②因设计图纸质量低、勘察设计参数不准确、设计图纸与现场情况不符合等原因，导致因单次设计变更引起造价（不限于施工、材料、设备）增加比例超过 0.5%，次数达到五次及以上后，业主按每增加一次收取设计人违约金。

③若因设计人原因造成低价中标高价结算的，设计人应承担工程价款的增加额。

3.2.4.3 违约责任

（1）业主的违约。在合同中已约定业主违约的条款，履约过程中要重点关注发生下列情况：

①业主未按合同约定支付勘察设计费用；

②业主原因造成勘察设计停止；

③业主无法履行或停止履行合同。

（2）业主违约的处理。

①业主发生违约情况时，设计人可向业主发出暂停勘察设计通知，要求其在限定期限内纠正；逾期仍不纠正的，设计人有权解除合同并向业主发出解除合同通知。业主应当承担由于违约所造成的费用增加、周期延误和设计人损失等。

②业主超过合同规定的日期支付费用时，应偿付逾期的违约金，且设计人提交的勘察设计文件的时间相应顺延。逾期超过 30 天以上时，设计人有权暂停履行下阶段的工作，并书面通知业主。

③业主原因解除合同。在合同履行期间，业主要求终止合同或解除合同，设计人未开始设计工作的，不退还预付款，已开始设计工作的，业主应根据设计人已进行的实际工作量，不足一半的，按该阶段设计费的一半支付，超过一半的，应按设计费的全部支付。

（3）设计人的违约。在合同中已约定设计人违约的条款，履约过程中要重点关注发生下列情况：

①勘察设计文件不符合法律以及合同约定；

②设计人转包、违法分包或者未经业主同意擅自分包；

③设计人未按合同计划完成勘察设计，从而造成工程损失；

④设计人无法履行或停止履行合同；

⑤设计人未按照国家现行的标准或规范进行勘察设计，或未根据勘察成果文件进行工程设计，或设计文件中指定材料或设备的生产厂、供应商等；

⑥因勘察设计深度不够、资料不足、方案缺陷以及勘察设计质量低劣而被要求返工或导致未通过行政主管部门的审查；

⑦设计人在投标文件中承诺的或按合同文件约定的投入本项目的主要勘察设计人员发生变化（因不可抗力引起的人员变动除外）；

⑧设计人未及时选派合格的设计代表进驻施工现场，或未能在业主和设计人约定的时间内给予答复、完成设计变更；

⑨由于设计人的过失或责任引起本项目发生重大设计变更、较大设计变更或单个合同段因变更引起的工程费用调整累计超过约定的比例，导致施工工期拖延或者给业主造成经济损失；

⑩由于设计人的过失或责任导致勘察设计质量事故；

⑪设计人与第三方串通给业主造成经济损失。

（4）设计人违约的处理。

①设计人发生违约情况时，业主可向设计人发出整改通知，要求其在限定期限内纠正；逾期仍不纠正的，业主有权解除合同并向设计人发出解除合同通知。设计人应当承担由于违约所造成的费用增加、周期延误和业主损失等。

②设计人所提供的勘察、设计成果应满足合同约定，各阶段勘察、设计成果应相互对应，具有一致性。每发现一处错漏，业主可向设计人收取违约金。

③设计人提供的设计文件不经济，经审查具有明显的优化设计方案可采取的，业主可向设计人收取违约金。

④由于设计人提供的勘察成果资料质量不合格，造成重大经济损失（如土方开挖、回填、换填及喷锚支护等增加）或工程事故时，设计人除承担相关法律责任和免收直接损失部分的勘察服务费外，应根据损失程度向业主支付赔偿金。

⑤如果设计人提交的设计文件不能满足招标文件的编制要求，未在要求的时限内修改完成并提交，业主可向设计人收取违约金。

⑥因勘察及设计成果深度不够、质量低劣引起工程返工而造成的质量问题，除由设计人负责继续完善设计外，应视造成的损失，业主可收取设计人违约金。

⑦设计人未按照国家现行的标准或规范进行设计，或未根据勘察成果文件进行工程设计，或设计文件中指定材料或设备的生产厂、供应商等，业主可向设计人收取违约金。

⑧如因设计人原因导致施工图审查两次以上（含两次）未通过，设计人应修改勘察设计成果资料直至合格，重复勘察设计费用由设计人承担，同时设计人应承担相应的逾期违约责任。

⑨限额设计要求：如因设计人原因导致施工图设计预算控制价超出业主确定限额，业主可收取设计人的违约金。

⑩因设计图纸提供不及时、不准确、不齐全或质量不到位等问题，造成施工单位停工、窝工，导致产生索赔、变更等问题时，由设计单位承担相应损失。

⑪因勘察设计错误而造成一般质量事故，设计人除应免收受损失部分的勘察设计费外，还应支付与受损失部分勘察设计费相等的赔偿金。

⑫若违约金累计超过本项目签约合同价的50%，则业主确认为设计人将不能按本合同规定继续履行本合同项下的勘察设计工作，业主有权单方面终止合同。

（5）设计人员管理。

①设计人应按投标文件承诺配备设计人员，设计人撤换、更换项目负责人或各专业负责人，须提前14个日历天书面通知业主并经业主同意后对该项目设计人员撤换、更换；

②在完成初步设计和施工图设计过程中，应要求设计人主要技术人员，如建筑、结构、工艺、电气、自控等专业在项目所在地集中办公；

③在项目施工阶段，应要求设计人派驻现场驻场技术人员，积极解决施工中出现的技术问题，若不能现场解决，须及时联系设计单位相关专业人员解决，简单问题须在一天内、复杂问题须在三天内，给出明确处理办法或者处理方案。

3.3 施工招标及合同管理

3.3.1 施工招标概述

（1）施工工作范围。

通常情况下，施工承包人的工作范围含设计图纸、技术标准和要求、工程量清单范围内的全部工程内容。包括拟建构（建）筑物、穿越障碍工程、现有设施拆除与恢复等。

（2）施工标段的划分。

业主（或发包人）将全部工程施工内容按一个合同发包，仅与一个中标人签订合同，施工过程中合同管理比较简单，但有能力参与竞争的投标人相对较少。如果业主有足够的管理能力，也可以将施工内容分解成若干个单位工程和特殊专业工程分别发包，一则可以发挥不同投标人的专业特长，并增强投标的竞争性；二则每个独立合同比总承包合同更容易落实，即使出现问题也是局部的，易于纠正或补救。但标段划分的数量多少不能一概而论，应结合项目的施工特点、现场条件、业主的管理能力等划分合同的工作范围、合同结构，主要应考虑以下因素的影响：

①工程施工内容的专业要求。可将工程施工内容按土建施工和设备安装分别招标。依据建筑市场的发育成熟情况，发挥土建施工、设备安装招标的特点，采用公开招标，跨行业、跨地域在较大的范围选择技术能力强、管理能力强且报价合理的投标人实施。

②施工现场条件。划分标段应充分考虑施工过程中几个独立承包商同时施工可能发生的交叉干扰，要有利于业主和监理单位对各合同标段的协调管理。

③业主的管理能力。业主是项目管理的核心，业主管理能力也直接影响合同标段的划分，如业主建设管理团队人员配备、技术能力等条件。

④其他因素影响。影响标段划分的其他因素包括场地移交时间、项目技术工艺复杂性、筹措资金到位时间、出图计划安排等。

(3) 施工招标方式。

工程施工招标，包括直接委托或招标方式。工程施工采购方式的选择应依据业主项目管理规划的成果，即工程采购计划进行实施。

(4) 施工招标的特点。

施工招标和服务采购招标（如监理、勘察设计、管理咨询等）有明显不同，即招标的工作内容明确、具体，一般投标人无权更改招标的工作范围、工作内容和投标文件格式等，各投标人编制的投标书基于招标文件的工程量表的内容而确定报价，因此，在评标时容易对各投标书进行比较，一般采用综合评估法进行评标，即不仅考虑报价，也考虑投标人的综合技术、管理能力。

目前全国各地开始普及招标投标电子评标，全面实现了资格标、技术标和商务标的电子化和计算机辅助评标，支持电子签到、流标处理和中标锁定，支持电子评标报告和招投标数字档案，极大地提高了招投标的效率，节省了招投标的成本。

3.3.2　施工招标要点

3.3.2.1　招标条件

(1) 经批准、核准或备案的立项文件；
(2) “三价”登记表；
(3) 造价咨询合同；
(4) 招标代理合同（委托招标提供）；
(5) 经图审后的施工图纸；
(6) 工程量清单；
(7) 投资概算审批文件（政府投资项目）。

3.3.2.2　招标文件

工程施工招标文件一般包括如下内容：

(1) 招标公告，包括招标条件、项目概况和范围、资格要求、招标文件的获取和递交、公告媒介和联系方式等；
(2) 投标须知，包括所有对投标要求的有关事项；
(3) 评标办法；
(4) 合同条款及格式；
(5) 工程量清单（通常是CJZ电子格式）；
(6) 图纸；
(7) 技术标准和要求；
(8) 投标文件格式；
(9) 投标文件其他格式，包括技术响应表等。

3.3.3 施工合同管理

3.3.3.1 施工合同标准文本

2011年12月，国家发展改革委会同工业和信息化部、财政部、住房和城乡建设部、交通运输部、铁道部、水利部、广电总局、中国民用航空局，编制了《标准施工招标文件》和《标准设计施工总承包招标文件》。

3.3.3.2 施工合同的组成

标准施工合同提供了通用条款、专用条款和签订合同时采用的合同附件格式。

（1）合同文件的组成。合同是指构成对发包人和承包人履行约定义务过程中，有约束力的全部文件体系的总称。合同的组成文件包括：

①合同协议书；

②中标通知书；

③投标函及投标函附录；

④专用合同条款；

⑤通用合同条款；

⑥技术标准和要求；

⑦图纸；

⑧已标价的工程量清单或预算书；

⑨经合同当事人双方确认构成合同的其他文件。

组成合同的各文件中出现含义或内容的矛盾时，如果专用条款没有另行约定，一定要约定以上合同组成文件的优先解释顺序。

（2）订立合同时需要明确的内容。

①施工现场范围和施工临时占地。业主应明确说明施工现场永久工程的占地范围并提供征地图纸，以及属于业主施工前期配合义务的有关事项，如从外部接至现场的施工用水、用电位置等，以便承包人进行合理的施工组织。项目施工如需临时用地（招标文件中已说明或承包人投标书内提出要求），也需明确占地范围、租地费用支付方式和临时用地移交承包人的时间。

②业主提供图纸的期限和数量。标准施工合同适用于业主提供设计图纸，订立合同时必须明确业主提供图纸的期限和数量。如果承包人有深化设计或专利技术，可以约定由承包人完成部分施工图设计。应明确承包人的设计范围，提交设计文件的期限、数量，以及监理签发图纸修改的期限等。

③业主提供的材料和设备。因为项目特点，需要业主提供部分设备或材料，需明确约定业主提供的材料和设备分批交货的种类、规格、数量、交货期限和地点等，以便明确合同责任。

④异常恶劣的气候条件范围。气候条件对施工的影响是合同管理中一个比较复杂的问题，“异常恶劣的气候条件”属于业主的责任，“不利气候条件”对施工的影响则是承

包人应承担的风险，因此应当根据项目所在地的气候特点，在专用条款中明确界定“不利气候条件”和“异常恶劣的气候条件”之间的界限，如暴雨量、大风级别、高温温度等。

⑤物价浮动的合同价格调整。施工合同通常会约定钢材、混凝土、砂、石、砖等为可调价材料，按每月当地造价管理部门发布的《造价信息》，根据约定的调价公式进行材料价格调整。实际上应根据项目特点做相应细化，如项目钢结构量较多，应将型钢纳入调价范围。如大宗材料波动较大，应将铜、铝等制品纳入调价范围，以保证合同双方的公平性。

⑥明确保险责任。

ⅰ）工程保险和第三者责任险。

如果采用多个承包人施工，由各承包人分别投保的话，有可能产生重复投保或漏保，此时由业主投保为宜。双方可在专用条款中约定，由业主办理。

如果由承包人投保的，承包人应在专用条款中约定的期限内向业主提交各项保险生效的证据和保险单副本，保险单必须与专用条款约定的条件一致。

无论哪方办理，均必须以业主和承包人的共同名义投保，以保障双方均有出现保险范围内的损失时，可从保险公司获得赔偿。

ⅱ）人员工伤事故保险和人身意外伤害保险。

业主和承包人应按照相关法律规定为履行合同的本方人员缴纳工伤保险费，并分别为自己现场项目管理机构的所有人员投保人身意外伤害保险。

ⅲ）其他保险。

承包人应以自己的名义投保施工设备保险，作为工程一切险的附加保险。

进场材料和工程设备保险由当事人双方具体约定，在专用条款中明确，通常谁采购材料和设备，就由谁办理相应的保险。如果有材料或设备由业主提供时，应在合同中约定承包人接收该材料或设备后的保险责任。

ⅳ）未按约定投保的补偿。

如果负有投保义务的一方当事人未按合同约定办理保险，或未能使保险持续有效，另一方当事人可代为办理，所需费用由对方当事人承担。

当负有投保义务的一方当事人未按合同约定办理某项保险，导致受益人未能得到保险人的赔偿，原应从该项保险得到的保险赔偿应由负有投保义务的一方当事人支付。

3.3.4 施工合同履约管理

3.3.4.1 双方职责

(1) 业主（或发包人）。

①提供施工场地。业主应及时完成施工场地的征用、移民、拆迁工作，按合同约定的时间和范围向承包人提供施工场地。施工场地包括永久工程用地和施工的临时占地，施工场地的移交可以一次完成，也可以分多次移交，以不影响单位工程的开工

为原则。

②地下管线和地下设施的相关资料。业主应按合同约定及时向承包人提供施工场地范围内的地下管线和地下设施等有关资料。地下管线包括供水、排水、供电、供气、供热、通信、广播电视等的走向、埋设深度和埋设位置，以及地下水文、地质等资料。业主应保证资料的真实、准确、完整，但不对承包人据此判断、推论错误导致编制施工方案的后果承担责任。

③场外道路。业主应根据合同约定，完成进出场地必要的道路的通行权，并承担有关费用。

④组织设计交底。业主应组织设计人向承包人和监理对提供的施工图和设计文件进行交底，以便承包人编制施工组织设计。

（2）承包人。

①现场查勘。承包人应对施工场地和周围环境进行查勘，核对业主提供的有关资料，并进一步收集相关的水文、地质、气象条件、交通条件、风俗习惯及其他资料，以便编制施工组织设计和专项施工方案。在施工过程中，应视为承包人已充分估计了应承担的责任与风险，不得再以不了解现场情况为理由而推脱合同责任。现场查勘中如果实际情况与业主提供的资料有重大差异，应及时通知监理和业主，由其做出相应的指示或说明，以便明确合同责任。

②施工组织设计。承包人应根据合同约定的工作范围、工期要求，编制施工组织设计和施工进度计划，并对所有施工作业和施工方法的完备性、安全性、可靠性负责。按照《建设工程安全生产管理条例》规定，在施工组织设计中应针对深基坑、地下暗挖、高大模板、高空作业、深水作业、大爆破工程的施工编制专项施工方案。前 3 项还需经 5 人以上专家论证方案的安全性和可靠性。

③质量管理体系。承包人应在施工现场设置质量检查机构，配备专职质量检查人员，建立完善的质量检查制度。在合同约定时间内，编制质量保证措施文件，报送监理人审批。

④环境保护措施。承包人在施工过程中，应遵守有关环境保护的法律法规，履行合同约定的环境保护义务，编制施工环境保护措施，报送监理人审批。

⑤施工现场的交通。承包人应负责修建、维护和管理施工现场的临时道路，以及进行施工所需的临时工程和必要的设施，满足施工条件。

⑥施工控制网。承包人根据业主提供的测量基准点、基准线和水准点及书面资料，根据工程测量技术规范及工程精度要求，测设施工控制网，并将相关资料报送监理人审批。承包人在施工过程中负责管理施工控制网点，对丢失或损坏的施工控制网点应及时修复，并在工程竣工后将施工控制网点移交业主。

⑦提出开工申请。承包人前期准备工作满足开工条件后，向监理人提交开工申请，详细说明所需的施工道路、临时设施、材料准备、施工人员等施工措施的落实情况以及进度计划。

3.3.4.2 变更管理

（1）承包人提出的变更，办理流程见图3.2。

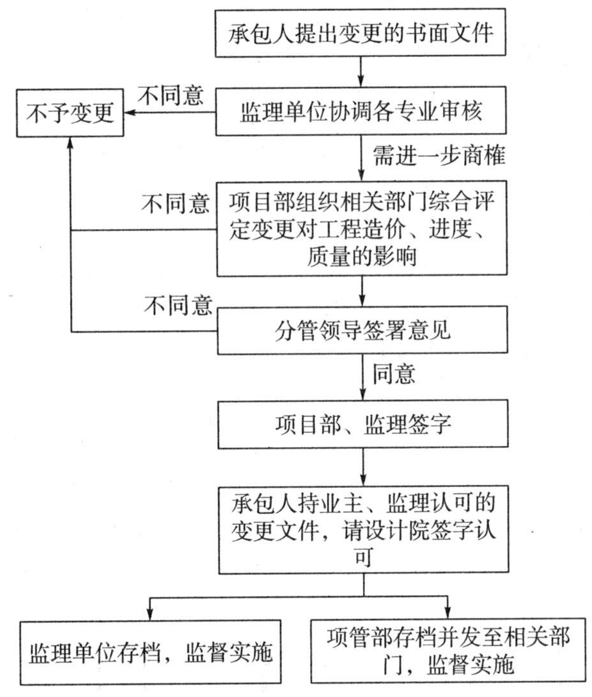

图3.2 施工单位提出变更的办理流程

（2）合同外零星工程签证流程见图3.3。

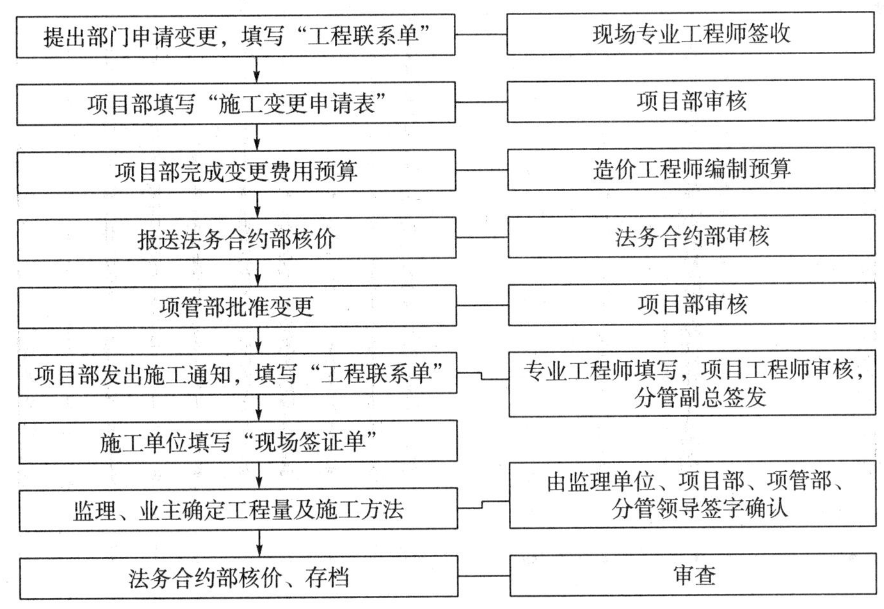

图3.3 合同外零星工程签证流程

3.3.4.3 违约责任

（1）业主（或发包人）。在合同履行过程中发生的下列情形，属于业主违约：

①因业主原因未能在计划开工日期前7天内下达开工通知的；

②因业主原因未能按合同约定支付合同价款的；

③业主自行实施被取消的工作或转由他人实施的；

④业主提供的材料、工程设备的规格、数量或质量不符合合同约定，或因业主原因导致交货日期延误或交货地点变更等情况的；

⑤因业主违反合同约定造成暂停施工的；

⑥业主无正当理由没有在约定期限内发出复工指示，导致承包人无法复工的；

⑦业主明确表示或者以其行为表明不履行合同主要义务的；

⑧业主未能按照合同约定履行其他义务的。

（2）承包人。除了合同约定的承包人违约责任，还需补充以下内容：

①承包人应承担因其违约行为而增加的费用和（或）延误的工期。承包人在施工期间投入的施工设备、材料、所执行的施工方案须与投标文件一致，承包人如需对施工设备、材料或施工方案等变更，必须提前1周以书面形式报业主并经同意方可执行，否则，承包人须在24 h内拆换与投标文件不一致的设备、材料或施工方案，并承担由此造成的工期延误及其他损失。

②承包人在竣工结算审核（审计）过程中应积极配合，业主通知后承包人应及时参加核对，承包人收到通知后3日内未到场参加核对，业主可收取承包人违约金。

③材料经检验不合格的，不及时退场（要求时间内）、退场时未通知监理见证的、对于明知不合格或未经检验的材料使用的，业主可收取承包人违约金。

④严格按《建筑工程施工质量验收统一标准》（GB 50300—2013）规定的隐蔽工程验收程序执行，违反此规定，未经验收就擅自隐蔽的，责令改正并收取承包人违约金。

⑤各工序“三检”制度不健全、三检人员配备不完善，或虽有三检制度和三检人员，但不尽职尽责、玩忽职守，该检查未检查，须在限期内健全和完善，业主可收取承包人违约金。

⑥承包人应严格履行总承包的义务和责任，对拒不履行的，业主有权另行委派他人实施完善，并收取承包人违约金。

⑦限期整改的项目，或周例会以及业主、监理人通知要求完成的工作，承包人无正当理由未按时完成，被监理人或业主确认，可收取承包人违约金。

⑧承包人应执行国家、地方现行的有关民工工资的管理规定及业主关于民工工资的相关管理办法。如发生因承包人拖欠民工工资导致民工到业主处索要工资的情况，发生民工因欠薪到业主上级公司索要工资的情况，发生民工因欠薪到政府部门索要工资、信访、诉讼的情形，业主可向承包人收取违约金；若业主代为支付民工工资，业主可按所代付民工工资总金额的一定比例向承包人收取管理费。

⑨承包人对于主要工序作业和质量控制点，未经监理验收同意，擅自进行下一道工序，业主可收取承包人违约金。

⑩如承包人未按照《住房和城乡建设部人力资源社会保障部关于印发建筑工人实名制办理办法（试行）的通知》要求执行，或经主管部门、业主、监理人检查不符合相关要求，或项目管理机构人员不符合实名制管理要求的，业主可收取承包人违约金。

⑪承包人不接受由本项目设计单位提出的合规变更或与项目有关的新增内容，业主有权将变更或新增的内容发包给有资质的其他单位实施，将根据业主与其他单位办理的结算从承包人的应付款中双倍扣除。

3.4　监理招标及合同管理

3.4.1　监理招标

3.4.1.1　监理工作范围

监理人的工作包括但不限于工程施工、材料（设备）采购、安装、调试、试运行、竣工验收、工程接收、缺陷责任期等阶段的建设监理工作，其监理服务范围主要有：

（1）监督方案设计、初步设计和施工图设计工作的执行，控制设计质量，并对设计成果进行审核；

（2）控制设计进度满足建设进度要求，并监督设计单位实施；

（3）审核设计概（预）算，实施或协助实施投资控制；

（4）参与工程主要设备选型；

（5）协助业主编制工程货物采购计划；

（6）协调设计单位与有关各方的关系；

（7）协助业主做好施工准备工作，如协调办理施工许可证等；

（8）协助业主组织设计交底及图纸会审，审查设计变更；

（9）审核和确认承包单位提出的分包项目及选择的分包单位；

（10）下达开工指令；

（11）监督承包单位建立健全施工管理制度和质量、安全保证体系，并监督其实施；

（12）审查承包单位提交的施工组织设计、施工方案和施工进度计划，并监督实施；

（13）审查承包单位提交的专项安全施工方案，并监督实施；

（14）复核已完工程量，签署工程付款证书，审核竣工结算资料；

（15）检查工程使用的原材料、半成品、成品、构配件和设备的质量，并进行必要的测试和监控；

（16）监督承包单位严格技术标准和设计文件施工，控制工程质量；

（17）抽查施工质量，对隐蔽工程实施复验签证，参与工程质量事故的分析及处理；

（18）分阶段进行进度控制，及时提出调整意见；

（19）处理合同纠纷和索赔；

（20）检查监督承包单位的施工安全生产、文明施工；

（21）协助组织和参与检查项目运营前的准备工作；

（22）组织竣工预验收，并对工程施工质量提出评估意见；

（23）对保修期间的工程质量问题，参与调查研究，划清质量责任，并监督保修工作。

3.4.1.2 监理招标方式

工程监理的招标，包括直接委托或招标方式委托。业主的工程监理招标方式应依据业主工程管理的策划阶段中工程招标规划的成果，即工程招标计划进行实施。

3.4.1.3 监理标段划分

业主可以将全部工程监理内容按一个合同发包，仅与一个中标人签订合同，施工过程中管理工作比较简单，也可以同施工标段的划分相对应。主要依据项目特点、现场条件、业主的管理能力等划分合同的工作范围、合同结构。

3.4.2 监理招标要点

3.4.2.1 监理招标条件

（1）立项文件已核准、批复或备案；

（2）招标控制价情况说明（盖章）已编制；

（3）招标代理合同（委托招标提供）已签订；

（4）经图审后的施工图纸（EPC项目除外）。

3.4.2.2 监理招标文件

招标文件应尽可能完整、详细，使投标人对项目的招标有充分的了解，从而有利于投标竞争。由于招标文件的内容繁多，必要时可以分卷、分章编写。工程监理招标文件一般包括如下内容：

（1）招标公告，包括招标条件、项目概况和范围、资格要求、招标文件的获取和递交、公告媒介和联系方式等；

（2）投标须知，包括所有对投标要求的有关事项；

（3）评标办法；

（4）合同条款及格式；

（5）附录（廉政协议书等）。

3.4.2.3 监理招标特点

工程监理招标的标的是“监理服务”，监理单位不承担物质生产任务，只是受业主委托对生产建设过程提供管理咨询服务。鉴于其标的的特殊性，业主选择中标的监理单位的基本原则是“基于能力的选择”。

（1）监理招标的目的。监理招标的目的是选择出最有能力的监理单位。监理服务是监理单位的高智能投入，服务工作的好坏主要取决于参与监理工作的管理人员的业务专长、经验、判决能力、创新想象力，以及风险意识。因此，招标选择监理单位时，鼓励的是能力竞争，而不是价格竞争。在评标时，一般将技术标、商务标分开评审，在能力可靠的基础上再考虑较低的监理服务价格。

（2）报价在选择中居于次要地位。监理招标对能力的选择放在第一位，因为当价格过低时监理单位很难把业主的利益放在第一位。为了维护自己的经济利益采取减少监理人员数量或多派业务水平低、工资低的人员，其后果必然导致对业主利益的损害。而监理单位提供高质量的服务，往往能使业主获得节约工程投资和提前投产的实际效益，因此，报价在选择中居于次要地位。

3.4.3　监理合同管理

3.4.3.1　合同应约定的内容

除标准合同文本约定的内容外，为了便于工程建设目标的实现，还应约定以下内容：

（1）在施工阶段，对监理人员配置专业监理工程师人数和监理总人数的约定，并约定相应的违约金。

（2）约定总监理工程师、专业监理工程师在施工现场的作业时间和请假制度，并约定相应的违约金。

（3）施工承包人未按设计图纸施工或违章作业，监理人未发现或不制止，监理人承担相关连带责任，业主有权根据情节轻重收取监理人违约金。

3.4.3.2　工作条件

业主应为监理人完成监理与相关服务提供必要的条件：

（1）业主应派遣相应的人员，提供房屋、设备，供监理人无偿使用。

（2）业主应负责协调工程建设中所有的外部关系，为监理人履行本合同提供必要的外部条件。

3.4.3.3　费用支付

（1）预付款：在合同签订生效后 15 个工作日内，支付签约合同价的 10%作为预付款。

（2）进度款：按季度支付，监理服务工作完成三个月后的下一月 15 日前支付，支付金额按以下公式计算：

季度监理服务费支付金额=（该季度实际施工产值×70%）×监理服务费费率

在支付进度价款时按进度价款的 20%扣回预付款，扣完为止，当累计支付额达到签约合同价的 75%时全额扣回预付款。

在计算季度监理服务费支付金额时，业主向施工单位支付的预付款不作为监理服务进度款的计算基数。

（3）监理服务费付至本合同签约合同价的 70%时暂停支付。

（4）工程竣工验收合格后 15 个工作日内，支付至监理服务费含税暂定总价的 75%。

（5）在本工程办理完竣工结算审核后，双方办理监理合同价款结算，确认合同价款后 15 个工作日内支付至监理合同结算价款的 97%，剩余 3%作为尾款。

（6）尾款在全部工程缺陷责任期期满后 30 个工作日内支付。

（7）附加和额外监理服务费。

①附加工作报酬：附加工作报酬已包含在正常监理费用中，附加工作报酬业主不再另行支付。

②额外工作报酬参考附加工作报酬的计算方式，或业主与监理人协商一致后另行协商签订补充协议约定。

3.4.4 监理合同履约管理

3.4.4.1 双方职责

（1）业主（或发包人）。当业主将施工阶段的项目管理权和一般决定权转移给监理单位后，业主只对超越授予监理单位权限的重大事项做出决策，以便对项目的三大目标进行高层性、总体性控制。除在监理合同中约定的业主职责外，还应履行以下职责：

①及时将业主对工程项目实施的意图或想法通知监理单位并与其协商，由监理单位在项目管理过程中贯彻实施。

②保证工程资金按时到位，按时支付承包商的工程进度款和监理酬金，以保证各个合同的顺利履约。

③业主有对工程规模、设计标准、规划设计、生产工艺设计和设计使用功能要求的决定权，监理单位只有建议权。

④对工程结构设计和其他专业设计中的技术问题，监理单位按照安全优化的原则可向业主提出工程设计变更的书面报告，但工程设计变更的决定权属于业主。

⑤监理单位有对参与建设有关单位进行协调的主持权，但重要协调事项应事先向业主报告。

⑥监理单位在业主授权下，可对第三方合同规定的义务提出变更，但如果这种变更会严重影响工程费用或质量、进度，则须事先经过业主批准。

⑦对监理机构的人员进行管理。其管理内容包括：对业主批准的总监理工程师人选，监理单位不得随意更换；参与监理工作人员必须按批准的人员进驻计划按时、按量执行监理任务；业主有权要求监理单位更换不称职的监理人员等。

⑧增加或减少对监理单位的授权范围。业主对总监理工程师的授权权限可根据项目的特点、工程进展的实际情况，以及总监理工程师的管理水平和能力，随时扩大授权范围或减少授权。但在授予权限或变更授权范围时，业主均应通知被监理方。

（2）监理人。监理人按照监理规划和实施细则开展监理工作，其重点包括：

①审查承包人的实施方案。监理人对承包人报送的施工组织设计、质量管理体系、环境保护措施进行认真的审查，批准或要求承包人对不满足合同要求的部分进行修改。

②发出开工令。当业主的开工前期工作已完成，应委托监理人按合同约定时间向承包人发出开工通知。如果约定的开工时间已到，但业主未完成应配合义务，则要顺延合同工期并赔偿承包人相应损失。如果业主已完成配合义务，但承包人的准备工作不满足开工条件，监理人应按时发出开工指示，但工期不顺延。

③对施工合同的履行进行管理。在业主授权范围内，负责发出指示、检查施工质量、控制进度等现场管理工作。

④处理合同变更。监理人应在合同授权范围内，处理业主与承包人所签订合同的变更事宜，如单价的合理调整、变更估价、索赔等。如果变更超过授权范围，应书面形式报业主批准。

⑤及时处理各参与方意见和要求。当业主与承包人及其他合同当事人发生合同争议时，监理人应充分发挥协调作用，与业主、承包人及其他合同当事人协商解决。

⑥证明材料的提供。业主与承包人及其他合同当事人发生合同争议时，如果调解不成而通过仲裁或诉讼途径解决的，监理人应按照仲裁机构或法院要求提供必要的证明材料。

⑦调换承包人人员。监理人有权要求承包人及其他合同当事人调换其不能胜任本职工作的人员。

3.4.4.2　变更管理

（1）监理合同履行期限延长、工作内容增加。除不可抗力外，因非监理人原因导致监理人履行合同期限延长、内容增加时，监理人应将此情况与可能产生的影响及时通知业主，增加的工作时间、工作内容视为附加工作。

（2）监理合同暂停履行、终止后的善后服务工作及恢复服务的准备工作。监理合同生效后，如果实际情况发生变化使得监理人不能完成全部或部分工作时，监理人应及时通知业主，善后工作和恢复服务的工作视为附加工作。

（3）相关法律法规、标准颁布或修订引起的变更。合同履行期间，因法律法规、标准颁布或修订导致监理的服务范围、时间发生变化，应按合同变更处理，增加的工作时间、工作内容视为附加工作。

（4）因非监理人原因造成工程投资额或建安费增加时，监理与相关服务酬金的计算基数发生变化，正常工作酬金应做相应调整。

（5）监理合同履行期间，工程规模或监理范围变化导致工作减少时，监理与相关服务的投入成本相应减少，也应对工作酬金做出调整。

3.4.4.3　违约责任

（1）业主（或发包人）。业主易发生的违约行为是未能按合同约定时间及时支付监理酬金，应约定违约处理方式。

（2）监理人。除合同约定的监理人违约责任外，还应针对下列行为约定违约责任：

①监理人严重失职造成重大工程事故或向承包人索贿或在工作期间徇私舞弊或弄虚作假，给业主造成损失。

②监理人未经业主同意将监理服务的任何部分予以分包。

③如监理人管理不善、人员不到位、工期滞后、发生重大质量安全事故或累计处罚金额（含违约金）达到相应监理服务费的20%。

④监理人派驻施工现场的监理机构人员与投标文件不符的；在监理服务过程中，擅自变更总监理工程师。

⑤监理人未落实对己方及施工单位实名制管理要求，或经主管部门、发包人检查发现不符合实名制管理要求。

⑥监理人提交或审核后的资料内容不齐、不满足国家、行业或业主要求的情况，给业主造成直接经济损失。

⑦监理人拒绝进行审核或在规定的时间内不及时审核进度款、签证、变更、材料（设备）认价，审核量价误差较大，给业主造成严重损失。

⑧因监理人原因导致工程的施工工期延误或造成工程关键线路里程碑时间点拖延。

⑨由于监理人的原因（包括过失、检查和督促现场不到位）造成施工安装设备材料、工程质量以及工序出现问题；监理机构人员失职造成工程质量事故、安全事故或向承包人索贿或谋取私利，在工作期间徇私舞弊，给业主造成损失。

⑩因监理人工作不力，现场安全文明达不到要求，或因安全文明原因被政府或监督机构等批评或处罚，工程承包人发生安全事故，造成严重影响。

3.5 设备采购及合同管理

3.5.1 设备采购概述

3.5.1.1 设备采购策划

工艺设备采购是一项非常复杂的工作，要想把采购工作做好，必须在工程管理的策划阶段做好采购策划，制定工艺设备采购计划，在编制采购计划时应考虑以下因素：

（1）依据工艺设备采购的性质、特点与项目进度安排，确定采购方式。

（2）采购进度与设计出图进度、施工进度的合理搭接，处理好它们的接口管理问题。

（3）要明确工艺设备的种类、数量、具体的技术规格和性能要求。

（4）要从贷款成本、集中采购与分批采购的利弊等方面全面分析，确定采购投入使用的时间。

（5）要分析市场现状、供货商的供货能力，以便确定采购的批量安排，并合理划分标段。

3.5.1.2 设备采购方式

（1）招标采购。招标采购一般适用于大型货物、永久设备、标的金额较大、市场竞争激烈的货物采购。招标采购包括公开招标、邀请招标。

（2）直接采购。直接采购是指不通过竞争，直接签订合同的采购方式。直接采购适用情况如下：

①所需采购货物或设备等，只有单一货源；

②为了使新采购部件与现有设备配套或与现有设备的标准化方面相一致，而向原供货商增购货物；

③负责工艺设计的设计单位要求从一特定供货商处购买关键部件，并以此作为其保证达到设计性能或质量的条件；

④在某些条件下，如受到不可抗力的影响，为了避免时间延误而造成更多的花费；

⑤其他情况，如采购材料或设备的质量、价格等无法进行比较的情况。

（3）询价采购。询价采购是指在比较几家供货商报价的基础上进行的采购。这种采购方式一般适用于采购货值较小的标准规格设备，或涉及制造高度专门化设备。

3.5.1.3　标段划分

设备采购可按实际需求时间分成几个阶段进行招标。每次招标时，可依据货物的性质只发一个合同包或分成几个合同包招标，其划分原则要有利于吸引较多的投标人（或设备供应商）参与竞争，以达到降低设备价格，保证设备的供货时间和质量的目的。其主要考虑的因素包括：有利于投标人的竞争，工程施工进度与货物的供货时间的关系，市场的货物供应情况，业主的资金供应计划，项目的施工地点分布与供货地点的关系等。

3.5.2　设备采购要点

招标文件应尽可能完整、详细，能使投标人对项目的招标有充分的了解，有利于投标竞争。

（1）招标内容。

设备招标文件应清楚地说明拟购买的设备及其技术规格、交货地点、交货时间、维修保修要求，技术服务和培训的要求及付款、运输、保险、仲裁条款，以及可能的验收方法和标准，还应明确规定在评标时要考虑的除价格以外的其他能够量化的因素，连同评价这些因素的方法。

（2）技术标准。

由于再生水厂大部分工艺设备为非标产品，不同厂家生产出来的同类设备有不同的尺寸、预埋件、功率、工作能力、配件和安装方式等，在工艺设备招标时要编制详细的工艺设备技术标准。

工艺设备技术标准要对设备的材质、功率范围、工作能力范围、配件、组成等进行详细说明。

3.5.3　设备合同管理

（1）合同条款的主要内容。双方当事人应根据具体订购设备的特点和要求，在合同内约定如下内容：合同中的词语定义，合同标的，供货范围，合同价格，付款，交货和运输，包装与标记，技术服务，质量监造与检验，安装、调试、试运行和验收，保证与索赔，保险，税费，分包与采购，合同的变更、修改、中止和终止，不可抗力，合同争议的解决，其他。

(2) 合同约定的工作范围。

①产品名称、商标、型号、生产厂家、订购数量、合同金额、供货时间及每次供应数量；

②质量要求的技术标准，供货方对质量的条件和期限；

③交（提）货地点、方式；

④运输方式及到站、港和费用的负担责任；

⑤合理损耗及计算方法；

⑥包装标准、包装物的供应与回收；

⑦验收标准、方法及提出异议的期限；

⑧随机备品、配件工具数量及供应办法；

⑨结算方式及期限；

⑩如需担保，另立合同担保书作为合同附件；

⑪违约责任；

⑫解决合同争议的方法。

(3) 专门约定。

①合同签订后 15 个日历天内提供设备预留、预埋、预埋件承受拉压力等详细资料供设计复核图纸及施工预留用，如需要深化设计则同时提供深化设计图纸。

②交货地点：交货至项目所在地或买方指定的其他卸货仓库。

③卖方应为合同设备按“仓至仓”条款投保“一切险”，保险金额为合同设备价值的 110%，并以买方为受益人提供保险单副本。保险覆盖范围应从启运地仓库开始至设备交货地点，并经开箱检验合格为止。保险费含在合同价款中。卖方承担合同设备交付合格之前的一切风险，并负责办理保险索赔事宜。卖方应尽最大努力采取措施降低合同设备在运输或装卸过程中的风险。

④卖方应依照法律规定参加工伤保险，并为其履行合同的全部员工办理工伤保险，缴纳工伤保险费，并要求分包人及由卖方为履行合同聘请的第三方依法参加工伤保险。

⑤在质量保证期终止证书颁发前，卖方应以卖方和买方的共同名义，投保第三者责任险。

3.5.4 设备合同履约管理

3.5.4.1 双方职责

(1) 买方（或招标人）。

①买方（或委托监理人）有权对卖方合同设备制造、产品质量及安装等进行监督检查，并有权派遣监理人到卖方制造厂进行合同设备监造、工厂检验等工作。

②督促卖方接受监理人对合同设备制造、调试试验、缺陷修复等进行的各项指标的

检查，以及对监理人所提问题的落实。

③向卖方下达供货计划，并书面通知卖方。

④买方应按合同约定支付合同设备款。

（2）卖方。

①卖方应负责提供招标文件“技术标准和要求”中专用技术规定设备清单所列的全套设备及其满足设备正常运行的附属设备（包括规定的备品备件、专用工具、检/维修工具和测试仪器、材料、附件等），以及合同设备的包装、运输、交货地点。

②卖方应负责合同设备在工程现场的仓储、保管、指导安装、调试等。

③卖方应委派合格的技术人员负责指导本标段设备的安装、调试、试验、试运行。

④卖方应提供满足本标段的设计、安装、调试、试验、运行、检修和维护所需的完整的技术文件。

⑤卖方应承担与供货有关的辅助服务，包括技术服务、配合招标人和本项目工程项下其他承包商的工作以及其他的伴随服务和合同中规定卖方应承担的其他工作。

⑥卖方应按买方下达的供货计划制造出合格的产品，并根据买方的供货计划，在规定的时间内安全、无损地将合格的合同设备运至交货地点。

⑦卖方应向买方提供所采购合同设备的检验和试验资料及合格证明。但此类审查不免除和减轻卖方对用于合同设备中的上述设备在质量、数量、交货期及适用性等方面的责任。

⑧在合同设备制造加工期间，买方人员进行检查时，卖方必须无条件配合；卖方应免费为监理人提供检查和工作的办公用房，费用已包含在合同价款中，不再单独计取。

⑨卖方接到买方的供货通知后，必须将合同设备运至交货地点（带齐必需的技术资料和有关质量证明文件）。开箱验收不合格时，卖方负责将不合格产品运离交货地点，由此引起的一切费用由卖方承担。

⑩卖方应按投标文件承诺派遣项目负责人、技术负责人，未经买方同意不得随意更换，以保证合同工作内容的顺利进行，并对产品质量、安全生产等全面负责。买方认为卖方所委任的项目负责人、技术负责人等人员不能胜任工作时，有权要求卖方限期更换。

⑪卖方应按有关法律法规的规定为己方人员和分包人及由卖方为履行合同聘请的第三方依法参加工伤保险，并为第三方购买保险意外险 。

⑫卖方应提供完整的技术资料及相应资料的电子文档。

3.5.4.2 设备的验收

（1）设备验收流程（见图3.4）。

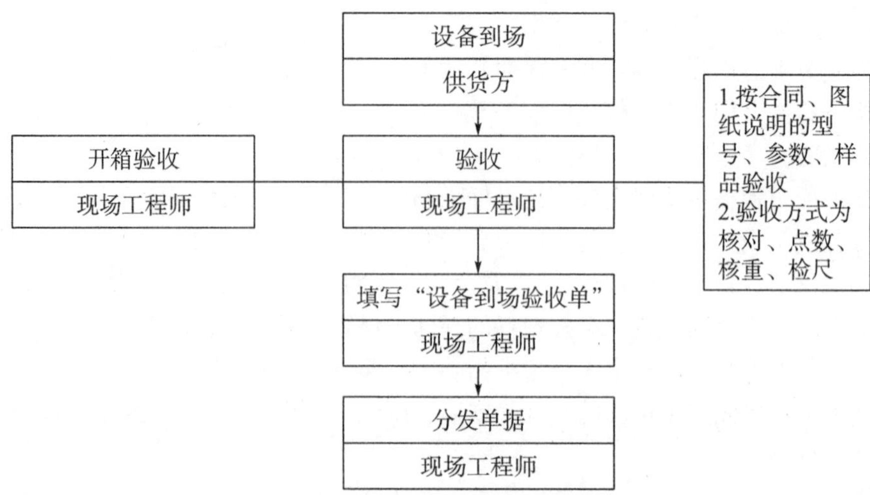

图 3.4　设备验收流程

（2）开箱检验（或验收）。指合同设备由卖方负责运至交货地点，合同双方、监理人、设备安装单位、过程造价咨询单位等，按照合同文件及装箱单列明的内容对合同设备的外观、数量、规格和质量进行的检查和验收（见图 3.4），并经合同双方、监理人、设备安装单位等签字确认《设备开箱验收单》。

①开箱检验应提供如下资料（原件）：

ⅰ）由卖方或制造厂（商）签发的质量合格证书；

ⅱ）设备装箱清单；

ⅲ）制造厂（商）所在国有关部门出具的原产地证明（进口设备提供）、海关清关文件（进口设备提供）；

ⅳ）进出口检疫证明（进口设备提供）。

②合同设备交付时，检验合格后进行开箱检验，检查合同设备数量、外观及规格。

③约定开箱检验验收合格后，方视为合同设备交付给买方。

图 3.5　工艺设备开箱验收

（3）损害、缺陷、短少的合同责任。

①现场检验时，如发现设备由于卖方原因（包括运输）有任何损坏、缺陷、短少或不符合合同中规定的，买方可向卖方提出修理或更换索赔的依据。如果卖方要求买方修理损坏的设备，所有修理设备的费用由卖方承担。

②由于买方的原因，发现损坏或短缺，卖方在接到采购方通知后，应尽快提供或替换相应的部件，但费用由买方自负。

③卖方如对采购方提出修理、更换、索赔的要求有异议，应在接到买方书面通知后合同约定的时间内提出，否则上述要求即告成立。如有异议，卖方应在接到通知后派代表同买方代表共同复验。

④双方代表在共同检验中对检验记录不能取得一致意见时，可由双方委托的第三方检验机构进行检验裁定。检验结果对双方都有约束力，检验费用由责任方负担。

⑤卖方接到买方提出的索赔通知后，应按合同约定的时间尽快修理、更换或补发短缺部分，由此产生的制造、修理和运费及保险费均由责任方负担。

3.5.4.3　设备的监理

（1）施工阶段监理方的工作。

①设备的安装、调试过程应在卖方现场技术服务人员指导下进行，重要工序须经过监理方签字确认。安装、调试过程中，若买方未按供货方的技术资料规定和现场技术服务人员指导、未经卖方现场技术服务人员指导、未经卖方现场技术服务人员签字确认而出现问题，由买方承担责任。

②设备安装完毕后的调试工作由卖方的技术人员负责，或买方人员在其指导下进行。卖方应尽快解决调试中出现的设备问题，其所需时间应不超过合同约定的时间，否则将视为延误工期。

（2）设备验收阶段监理方的工作。

①启动试车。安装调试完毕后，双方共同参与启动试车的检验工作。试车分成无负荷空运和带负荷试运行两个步骤进行，且每个阶段均应按技术规范要求的程序维持一定的时间，以检验设备的质量。试验合格后，监理方及合同双方在验收文件上签字，正式移交买方进行生产运行。若检验不合格，属于设备质量原因，由卖方负责修理、更换并承担全部费用；如果是由于工程施工质量问题，由买方负责拆除后纠正缺陷。

②性能验收，也称性能指标达标考核。启动试车只是检验设备安装完毕后是否能够顺利、安全运行，但各项具体的技术性能指标是否达到卖方在合同内承诺的保证值还无法判定，因此，合同中均要约定设备移交试生产稳定运行多少个月后进行性能测试。由于在合同规定的性能验收时间内买方已正式投产运行，这项验收试验由买方负责，卖方参加。

性能验收试验完毕后，每套合同设备都达到合同规定的各项性能保证值指标后，监理方与买方和卖方会签合同设备初步验收证书。

（3）最终验收阶段的监理工作。

合同约定具体的设备缺陷责任期限，一般为 24 个月。缺陷责任期从签发初步验收证书之日起开始计算。

缺陷责任期满后，监理方在合同规定时间内应向供货方出具合同设备最终验收证书。条件是此前卖方已完成监理在缺陷责任期满前提出的各项合理要求，设备的运行质量符合合同的约定。

3.5.4.4 违约责任

（1）买方。

①不按合同约定接收设备。合同签订后或履行过程中，买方要求中途退货，应向卖方支付按退货款计算的违约金。对于卖方送货的设备，买方拒绝收货，要承担由此造成的货物损失和运输部门的罚款。

②逾期付款。采购方逾期付款，如果合同约定了逾期付款违约金，应按合同约定执行。如果合同没有约定逾期付款违约金，应当以同期同类贷款基准利率为基础，参照逾期罚息利率标准计算。

③设备交接地点错误的责任。交接地点错误分为买方在合同内错填到货地点或接货人，未在合同约定时限内及时将变更的到货地点或接货人通知卖方，导致卖方送货不能顺利交接货物，所产生的后果均由买方承担。责任范围包括承担卖方按买方要求改变交货地点的一切额外支出。

（2）卖方。

①在合同签订或设备供货过程中，若卖方提供的合同设备低于其承诺的拟选用品牌（产地）的质量与品质的，或不符合约定或者违反合同项下所作保证的，买方有权要求卖方按投标时承诺的品牌的质量与品质进行供货，但不增加费用；买方有权按本合同约定执行采取修理、更换、退货、折价处理等补救措施，卖方应承担向买方赔偿损失等违约责任；如果卖方拒不执行，买方有权自行采购，并将实际发生费用从合同价款中扣除，卖方还应承担向买方赔偿损失等违约责任。

②卖方未能按时交付合同设备（包括仅延迟交付技术资料但足以导致合同设备安装、调试、考核、验收工作推迟）的，应向买方支付延迟交付违约金。

③卖方未按要求派遣技术熟练、称职的技术人员为买方提供技术服务的，每次卖方向买方支付违约金，卖方支付违约金并不免除其继续提供技术服务的义务。

④如果由于卖方原因，技术文件未能按合同要求的时间提交，或提交的技术文件不合格，则每个图号或每种手册每逾期一天卖方应付给买方违约金，卖方支付迟交约定违约金并不免除其继续交付技术文件的义务。若逾期 14 天，买方有权全部或部分不予退还履约担保，并有权单方面终止合同。

⑤如果由于卖方责任所造成的设备修理或换货而使合同设备的试运行时间延误，则卖方虽已承担了修理或换货的义务，但还应按合同规定支付设备延迟交付违约金，迟交时间的计算从买方发现缺陷之日起至该设备消除缺陷后的日期为止。

⑥如果由于卖方原因，造成合同规定的设备安装调试进度延迟，买方有权向卖方收取延迟安装违约金。

⑦卖方未经许可擅自对合同设备进行变更的，买方有权要求卖方按投标时承诺的品

牌的质量与品质重新供货，但不增加费用；买方有权按合同专用条款约定执行采取修理、更换、退货、折价处理等补救措施，卖方应承担向买方赔偿损失等违约责任；如果卖方拒不执行，买方有权自行采购，并将实际发生费用从合同价款中扣除，卖方还应承担向买方赔偿损失等违约责任。

第 4 章　勘察设计的过程管理

4.1　地埋式再生水厂勘察设计特点

4.1.1　地埋式再生水厂的优缺点

4.1.1.1　地埋式再生水厂的优点

与传统的地上式污水厂相比，地埋式再生水厂在对周边环境和经济的影响、土地溢出价值等方面的综合价值就会显现出来。地埋式再生水厂具有以下优点。

（1）占用空间小，节省土地资源。

地上式再生水厂各构筑物随工艺设计布置，分布较为分散，道路及绿化大约可占全厂面积的 50%，占地通常可以达到 0.8 m^2/t 左右，土地使用不经济。

在地埋式再生水厂设计中，考虑到地下空间和投资的限制，厂区位于地下，构筑物设计都比较紧凑，大部分均可以共用池壁，技术上也尽量选用占地面积小的处理工艺。此外，地埋式再生水厂基本不需要卫生防护距离，通过分层结构把操作层、工艺池体等放到地下，由于完全没有或只有部分辅助建筑物建于地面，不用考虑过多的绿化布置及隔离带等设计，实际占地面积一般可以控制在 0.4 m^2/t 左右，提高了土地利用效率。地埋式再生水厂的集约化设计节约了地下空间，也释放了地面资源，不会使周围土地贬值，对于周边区域的未来发展没有障碍，这个特点在土地紧缺的大中城市尤为重要。地埋式再生水厂的地上空间利用价值也较高，可用于绿化、公园、运动场等公益事业，也可用于商业开发。

（2）密闭性及保温性能好。

通常污水二级生物处理工艺需要的最佳温度为 20℃～35℃，但地上式再生水厂的水温会随着所处环境温度的变化而变化，尤其是我国冬天较寒冷的北方地区，再生水厂在冬天会受气温影响而降低处理效果。地埋式再生水厂由于池体位于相对密封的地下箱体内，除受污水进水条件的影响外，基本上不受外部环境温度因素的影响，特别是箱体内常年温差较地面小，水温比较恒定，有利于各种生物处理工艺的稳定运行，北方地区反硝化脱氮温度在冬季也尽量保持恒定。

（3）对环境的影响小。

在地上式再生水厂建设中，不仅要考虑污水处理构筑物的基本用地，还需从绿化和防止污染角度考虑，在征地时设置一些绿化带和隔离带用地。我国《城镇污水处理厂污染物排放标准》（GB 18918—2002）明确规定，地上式再生水厂周围应建设绿化带，并设有一定的防护距离（厂址与规划居住区或公共建筑群的防护距离一般不小于 30 m）。这将使地上式再生水厂占用更多的土地资源。地上式再生水厂防护距离以外的附近周边土地，人们至少会由于心理作用而降低对其的吸引力，也将影响周边土地的利用。

地埋式再生水厂将污水处理设施全部转移到平均 15～20 m 深的地下，在地下加盖全封闭完成全部污水处理过程。生产过程中的臭气在地下通过负压抽吸装置单向输送至臭气处理系统分片集中处理，经由地面 30 m 高的高空排放塔有组织地高空达标排放，可有效消除臭气外溢情况，对环境和城市居民的生活不产生影响。同时，通过全地埋、全封闭运行，最大限度地减少对周边环境空气质量的影响，厂区及周边空气清爽。

（4）噪声污染小。

地埋式再生水厂的主要工艺设备均位于地下，鼓风机、水泵等机械设备的噪声和振动对地面的建筑和居民基本上不产生影响，可有效防止噪声对周围居民生活和工作的影响（见图 4.1）。

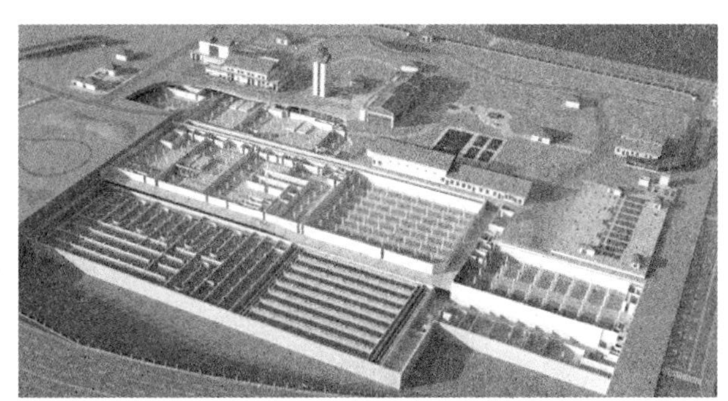

图 4.1　地埋式再生水厂工艺布局图

（5）资源循环利用。

地埋式再生水厂处理水质优于一级 A 标准，可以达到准Ⅳ类水标准，不仅可以用作市政绿化及工业冷却水，还可以作为河道生态补水。地上厂一般在城市的远郊，如果进行再生水回用，管网投资和运行成本很高。

（6）美观性好。

地埋式再生水厂的工艺池体是不可见的，因此既不会对自然景观产生影响，也不会影响到周围建筑的整体视觉效果。地上大多规划为湿地、公园、绿地和体育公园等公共活动空间，增加了周边生态环境的舒适性。

4.1.1.2　地埋式再生水厂的缺点

（1）施工难度大。地埋式再生水厂埋深大，采用一体化箱体设计，抗浮要求高，基坑支护和地基处理费用高，箱体渗漏概率大；施工作业面小，影响工程施工进度。

（2）巡视检修难度大。地埋式再生水厂需要在有限的空间内优化水流、人流、泥流和车流，地下部分由于通风及照明原因，不利于巡视检修，存在安全隐患，对管理人员健康有潜在威胁。

(3) 逃生疏散不易。地埋式再生水厂工艺池体全部位于地下，现行《建筑设计防火规范》(GB 50016—2014) 没有针对性。逃生设计依据规范不足，防火分区较小，不利于逃生疏散。

(4) 照明通风要求高。地埋式再生水厂地下部分无法利用自然采光和自然通风，照明通风要求高，机械强制通风和照明均会带来较大能耗，会增加后期运行费用。

(5) 安全防护要求高。地埋式再生水厂位于地下，受洪水和暴雨威胁增大，安全性降低。目前缺少有关地埋厂抗震、抗浮、防洪、防淹等方面的相关规定，缺乏防毒、防火、防爆、危险气体防护方面的指导以及地下安全运行规范，导致地埋式再生水厂存在较大的安全与风险隐患。

(6) 投资与运行成本高。地埋式再生水厂的投资比地上污水厂高 20%～30%，污水处理成本增加 20%左右。但是其他效益足以弥补投资与运行成本的增加，从整体考虑是经济的。

4.1.2 地埋厂与地上再生水厂的勘察设计异同

4.1.2.1 专业之间的异同

(1) 工艺专业。

地埋式再生水厂工艺选择与传统厂并无实质不同，但地埋厂多位于城市中心位置，往往对出水水质要求较高，同时又需要尽量减小地下箱体体积，避免土建费用过高，通常选择占地面积较小、容积负荷大、处理效率高、剩余污泥较少、操作管理方便、耐冲击负荷的工艺。其二级处理核心工艺通常会选择如 AAO 及其改良工艺，有时会与 MBR 工艺、MBBR 工艺组合使用。

地埋厂设备的选择原则上与地上再生水厂没有太大差别，但进出水泵房单泵能力匹配、各种设备防腐、设备可靠性、设备与工艺本身及箱体矩形结构的适应性等方面会有更多考虑。

(2) 结构专业。

地埋厂因其结构箱体埋深在 15～20 m 之间，决定了其结构设计的难点主要是抗浮方案的选择和超长结构的处理。就具体设计细节来说，廊道的设置宽度、基坑支护的复杂程度、地基处理、近远期箱体的协调布置及箱体顶层防水做法等都需要在实际设计过程中重点考虑。

(3) 自控专业。

由于地埋厂空间有限，不便于检修巡视，因此自动化要求较高。另外，考虑到运行人员的操作安全问题，各种气体检测仪表较地上再生水厂需设置更多。

(4) 总图专业。

地上厂由于池体顶部一般高于设计地面较多，即使遇到超过城镇防洪排涝标准的洪水，对再生水厂损害也不是很大。但地埋厂由于大部分工艺池体及设备均位于地下，厂区防涝排洪的安全问题是地埋厂的重点。地埋厂地坪的设计需要在满足城镇防洪标准的前提下提高一定的富余量，另外还需要考虑进出箱体地下坡道的排水、挡水。厂区围墙的设置及厂区大门在细节设计上也应该与防洪排涝相结合，便于设置简易临时围挡。

另外，地埋厂基坑深、支护施工周期长，更应注意施工过程，需合理安排施工季节，避免在基坑尚未回填且处于多雨季节时安装设备，避免形成局部低洼导致周围雨水灌入造成经济损失。

4.1.2.2　专业配合的异同

地上厂一般以工艺专业为主导，建筑、结构、电气、自控专业为辅助。地埋厂则与之不同，主要体现在以下几个方面：

(1) 地下箱体的布置需由工艺与结构互相配合完成，缺一不可。工艺的选择、工艺池型的布置受结构的制约更大，两者的衔接贯穿整个设计过程。

(2) 箱体工艺区段和主要设备的布置、工艺和逃生通道的配合布置影响顶部景观的布置。尤其是需要分期建设的，其总图布置、箱体分期对工艺和景观影响较大。

(3) 通风方式和消防的选择影响工艺布局及箱体净高设计，地下箱体通风和照明提高了正常运行后再生水厂的直接运行费用。

(4) 建筑防火分区的设置是影响地下箱体工程布置最为重要的因素。根据《建筑设计防火规范》(GB 50016—2014) 3.3.1 节规定："地下厂房防火分区的最大允许建筑面积为 1000 m^2。"而对于建筑面积（约 10 万吨规模）在 35000 m^2 的地下厂区而言，如果按每 1000 m^2 划分一个防火分区，则需要划分 30 多个，这将对整个箱体内部的布局以及疏散楼梯的布置带来很大的难度，继而给箱体上部景观的设计设置了障碍。

(5) 无论是地埋厂还是地上厂，均存在有毒有害气体的集聚危险，但地上式构筑物均为开敞式布置，故产生的有毒有害气体可迅速扩散，仅在检查井、阀门井等不常敞开的区域危险性较强。而地埋厂通风条件较差，有毒有害气体的排放相对困难，故危险性较大。

4.1.2.3　地埋厂的设计重点

由于地埋厂池体、操作层或管廊层位于地下，且平面布置高度集约化，运行管理设备及操作空间均集中在相对封闭的地埋式车间内，故对地埋厂的设计要求均高于传统的地上厂，应重点注意以下几点：

(1) 工艺设计。

地埋厂处理工艺的选择应充分考虑技术的可行性、经济的合理性，并依据规划用地面积、工程投资、进出水水质要求、污泥处置方案等综合考虑后确定，严禁将传统地上厂工艺方案简单照搬。同时，考虑到地埋厂今后提升改造的难度非常大，在工艺选择和参数设定时要为远期提高排放标准留有空间。

(2) 平面布置上的设计。

在平面布置与竖向上考虑，地埋厂集中在有限的地下箱体内，要统筹协调好工艺、各种管线、通风除臭、消防、交通、运营维护各方面的关系，保证有机衔接，从而有效减少地下箱体体积，达到节省投资的目的。平面上要满足功能分区，宜选择高效处理单元组合，便于安排除臭、管线综合、供电、风机、加药、消毒、污泥脱水与工艺之间的有机衔接，尤其要注意构筑物内的电气、除臭、地下空间通风、消防、事故排水安全等设计。

(3) 结构设计。

地埋厂土建部分的投资占总投资的50%以上，较地上厂高。地埋厂大多采用集约化组团式的结构设计形式，采用结构共壁技术，以减少构筑物的总体占地面积，从而降低造价。然而目前仍缺少池壁共建相关技术的指导，导致不同处理单元池体间的搭配与设计标准不一。除此之外，对于地下空间的层高设计尚缺乏统一标准，影响基坑挖掘深度及污水处理构筑物的布置，提高了总体投资与运行成本。

目前地埋厂多采用全地埋方式，基坑深度多在15～20 m。全国各地地质情况各有特点，地埋厂箱体的持力层也各不相同，例如沿海地区位于砂层，陕西地区位于黏土层，重庆等山地地区位于花岗岩层，成都地区位于泥岩层，因此深基坑支护的结构方案选择具有鲜明的地方特色，不能照搬照抄。

(4) 通风与除臭设计。

地埋厂所有构筑物均在地面以下相对封闭的空间中，通风与除臭尤为重要，要确保地埋厂密闭空间的空气质量和厂区臭气排放的达标要求。一方面要确保地埋厂气体排放不影响周边环境，另一方面要保证在箱体内的工作人员安全。对于地埋厂，由于场地限制，应尽量选择占地少、运行相对简单、效果好以及经济性佳的除臭技术。目前我国的大部分地埋厂通常选择生物除臭、全过程除臭和离子除臭的组合方式。

(5) 消防与安全设计。

地埋厂消防设计包括总图、建筑、结构、给排水、电气和暖通等各项消防设计。相对于地上厂，地埋厂消防设计需要增加消防排烟设施。

在安全设计方面，要重视防洪排涝问题、防爆问题以及地埋厂和公共设施相连接的安全管理等问题。

(6) 景观设计。

景观设计是地埋厂的亮点，关系到运营期间能否同周边居民和谐相处、相邻土地开发利用等，要结合地下箱体顶部的承重能力合理配置景观、灌木、树木等。

4.1.3 地埋厂设计内容与深度要求

4.1.3.1 设计说明书

(1) 概述。

①设计依据。说明设计任务书或委托书及选厂报告等的批准机关、文号、日期、批准的主要内容，设计委托单位的主要要求。

②主要设计资料。资料名称、来源、编制单位及日期，一般包括用水、用电协议，环保部门的同意书，区域水环境和重点水污染源治理可行性研究报告等。

③城市概况及自然条件。建设现状、总体规划、分期计划及有关情况，概述地情、地貌、工程地质、水文地质、气象水文等有关情况。

④现有排水工程概况。现有污水、雨水管渠泵站、处理厂的位置、水量、处理工艺、设施利用情况、存在问题等。

（2）设计概要。

①总体设计。说明城市污水水量、水质，处理后污水排入水体的名称、水文情况，现有使用功能及当地环保部门和其他有关部门对水体的排放要求。

②地埋厂的设计。说明地埋厂位置的选择考虑的因素，如地理位置、地形、地质条件、防洪标准、卫生防护距离、占地面积等；根据进厂的污水量和污水水质，说明污水处理和污泥处理采用方法的选择，工艺流程总平面布置原则，预计处理后达到的标准；按流程顺序说明各构筑物的方案比较或选型，工艺布置，主要设计数据、尺寸、构造材料及所需设备选型、台数与性能，采用新技术的工艺原理特点；说明采用的污水消毒方法或深度处理的工艺及有关说明；根据情况说明处理后的污水、污泥的综合利用等情况；厂内主要辅助建筑物和生活设施的建筑面积及使用功能；厂内给水管及消火栓的布置，排水管布置及雨水排出措施、道路标准、绿化设计。

③建筑设计。说明根据生产工艺要求或使用功能确定的建筑平面布置、层数、层高、装修标准、对室内热工、通风、消防、节能所采取的措施；建筑物的立面造型及周围环境的关系；辅助建筑物的建筑面积和标准。

④结构设计。工程所在地的风荷载、雪荷载、工程地质条件、地下水位、冰冻深度、地震基本烈度。对场地的特殊地质条件（如软弱地基、膨胀土、滑坡、溶洞、冻土等）应分别说明；根据构筑物的使用功能，生产需要所确定的使用荷载、地基承载力、抗震设计烈度等，阐述对结构设计的特殊要求（如抗浮、防水、防爆、防震、防蚀等）；阐述主要构筑物结构设计的方案比较和确定，如结构选型、地基处理及基础形式、伸缩缝、沉降缝和抗震缝的设置，为满足特殊使用要求的结构处理，主要结构材料的选用，新技术、新结构、新材料、新工艺的使用。

⑤采暖、通风设计。说明室外主要气象参数，各构筑物的计算温度，采暖系统的形式及其组成，管道敷设方式、采暖热媒；通风系统及其设备选型，降低噪声措施。

⑥供电设计。说明设计范围及电源资料概况，电源电压、供电来源、备用电源的运行方式、内部电压选择；说明用电设备种类，并以表格表明设备容量、计算负荷数值和自然功率因数、功率因数补偿方法，补偿设备的数量以及补偿后功率因数的结果；供电系统负荷性质及其对供电电源可靠程度的要求，内部配电方式，变电所容量、位置、变压器容量和数量的选定及其安装方式，备用电源、工作电源及其切换方法、照明要求；采用继电保护方式控制的工艺过程，各种遥测仪器的传递方法、信号反应，操作电源等简要动作管理和联锁装置，确定防雷保护措施和接地装置；泵房操作以及变、配电建筑物的布置，结构形式和要求。

⑦仪表、自动控制及通信设计。说明仪表、自动控制设计的原则和标准，仪表、测定自动控制的内容，各系统的数据采集和调度系统；通信设计范围及通信设计内容，有线及无线通信。

⑧机械设计。说明所选用标准机械设备的规格、性能、安装位置及操作方式，非标准机械的构造形式、原理、特点以及有关设计参数；维修车间承担的维修范围，车间设

备的型号、数量和布置。

⑨环境保护。说明地埋厂对附近居民的环境影响，污水排入水体的影响，尾水回用、污泥综合利用的可能性或出路，地埋厂出路效果的监测手段，除臭措施和预期效果，降低噪声措施。

（3）人员编制及经营管理。

①提出需要的运行管理机构和人员编制的建议。

②提出年度总成本费用，并计算单位污水出路成本费用。

③单位污水量的投资指标。

④安全措施。

⑤关于分期投资的确定。

（4）对于阶段设计的要求。

①需提请在设计阶段审批或确定的主要问题。

②施工图设计阶段需要的资料和勘察要求。

4.1.3.2 工程概算书

工程概算书按基本分类逐项列表，不漏项、缺项，造价组成充分体现各地的材料价格、人工价格、施工工艺等特点。

4.1.3.3 主要设备及材料表

提出全部工程及分期建设需要的三材、管材及其他主要设备、材料的名称、规格、数量等。

4.1.3.4 设计图纸

（1）污水处理厂总体布置图。

①地埋厂平面图。比例一般采用 1∶200～1∶500，图上标出坐标轴线、等高线、风玫瑰、四周尺寸，绘出现有和设计的构筑物及主要管渠、围墙、道路及相关位置，列出构筑物和辅助建筑物一览表和工程量表。

②污水、污泥流程断面图。采用比例 1∶100～1∶200，标出生产流程中各构筑物及其水位标高关系，以及主要规模指标。

③建筑总平面图。对于较大的厂应绘制，并附厂区主要技术经济指标。

④竖向布置图。对地形复杂的地埋厂进行竖向设计，内容包括厂区地形、设计地面、设计路面、构筑物标高及土方平衡数量图表。

⑤厂内管渠结构示意图。表示管渠长度、管径、材料、闸阀及所有附属构筑物，节点管件、支墩，并附工程管件一览表。

⑥厂内排水管渠断面图。标出各种排水管渠的埋深、管底标高、管径、坡度、管材、基础类型、接口方式、排水井、检查井及交叉管道的位置、标高、管径等。

⑦厂内各构筑物和管渠附属设备的建筑安装详图。

⑧管道综合图。当厂内管线布置种类较多时，对于干管干线进行平面综合，给出各

管线的平面布置，注明管线与构筑物、建筑物的距离尺寸和管线间距尺寸，管线交叉密集的部分地点，增加断面图，表明各管线间的交叉标高，并注明管线及地沟等的设计标高。

⑨绿化布置图。标出植物种类、名称、行距和株距尺寸、栽种位置范围，与构筑物、建筑物、道路的距离尺寸。各类植物数量、建筑小品和美化构筑物的位置、设计标高。

（2）主要构筑物工艺图。图上标出工艺布置、设备、仪表及管道等的安装尺寸、相关位置、标高（绝对标高），列出主要设备一览表，并注明主要设计技术数据。

（3）主要构筑物建筑图。

①工艺图。分别绘制平面、剖面及详图，表示出工艺布置、细部构造、设备、管道、阀门、管件等的安装位置和方法，详细标注各部尺寸和标高，引用的详图、标准图，并附设备管件一览表及必要的说明和主要技术数据。

②建筑图。分别绘制平面、立面、剖面及各部分构造详图，节点大样，注明轴线间尺寸，各部分及总尺寸与标高，设备或基座位置的尺寸与标高，留孔位置的尺寸与标高，表明室外用料做法，室内装修做法及有特殊要求的做法；引用的详图、标准图附门窗表及必要的说明。

③结构图。绘制结构整体及构件详图、配筋情况，各部分及总尺寸与标高，设备或基座等的位置、尺寸与标高，留孔、预埋件等的位置、尺寸与标高，地基处理、基础平面的布置、结构形式、尺寸与标高，墙柱、梁等的位置及尺寸，屋面结构布置及详图；引用的详图、标准图；汇总工程量表，主要材料表、钢筋表及必要的说明。

④采暖、通风、照明、室内给水安装图。标出各种设备、管道、线路布置与建筑物的相关位置和尺寸绘制有关的安装详图、大样图、管线系统图，并附设备一览表、管件一览表和必要的设计安装表说明。

⑤辅助建筑。包括综合楼、维修车间、车库、仓库、各种井室等。

（4）主要辅助建筑物图。包括综合楼、车间、仓库、车库。

（5）供电系统和主要变、配电设备布置图。

①厂区高低压变配电系统图和一、二次回路接线原理图，包括变配电、用电启动和保护等设备型号、规格及编号，附设备材料表，说明工作原理、主要技术数据和要求。

②各构筑物平面、剖面图，包括变电所、配电间、操作控制间电气设备位置，供电控制线路敷设，接地装置，设备材料明细表和施工说明及注意事项。

③各种保护和控制原理图、接线图，包括系统布置原理图，引出或引入的接线端子板编号、符号和设备一览表，以及动作原理说明。

④电气设备安装图。包括材料明细表、制作或安装说明。

⑤厂区室外线路照明平面图。包括各构筑物的布置，架空和电缆配电线路、控制线路及照明布置。

⑥非标准配件加工详图。

（6）自动控制仪表系统布置图。标出有关工艺流程的检测与自控原理图，仪表及自控设备的接线图和安装图，仪表及自控设备的供电、供气系统图和管线图，控制柜、仪表屏、操作台及有关自控辅助设备的结构布置图和安装图，仪表间、控制室的平面布置图，仪表自控部分的主要设备材料表。

（7）通风、供热系统布置图。

（8）机械设备布置图。标出工艺设备、设备位置，标注主要部件名称及尺寸，提出采用的设备规格和数量。

（9）非标准机械设备总装简图。

①总装图。标出机械构造部件组织位置、技术要求、设备、性能、使用须知及其注意事项，附主要部件一览表。

②部件图（组装图）。标出装配精度和必要的技术措施（如防潮、防腐及润滑措施等）。

③零件图。标出工件加工详细尺寸、精度等级、技术指标和措施。

4.2　勘察及设计过程管理

4.2.1　勘察的过程管理

勘察阶段的业主项目管理内容如下：

（1）向勘察单位提供准备资料，包括现场勘察条件准备和提供有关基础资料。

（2）审查勘察单位的勘察工作纲要。

①审查勘察工作纲要是否符合勘察合同规定，能否实现合同要求；审查大型或复杂的工程勘察工作纲要应会同设计单位予以审核。

②审查勘察工作进度计划。

③审查勘察工作方案的合理性。

（3）对勘察单位的现场监督。

①工程勘察质量监督。监督工作包括：督促按时进场；核实调查、测绘、勘探项目是否完全；检查是否按勘察工作纲要实施；检查勘察点线有无偏、错、漏；操作是否符合规范；检查钻探深度、取样位置及样品保护是否得当；对大型或负责的工程，还要对其内业工作进行监控（试验条件、试验项目、试验操作等）；审查勘察成果报告。

②工程勘察进度控制。勘察人员、设备是否按计划进场；记录进场时间，根据实际勘察速度预测勘察进度，必要时应及时通知其单位予以调整。

③检查勘察报告。检查勘察报告的完整性、合理性、可靠性和实用性，以及对设计、施工要求的满足程度。

④审核勘察费。根据勘察进度，按合同规定，经检查质量和进度符合要求，签发进度工程款。

⑤审查勘察成果报告。勘察成果交设计、施工单位使用；沟通设计、施工方与勘察单位的联系，协调他们的关系；发出补勘指令。

⑥补勘。设计、施工过程中若需要某种在勘察报告中没有反映，在勘察任务书中没有要求的勘察资料时，业主签发补充勘察任务通知书。

⑦协调勘察工作与设计、施工的配合。业主应及时将勘察报告分发设计、施工单位，作为设计、施工的依据，工程勘察成果的深度应与设计深度相适应。

4.2.2 设计的过程管理

4.2.2.1 前期信息收集

（1）工程范围：除了厂区红线以内部分，还包括厂区选址、泵站选址、污水进水管走向、出水管走向、排污口位置、回用水管网、电源、污泥处置等工程设计内容。

（2）工程进度计划、实施进度要求、工期要求、工程资金来源、融资环境、投资限额、资金筹措进度、项目建设模式以及特殊要求等信息。

（3）项目合同、相关批复文件、政府审批文件、特许经营权取得文件、招投标文件、会议纪要、函件、通知、环境影响评价、可行性研究报告和论证报告等文件。

（4）工程所在地的总体规划、控制性规划、专项规划等，应至少包含建成区和规划面积、现有和规划人口、区位图、地形地貌图、现状和规划产业布局、公共设施、道路交通、用地评审、规划结构、居住用地、开发强度、绿化结构、生态体系、现状和规划给排水工程、供热供气、环境保护、环卫工程、防灾、现状污染情况等，确定工程服务范围。

（5）当地的自然地理条件（地理位置、地形地貌、风玫瑰图、水文、气候、工程地质、地震、雷电和防洪资料等）。确定地震防护等级和防洪标准，工程所采用的坐标系和高程，收集《地灾评估报告》和《洪灾评估报告》。

（6）测算水量相关资料，拟建厂要收集的污水服务区域范围及该范围内的现状人口数量、远期人口预测、每种地块用途和占地面积，进入拟建厂的水量，地埋厂服务区域内的总给水量以及每个收集区域的给水量情况（生活用水和工业用水分开，工业用水要收集具体产品名称、产量和吨产品用水量等）。

（7）当地类似的污水厂的进出水质、收集范围、水量、进水污染物成分、处理工艺、设计参数、运行情况、投资运行费用、设备选型和主要问题等情况。

（8）管网。进入拟建厂管道尺寸、坡度、材质、标高、充满度以及平面定位图纸，判断管网能力与地埋厂设计规模匹配性，确认接口位置坐标。如果是泵站来水，除了上述信息，还应了解泵站位置、水泵扬程、泵站水位情况和设备参数，复核水泵流量、扬程及沿程管道是否满足要求。了解回用水管网覆盖的区域位置和用水量要求以及涉及的现状、规划路网和地下管网设施图纸。地埋厂排水管需要过高速路、河流、铁路或特殊结构的相关现状图。

（9）厂址选择资料，应了解备选的可用厂址的工程条件（主要包括运输条件、周边环境、市政设施、电力外线和周边地块价值等），厂址距离排放水体和回用水服务区域的位置、地形图，厂址对管网设计的影响，可供选择的泵站地址、地勘资料（或周边附近工程地勘资料）等情况，对各厂址相应需要建造的管网投资、泵站数量和运行费用、排放是否方便、土方量、地基处理和三通一平等情况进行综合技术经济比选。

（10）厂外道路、自来水、污水、排水、燃气、电、通信、蒸汽等的接入位置、距离、容量和参数，了解市政设施接入的条件和费用。外电的电源电压、电度电价、基础电价、电网电源是否满足水厂的容量要求，扩容费用、引电入厂费用、引电距离以及供电电源是否可提供一级负荷双电源及二级负荷双回路。

(11) 收集周边特殊地质情况、土壤特殊性（湿陷性黄土、流沙、湿地、埋地垃圾等，冻土层、地下水位）。同时要收集附近工程的地勘资料，周边建筑物基础深度及形式、施工降水等地基处理难度和相关费用及周围建筑物的地震烈度设计信息。

(12) 对于已确定厂址的工程，应了解拟建地埋厂场地红线定位图（显示地埋厂的坐标、河流、高速、铁路、涵洞、军事光缆、电力通道等的坐标定位）、完整的地形图（含目前厂区总体地面标高范围、水厂周边河流和公路等的设施现状和规划图），占地面积和工程地质条件，了解未来扩建的空间和可能性。

(13) 工程技术目标，包括水、污泥、臭气处理标准和去向调查及相关费用，排入水体位置（包括坐标和标高）、水文条件（设计河水位要确认防洪标准按多少年一遇设计、河水的流向、最低水位、最高水位、常水位、河床底标高和河岸标高等）和地质条件等信息，收集洪灾评估报告，还要了解拟排入水体所执行的地表水水质标准。如果未来有回用要求，应了解可能的回用用途，最终根据排放水体的要求和回用水用途综合确定地埋厂排水水质标准。

(14) 施工条件，包括市政设施的设置情况、项目手续流程、建筑市场（包括施工机具、施工方法）和施工环境调查（是否三通一平、运输条件、现状场地用途、工程限高、是否有高压线等特殊设施、是否有足够施工作业面和临设搭建场地）。对现场三通一平的工作量进行勘察，包括工作范围、费用。

(15) 了解经济测算相关信息，包括当地水、电、材料、燃气、煤油、碳源、人工、污泥清运、污泥处置、药剂和其他涉及的消耗品等单价费用以及土地征用补偿费用等，了解当地建筑市场情况及预算定额等。

(16) 了解当地的其他特殊信息，包括人文、环境、文物保护、宗教、习俗、卫生防护，可能涉及拆迁、占用农地和其他特殊设施的可行性。

(17) 项目风险调查，包括经济（投资、融资和效益分析）、环境、安全和实施等方面潜在的风险因素调查。

4.2.2.2 初步设计阶段

业主依据经评审的项目可行性研究报告，对初步设计的建设规模、工艺标准、建（构）筑物形式、工期和总投资进行控制。业主组织新技术、新材料、新工艺、新设备科研试验研究；协调落实外部协作关系（拆迁征地、水、电、通信迁改等）、资源条件、环境影响评价、地方政府承诺的征地和移民安置规划等。业主组织专家或第三方咨询机构审查初步设计文件及投资概算。

(1) 对初步设计的原则要求。

①建设项目远期与近期相结合以及扩建与预留发展的要求。

②污水污泥处理规模和处理标准的要求。

③采用先进技术与设备的要求，装备水平、机械化程度和自动化程度的要求。

④污水污泥等综合利用的要求。

⑤建筑标准和辅助设施的要求。

⑥合理控制各种技术经济指标的要求，特别是降低投资的要求。

⑦合理布局和企业协作的要求。

⑧安全、卫生、劳动保护、环保与节能的要求。

(2) 对初步设计的审查。

①设计说明书审查。审核设计质量是否符合决策要求，项目是否齐全；有无漏项，设计标准、准备标准是否符合预定要求。针对业主所提的委托条件和业主对设计的原则要求，逐条对照，审核设计是否考虑周全。

②设计图纸审查。查对图纸目录，重点审查总平面布置、工艺流程、构筑物和设备组成、交通运输组织等。总图布置要方便生产，获得最佳的工作效率，同时要满足环境保护、安全生产、防震抗灾、消防、洪涝、生活环境等的要求。总平面布置要充分考虑方向、风向、采光、通风等要素。工艺设备、各种管线和道路的关系要互相协调。主要处理构筑物或新型构筑物和设备的平面及竖向设计是否合理。审查新型或技术复杂的结构设计、机械设计、自控设计是否合理。审查可行性研究报告和环评报告的要求及建议是否已全部体现。

③投资审查。审查工程的概算是否符合要求，设备投资是否合理。设备订货价格的合理性，订制国外设备的重要条件，有无替代途径。审查编制依据和取费标准是否合理。

④施工进度审查。审查设计所安排的施工进度和投产时间，是否准确和有可能实现，各种外部因素是否考虑周全。建材、施工机具、施工人员、设备订购、人员培训、运行调试等是否安排合理。

4.2.2.3　施工图设计阶段

业主控制的内容包括：拟实施的设计，主要结构布置；设计质量、设计进度、施工图预算编制；落实设备材料采购，并组织厂家向设计单位提供设备技术资料；审查施工图设计文件。

按现行国家有关规定，建设业主还应将施工图设计文件提交第三方施工图审查机构审查，审查后，业主将施工图设计文件送行政管理部门，组织有关政府管理部门备案。

(1) 施工图设计审查。

①总体审核。首先是施工图的完整性和完备性，以及各级的签字盖章。其次审核总平面布置图和总目录，审核重点有：工艺和总图布置的合理性，项目是否齐全，有否子项目的缺漏，总图在平面和空间的布置上是否交叉无矛盾；有否管线打架、工艺与各专业相碰，工艺流程及相互间距是否满足规范、规程、标准等的要求。

②总说明审查。所采用的设计依据、参数、标准是否满足质量要求，各项工程做法是否合理，选用设备、仪器、材料等是否先进、合理，规程措施是否合适，所提技术标准是否满足规程需要。

③图纸审查。施工图是否符合现行规范、规程、标准、规定的要求；图纸是否符合

现场和施工的实际条件，深度是否达到施工和安装的要求，是否达到规程质量的标准；对选型、选材、造型、尺寸、关系、节点等图纸自身的质量要求和审查。

④其他政策性要求。审核是否满足勘察、试验等提供的建设条件；外部水、电、气及交通运输条件是否满足，是否满足与当地各级政府签订的建设协议书；是否满足施工和安全、卫生、劳动保护的要求；是否满足环境保护和节能降耗的要求。

（2）施工图的设计交底和图纸会审。

①审查设计资料和图纸是否经设计单位签署，图纸与说明是否齐全，有无续图供应。

②地质与外部资料是否齐全，抗震、防火、防灾、安全、卫生、环保是否满足要求。

③总平面图和施工图是否一致，设计图之间、专业之间、图面之间有无矛盾，标志有无遗漏。总图布置中工艺管线、电气线路、设备位置、运输道路等与构筑物之间有无矛盾，布局是否合理。

④地基处理是否合理，施工与安装有否不能实现或难以实现的技术问题，或易于导致质量问题、安全及费用增加等方面的问题，材料来源是否有保证、能否代换。

⑤标准图册、图集、详图做法是否齐全，非通用设计图纸是否齐全。

4.2.2.4 施工阶段

业主组织设计交底，审查设计单位提交的设计变更，组织设计单位参加试运行和工程竣工验收。

4.2.2.5 设计回访阶段

项目移交后，使用或运营一定时期，业主组织设计单位进行回访，听取或向设计提出对工艺设施的改进建议，完善生产工艺和生产条件的意见。

4.2.3 设计过程中的外部协调

4.2.3.1 协调的内容

工程设计外部协调是保证项目所需的原材料、动力、交通运输及配套供应设施，并依据项目的具体情况而有所不同，一般包括以下几个方面：

（1）土地的取得，拆迁与安置。

（2）原材料、燃料的供应。包括原材料、主要辅助材料和燃料（煤、石油、天然气等）的来源、供应能力、供应方式等。

（3）动力供应。包括水源、供水管路、电源、供电线路、供电方式等。

（4）通信。包括通信方式、通信线缆、卫星通信、网络通信等。

（5）交通运输条件。包括海陆空运输条件和港口航道、陆上站点等。

（6）配套设施、辅助设施。包括机修、电修、供气、供热等。

4.2.3.2 协调的取证

在可行性研究阶段，业主应与政府部门和提供外部协作的单位进行磋商，并与之签订供应使用的协议或意向书，其内容包括大致的供应数量、供应方式、供应价格，作为可行性研究的组成部分和正式协议的依据。

在初步设计阶段，依据设计计算的数据，业主应与政府部门和提供外部协作的单位进行协商，取得管理部门的审批或签订正式的协议或合同，其内容包括大致的供应数量、供应方式、供应价格等。

4.2.4 工程变更

4.2.4.1 工程变更的内容

(1) 工程变更包括设计变更和现场变更，设计变更是对设计内容的完善、修改和优化，现场变更是施工现场管理所引起的变更，一般需要设计单位签字、盖章，并且经业主的有关职能部门签章后执行，在发生工程变更时必须进行签证确认，从而作为工程款结算的依据。为了控制项目的投资成本，必须对工程变更与签证进行严格管理。

(2) 工程变更的内容分类：

①一类变更，业主为改进设计，改变建筑标准、结构功能、使用功能，增减工程内容，导致做法变动、材料代换或其他变更事项而提出的变更。

②二类变更，现场施工管理引起的设计变更，在施工过程中因施工错误、材料设备变更、施工现场条件误差、施工工艺技术等原因引起的设计变更，以及由于施工现场效果达不到设计要求而导致的变更。

③三类变更，使用方需求变更，在项目施工过程中来自项目使用方提出的修改建议而进行的变更设计。

④四类变更，由于设计单位的施工图出现设计缺陷或设计错误而引起的设计变更。

4.2.4.2 工程变更的目的

(1) 符合国家规范设计，变更应是对原设计中不满足国家规范、法规的部分进行变更，使其满足国家相关规范、法规。

(2) 满足使用功能，设计变更是对原设计中不合理的部分进行变更，变更后应比原设计更合理，更满足使用功能。

(3) 降低建造成本，在不影响使用功能、满足国家规范的前提下，变更方案应更加节约成本。

(4) 保证建造工期，在不影响使用功能、满足国家规范的前提下，变更方案应更能缩短施工工期。

4.2.4.3 工程变更的控制流程

(1) 业主、施工单位、设计单位都可以提出工程变更的要求，不同的主体提出的工程变更，其审核变更的程序也存在一定的区别。

（2）审核变更的步骤比较多，由业主提出、设计方提出和施工方提出变更的控制流程各不相同，具体流程见图 4.2。

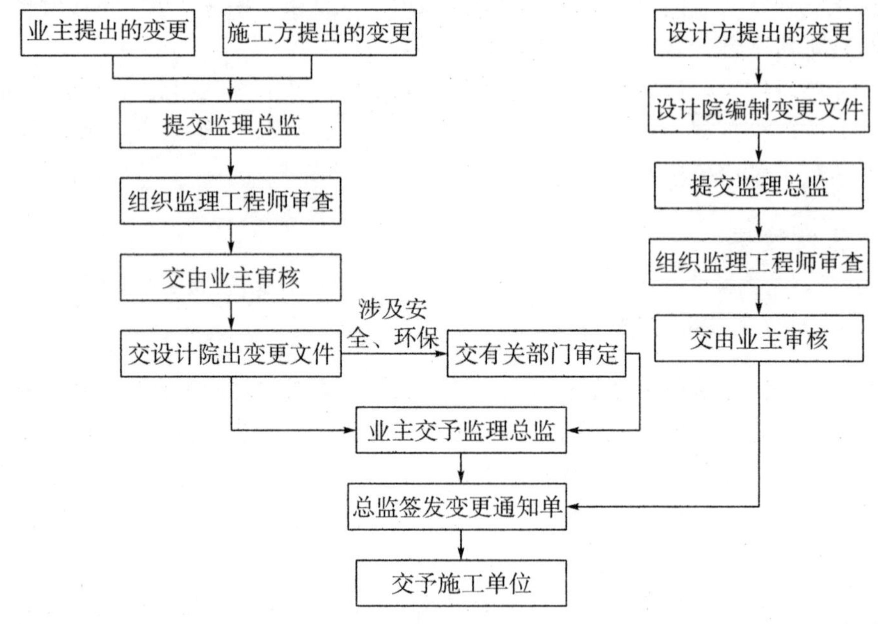

图 4.2　工程变更审核流程图

4.3　设计质量、进度及投资管理

4.3.1　设计质量、进度、投资管理概述

业主对地埋厂项目设计管理的目标是处理工艺成熟稳定、安全可靠，具有适用性和经济性，以保障项目的质量、进度和投资三大控制目标的实现。

（1）安全可靠性。地埋厂设计要贯彻执行国家、地方和行业的设计标准、规范，综合考虑处理工艺成熟稳定、安全可靠、适用性和经济性三方面目标，严格控制设计标准的选定，既不能为了控制项目投资而降低设计标准，也不能为了过高追求完美而片面追求高标准；对于新技术、新工艺、新材料、新设备等要经过详细调查研究，由业主组织试验，结合三大目标综合平衡、评审后，监督设计单位采用。安全可靠性的控制内容包括：地埋厂处理设施的有效性、耐久性和寿命周期，建筑结构上保证强度、刚度和稳定性，防灾抗灾等级及标准，安全防护、环境卫生标准、施工安全性及运营安全性。

（2）适用性。地埋厂设计应具有良好的适用程度、使用功能和美观效果，方便设备操作与维修，满足生产运行的能力和效益要求；在施工技术上能实现可实施性和地方习惯。

（3）经济性。在保证项目的处理工艺成熟稳定、安全可靠和适用性的前提下，尽量做到建设周期短、工程投资少、生产能力高、运行成本低、经营效益高。项目建设投资和项目运行成本的决定因素取决于设计阶段的设计参数的正确选择。设计参数的选定必须坚持先进、合理、具有科学性，关键的参数应由建设业主参加审定。

4.3.2　设计阶段的质量管理

4.3.2.1　设计质量管理目标

设计质量是工程项目质量目标和水平的具体化，设计质量的高低直接影响工程的适用性、经济性和安全可靠性，因此需要严格控制好设计质量，做到造价不高质量高，标准不高水平高，面积不大功能全，占地不多环境美。

设计质量目标分为基本质量目标和附加质量目标两个方面，这两种目标表现在建设项目中都是设计质量的体现。基本质量目标在建设项目中的表现形式为符合规范要求，满足业主功能要求，符合规划、市政部门要求，达到规定的设计深度，具有施工和安装的可建造性等方面。附加质量目标在建设项目中的表现形式为建筑新颖、使用合理、功能齐全、结构可靠、经济合理、环境协调、使用安全等方面。

4.3.2.2　设计质量管理程序和内容

（1）根据项目建设有关文件、资料的要求，编制出设计大纲或方案设计竞标文件，组织设计，评选最佳设计方案。

（2）进行勘察设计单位的优选。

（3）审查设计方案，确保设计符合设计大纲要求，符合国家有关工程的方针政策，符合现行规范、标准、规程，保证工程符合实际，工艺合理、技术先进、充分发挥项目的环境、社会和经济效益。

①总体方案审查。重点审查实际依据、设计规模、工艺流程、综合利用、总平面布置、建筑结构形式、主体构筑物和设备选型、占地面积及相关技术经济指标等，使总体设计保证项目的先进性、合理性、经济性、高效性、安全可靠性，以满足项目控制的质量目标和水平。

②专业设计方案审查。重点审查专业设计方案的设计标准、设计参数、设备和结构形式、功能和使用要求等；审查工艺的先进性，主体构筑物和设备的构造、特性和能力，相关设计标准、技术参数、设计条件，配套标准设备选用、非标准设备的设计，主体工艺及其设施的作业方式和运行维修要求等；审查配套专业，如建筑与结构、通风和空调、电气与自控、给排水、厂内外交通运输、厂区绿化等专业设计。对每个专业设计方案，要审查其所用的设计依据、技术参数、方案布置、工作方式、工程材料、主体设备等。

设计方案审查要结合设计概算资料进行，做好技术经济比较和多方案论证，确保工程的质量、进度计划和投资目标。

（4）设计图纸审查。

（5）设计交底和图纸会审。

（6）施工配合和竣工验收。

竣工验收既是对施工质量的最终考核，也是对设计质量的最后审定。验收期间发现的设计或施工质量问题，要限期消除。通过验收，达到预期的工程质量，设计质量控制也就终止。

业主组织设计单位进行施工配合，可随时发现施工单位和业主提出的质量问题，使工程质量更高、设计质量更高。

4.3.2.3 设计质量控制重点

（1）设计方案审查。审查初步设计，以确保项目初步设计符合可行性研究报告要求，符合国家有关污水处理建设的方针政策，符合现行设计规范、标准，符合国情，结合工程实际，处理工艺成熟稳定，能充分发挥地埋厂项目的社会效益、经济效益、环境效益。

①总体设计审查。重点审核设计依据、设计规模、处理工艺、工艺流程、项目组成及布局、设备配套占地面积、建筑面积、建筑造型、协作条件、环保措施、防灾抗灾、建设期限、投资概算等的可靠性、合理性、经济性、先进性和协调性，是否满足决策质量目标和水平。

②专业设计审查。重点审核专业设计的设计参数、设计标准、设备和结构造型、功能和使用价值等方面是否满足适用、经济、美观、安全、可靠的要求。

（2）设计图纸审核。设计图纸是设计工作的成果，又是施工的直接依据。因此，设计阶段质量控制最终要体现在设计图纸的审查上。

①初步设计图纸审核。初步设计是在可行性研究报告的基础上，决定项目污水处理工艺的技术方案。审查重点是所采用的污水处理工艺是否符合可行性研究报告及总体设计要求，是否达到项目决策阶段的质量标准；同时，审查工程设计概算是否在投资控制限额之内。

②施工图设计审查。施工图是对结构、处理设备、设施、建（构）筑物、管线等工程对象物的尺寸、布置、选材、构造、相互关系、施工及安装质量要求的详细图纸和详细说明，是指导施工的直接依据，从而也是设计阶段质量控制的一个重点。审查重点是使用功能是否满足质量目标和水平，施工图预算是否在投资控制限额之内。

4.3.3 设计阶段的投资管理

4.3.3.1 设计阶段投资管理的任务和方法

（1）设计阶段的投资管理任务。

设计阶段投资管理的目标：初步设计的设计概算不超过投资估算，施工图预算不超过设计概算。

（2）设计阶段投资控制方法。

设计阶段是投资控制最为关键的阶段。设计阶段投资控制的基本工作原理是动态控制，即在项目设计的各个阶段，分析和审核投资计划值，并将不同阶段的投资计划值和实际值进行动态跟踪比较。当其发生偏离时，分析原因，采取纠偏措施，使项目设计在确保项目质量的前提下，充分考虑项目的经济性，使项目总投资控制在计划总投资范围内。

设计阶段的投资控制工作不单纯是项目财务方面的工作，也不单纯是项目经济方面的工作，而是包括组织措施、经济措施、技术措施、合同措施在内的一项综合性工作。

4.3.3.2　设计概算的审查

（1）项目设计概算的组成。

地埋厂项目设计概算由工程建设投资、建设期利息和铺底流动资金构成。

工程建设投资由工程费用、其他费用和基本预备费用组成。建筑工程概算又分为土建工程概算、给水排水工程概算、采暖工程概算、通风工程概算、电器照明工程概算、管道工程概算、特构概算等。设备安装工程概算又分为机械设备及安装工程概算、电气设备及安装工程概算等。单位工程概算一般按工程量依据概算定额编制。

工程费用通常由第一部分工程费用和第二部分工程建设其他费用组成，第一部分主要包括建筑工程费、设备费、安装工程费等，第二部分包括建设用地费、建设管理费、建设项目前期工作咨询费、勘察设计费、环境影响咨询费、场地准备费、工程保险费、生产准备及开办费、联合试运转费、设备及生产家具购置费、招投标代理服务费、施工图审查费、造价咨询费、结算审核费、水土保持评价费、节能评估费、社会稳定风险评价费、竣工图编制费、工程检测费等。

建设项目总概算是确定整个建设项目从立项到竣工验收全过程所需费用的文件。它是由各单项工程综合概算、工程建设其他费用、预备费用概算等汇总编制而成的。

（2）设计概算的作用。

①确定和控制项目投资，编制基本建设计划的依据。PPP、BOT 类再生水厂项目的初步设计及设计概算，按规定程序应报政府有关管理部门批准后，作为项目总投资的最高限额，不得任意突破，如有突破须报原审批部门批准。企业自主投资再生水厂项目只需组织专家或第三方咨询机构进行评审，作为项目总投资的最高限额。

②设计方案经济评价与选择的依据。依据设计概算可进行设计方案技术经济分析、多方案评价，优选方案，也是控制施工图设计预算的依据。

③基本建设核算、“三算”对比、考核项目的成本和投资效果的依据。

（3）设计概算的审查。

设计概算编得准确合理，才能保证投资计划的真实性。审查设计概算的目的就是力求投资的准确、完整，防止扩大投资规模或出现漏项，减少投资缺口。设计概算的审查内容包括：

①审查编制依据。编制依据是否合法，审查定额、标准、价格、取费标准的时效性，审查编制依据的适用范围。

②审查设计概算的构成。工程量、定额或指标、材料预算价格、标准或非标准设备原价及运杂费、各项费用。费用项目不漏不缺，例如运营准备需要的办公家具、试验化验仪器、运营人员生活设施、运营用车辆等。

③审查方式。一般采用集中会审的方式进行。具体步骤包括审查准备、概算审查、技术经济对比分析、对发现的问题进行调查研究、最后积累资料。

4.3.4 设计阶段的进度管理

4.3.4.1 设计阶段的进度管理

（1）初步设计阶段。

①设计方编制初步设计阶段进度计划。

②业主审核设计单位提出的设计进度计划。

③业主审核设计单位提出的出图计划，并控制执行，避免发生因设计单位推迟交图造成施工单位的索赔。

④设计单位比较进度计划与实际值，编制本阶段进度计划控制报表和报告。

（2）施工图设计阶段。

①业主编制施工图设计进度计划，审核设计单位的出图计划，如有必要，修改总进度规划，并控制其执行。

②业主编制材料、设备的采购计划。

③业主对设计文件及时做出决策和审定，防范违约。

④控制设计进度满足招标工作、材料及设备订货和施工进度的要求。

⑤设计单位比较进度计划与实际进度，提交各种进度控制报表和报告。

⑥控制设计变更及其批准实施的时间。

⑦编制施工图设计阶段进度控制总报告。

（3）施工图专项“修正”。

施工图专项“修正”流程见图 4.3。

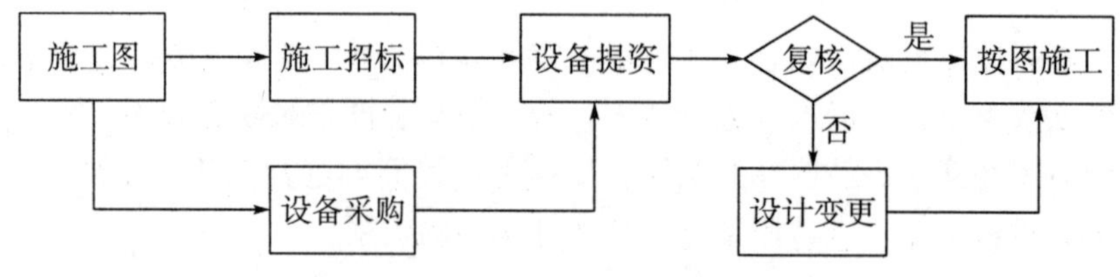

图 4.3 施工图专项“修正”流程

地埋厂的工艺设备一般是非标产品，在施工方和供货方产生后，需及时提供相关设备参数资料给设计方复核，检查相关预留预埋和供电、自控信号点、配管等是否需要调整。如需调整，则按设计变更流程办理。

4.3.4.2 设计阶段进度管理的方法

（1）设计阶段进度计划的控制。在设计单位提交的设计计划基础上，业主综合考虑与设备采购、施工的搭接问题，与设计单位协商，确定项目设计各阶段的进度计划（主要是设计单位的出图计划）。同时，根据设计实际进展情况，及时对设计进度计划做出调整，并协助设计单位解决出现的问题。

（2）设计进度报告。业主应当要求设计单位提交每月的设计进度报告，进度报告是设计单位对当月设计工作情况的小结，它应包括以下内容：

①设计所处的阶段；

②工艺、建筑、结构、水、暖、电、自控各专业当月设计内容和进展情况；

③业主变更对设计的影响；

④设计中存在的需要业主决策的问题；

⑤需要提供的其他参数和条件；

⑥拟发出图纸清单；

⑦如出现进度延误情况，还应当说明原因及拟采用的加快进度的措施；

⑧对下月设计进度的估计等。

4.4　勘察设计控制要点

4.4.1　勘察需重点考虑的问题

4.4.1.1　地下水

地埋厂结构箱体高度通常在 15～20 m，加上箱体上部 1～2 m 景观填土，其基底埋深多在地面以下 20 m 左右。除了我国北方干旱地区，南方上海、浙江、广东和四川等地区地下水埋深较浅，地下水的埋深对地埋厂箱体的结构抗浮计算及抗渗计算影响较大。因此，需要勘察提供准确的地下水在丰水、枯水季的埋深数据，作为进行结构抗浮设计和抗渗设计的依据，以确保地埋厂投产后的安全运行。

对地下水异常丰富的区域和周边环境对沉降允许值较低的情况，可以增设水泥土搅拌桩止水帷幕措施。为保证施工过程中基坑外侧地下水不流失，前期须对止水帷幕施工质量进行控制，对止水帷幕垂直度以及搭接长度每天进行监测，发现缺陷立即采取措施补强，对土方开挖后发现局部渗漏，采用注水玻璃或垂直方向压力注浆，封堵地下水。

4.4.1.2　裂隙水

由于我国各地地下土层分布情况不同，例如成都地区地面下 10 m 就有可能进入风化泥岩层，泥岩层富含裂隙水，会对抗浮桩或抗浮锚杆的施工质量产生影响，因此需要勘察提供准确的岩层内的裂隙水分布状况数据，作为进行结构抗浮设计的依据，以确保地埋厂投产后的安全运行。

4.4.1.3　基坑支护方式

地埋厂埋深大，通常在城镇中心位置，不宜采用基坑敞口放坡方式，多采用支护方式。地埋厂的基坑支护设计须根据地质情况、地形条件及周边环境来决定，常用的措施有支护桩加锚索、双排支护桩、咬合桩及支护桩加内支撑等。

(1) 支护桩加锚索。

支护桩加锚索支护结构是深基坑支护体系中最常用的一种，它主要由一系列排桩和预应力锚索组成，其中排桩为挡土体系，锚索为支撑体系。在不能进行放坡开挖及施工条件受到限制的城市密集区被经常采用。支护桩加锚索支护体系中的支护桩主要起挡土和挡水作用，锚索主要是利用其自身与地层的锚固力给支护桩体系一个水平的支撑拉力，阻止其倾倒与土体滑动。

(2) 双排支护桩。

现代城市中布有大量保证城市正常运营的基础设施及管线，如电力通道、供水、供暖、通信光缆、管廊、地铁、铁路等，也有相应的保护范围（见图 4.4）。离保护范围较近的地埋厂，锚索施工有可能对相关设施造成破坏，被禁止使用。在采用灌注桩加锚索不可行的情况下，可采用双排旋挖灌注桩的支护方式，这种支护方式对深基坑的稳定性不亚于灌注桩加锚索，但造价相对更高。

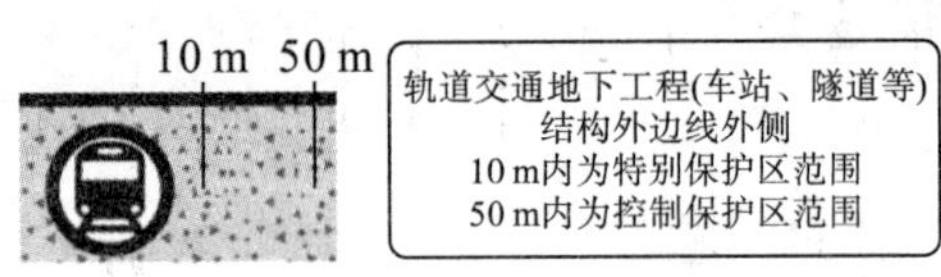

图 4.4　城市地下轨道保护要求

双排支护桩结构具有更大的侧向刚度，可以明显减小基坑的侧向变形，支护的深度也相应增加。在不用锚杆、锚索的情况下，双排桩可以解决位移大的问题。

【案例】

2021 年 3 月 4 日，深圳市工勘地理信息有限公司在深大 2 号垃圾中转站项目进行勘察作业时，打穿地铁 1 号线深大至桃园下行线区间隧道顶部，造成地铁短暂停运，直接经济损失数十万元（见图 4.5）。

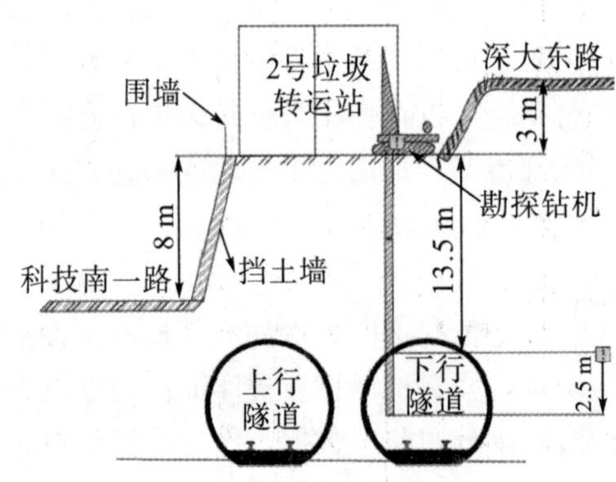

图 4.5　地勘打穿地铁

据调查分析，结合专家出具的技术鉴定报告，事故的直接原因为：

①代建方深能环保公司未向地铁集团等有关部门核实勘察现场地下是否有地铁设施，未向勘察单位提供准确、完整的地下管线及地下工程的相关资料。

②工勘地理信息公司在地勘作业实施前，未核实深圳地铁 1 号线安全保护区范围，

擅自在地铁安保区范围内进行勘察作业，导致地铁隧道被打穿。

③实施作业的劳务公司监督管理不到位，致使劳务公司工人擅自在地铁安保区范围内进行勘察作业。

（3）咬合桩。

对于深基坑周边有铁路、高速公路或其他重要建筑物，不能实施降水井的情况下，宜采用咬合桩支护方式，这种支护方式的造价和施工周期也较高。

咬合桩围护结构适用地层范围广，包括风化石灰石岩层、砂砾石层及软土地层深基坑，尤其在富水软地层中施工的排桩围护结构防渗效果好，无须另外增加辅助截水帷幕等防水措施，与其他达到相同工程要求的围护结构形式（如地下连续墙、泥浆护壁钻孔排桩等）相比造价低。

咬合桩施工机械化程度高、成孔速度快、桩机就位迅速、成桩效率明显高于其他类型灌注桩，且成孔垂直度能由旋挖钻机垂直度控制系统自动调整和保证。用旋挖钻机在桩身混凝土处于塑性状态下完成切割咬合过程形成的排桩围护结构整体性状好、支护强度大、防渗效果佳。施工无噪声、无振动，对地层及周边环境影响小，少泥浆作业，施工现场洁净。

（4）支护桩加内支撑。

对于排桩支护结构，如果基坑深度较大，为确保受力合理和控制变形，需增设内支撑。内支撑通常有钢结构支撑和钢筋混凝土支撑，支撑拆除前应在主体结构与支护之间设置可靠的换撑传力构件或回填夯实。

如果深基坑周边有高速公路、重要地下建筑物、地铁等，不宜采用支护桩加锚索的基坑支护体系，可以采用支护桩加内支撑的组合（见图 4.6）。内支撑技术在有限的空间内，能保证基坑周边原有建筑物及基坑内的施工安全，工艺流程比较简单，机械化程度高，受人为因素小，内支撑中的钢立柱及钢管可以重复利用，操作方便，性价比相对较高。

图 4.6　支护桩加内支撑支护

4.4.1.4 基坑加固方式

基坑开挖到持力层后，由于地下土层分布的不均匀性，会出现软弱下卧层，在确定地基加固方案时要充分考虑地方情况，恰当采用加固方案。例如，在非大江大河流域，不能采取砂卵石换填，可采用混凝土换填、压浆加固等方式。

4.4.2 设计需重点考虑的问题

4.4.2.1 场地协同设计

由于地埋厂位于地面以下且密闭性较好，臭气及噪声污染可以得到很好的控制，因此为其周边及自身用地的多功能开发提供了可能。《地下式城镇污水厂工程技术指南》（T/CAEPI 23—2019）提出，用地紧张地区、人口稠密地区或环境敏感地区等宜选择建设地埋厂，针对地面层的设计建设，应统筹兼顾地下厂区，与生态综合体有机结合，可进行景观生态、公共服务、能源回收等多种形式的综合利用，景观生态可包括空间绿化、人工湿地等，充分营造绿色生态的自然环境；公共服务可包括居民运动休闲场所、公共艺术空间、科普与科研基地、观光农业等，能源综合回收可包括水源热能、太阳能、风能等的回收利用。

对于寸土寸金的城镇，进行地埋厂设计时，要充分发挥用地的生态环境效益、社会经济效益与科普教育性能，如贵阳彭家湾五里冲棚户改造区污水处理综合工程地面为公园，地下 1 层为商业用房和机械停车库，地下 2 层为公交首末站及其附属用房，地下 3、4 层为再生水厂，将污水处理、景观提升、休闲购物、交通出行综合于一体。

针对地埋厂场地协同设计，建议与规划选址相结合，同步进行环境影响评价工作。在考虑邻避效应的同时，地埋厂用地应尽可能容纳水质净化、污水热能利用、生物质能源利用、公园、湿地、停车场、文化展馆、体育馆等多种形式，将景观生态、公共服务、能源回收等多种功能融为一体，提升项目社会经济效益。

4.4.2.2 工艺设计

地埋厂对出水水质的要求较高，一般需要达到《城镇污水处理厂污染物排放标准》（GB 18918—2002）中的一级 A 标准或更高标准，因此主体工艺的设计应包括二级处理和三级处理工艺。污水处理工艺的选择应充分考虑技术的可行性、经济的合理性，并依据规划用地面积、工程投资、进出水水质的要求、污泥处理处置方案等综合考虑后确定。常用的二级处理工艺有 MBR 工艺、AAO 工艺及其改进工艺，三级处理工艺有混凝沉淀、吸附、臭氧氧化、膜分离和消毒等。

地埋厂密闭性好、积累的有毒有害气体不易扩散，负一、负二层在设置较好的通风设施外，要保证安全仪表安装位置及数量设置合理，以保证安全。

4.4.2.3 布局及结构设计

（1）构筑物布局。地埋厂构筑物布局直接影响其占地面积和工程投资。虽然地埋厂设计有四种形式，但构筑物的布局大多采用的是依托集成共壁技术的组团式布置形式。

（2）埋置深度。地下深度是影响地埋厂土建工程造价的重要因素之一。在设计埋置深度时，一般可以通过建立不同地下深度工程造价的非线性目标方程，同时结合处理工艺及工程总投资，选取相对经济合理的埋置深度。

（3）结构缝设计。按结构设计规范规定，地下现浇构筑物变形缝最大间距为30 m，为满足水处理构筑物的工艺要求，减少构筑物的渗漏隐患，需要尽量减少变形缝的数量。应采取不分缝的做法，设置后浇带、膨胀加强带及结合后浇带设置诱导缝的方式，以控制施工过程中的收缩裂缝以及后浇带封闭后的温度裂缝。

（4）抗浮设计。尽管地埋厂由多个池体组成，但都将其看作一个整体来计算所受浮力和横向受力。根据工程所在区域的地质、地形条件，采用抗浮锚杆或抗拔桩等抗浮设计。在进行空间受力计算时，垂直方向上要考虑支撑结构的静态负载和动态负载，设备自身载重和上部景观的静态负载，水平方向上要考虑水压、土压以及设备载荷的变化。

（5）钢筋混凝土与防渗、防腐蚀设计。为满足大型水处理构筑物的工艺要求，减少构筑物的渗漏隐患，需要尽量减少变形缝的数量。与此同时，为提高混凝土的防渗抗裂性能，要进行钢筋混凝土结构设计。在进行防腐蚀设计时，要严格执行《工业建筑防腐蚀设计规范》（GB 50046—2008）及其他相关规定，进而提出相应的设计要求。在考虑尽量少设缝的同时，还通过添加剂来改善混凝土自身的抗渗防水性能，包括添加防腐剂、阻锈剂等，采用低碱水泥，同时合理使用粉煤灰、矿渣等矿物掺和料，以提高混凝土自防水、防腐性能。

（6）空间设计。地埋厂位于地下，结构设计和投资额控制制约了箱体尺寸需要尽可能小，但是，空间设计的低限必须保证地埋厂的使用功能不能降低。

①进出厂通道。进出厂通道的高度和宽度必须确保污泥车辆、维修车辆能够顺利进出，相关尺寸参数应由业主或运营单位提供。

②安装通道。因为箱体顶板上不宜设置较大洞口，在设备安装过程中，需要布置设备进入箱体的通道，通道的尺寸需要在设计时予以考虑。

③维修通道。地埋厂工艺设备在使用一段时间后，需要定期检修或更换，设备的拆除、更换需要预先设计通道，例如廊道、门的尺寸是否能确保设备进出，需要在设计阶段予以考虑。

4.4.2.4　照明设计

地埋厂不能完全依靠自然采光，因此采光照明设计显得至关重要。不同的地埋厂建设形式会获得不同的自然采光效果，而对人工照明的需求也不相同。地埋厂在进行采光照明设计时，可依据《建筑照明设计标准》（GB 50034—2013）的要求进行设计，地下空间的照明能耗较高，结合成熟的技术及地上景观需求，地下空间照明布局可采用光导、太阳能辅助照明系统，以降低能耗及运营成本。

4.4.2.5　通风除臭设计

地埋厂一般将所有污水处理单元组团布置，形成高度集中的混凝土箱体结构，且所有处理单元均密封在地下或半地下，其空间密闭性的特点使臭气在产生区域富集并且沿浓度梯度向四周缓慢扩散，无法通过自然通风迁移和稀释，故需要除臭工艺达到更好的效果。

臭气在地下空间的分布不同，根据各工艺段产生的臭气浓度大小可初步分为高、中、低三区域。其中，高浓度区域包括预处理区（主要包括进水泵房、格栅、格栅间、沉砂池、污泥回流泵房）、污泥区（主要包括污泥浓缩池、污泥储存池、污泥脱水机、污泥脱水间），中浓度区域包括生化区（主要包括厌氧池），其余区域为低浓度。地埋厂的臭气主要包括硫化氢（H_2S）、甲硫醇、甲硫醚、氨（NH_3）。其中含量最多、浓度最大的是氨（NH_3），其次是硫化氢（H_2S）。这些污染物具有易挥发、嗅阈值低等特点，不仅严重污染环境，危害人体健康，而且对地埋厂的金属材料、设备和管道具有强烈的腐蚀性，存在较大安全隐患。

目前，国内各地埋厂均对除臭工艺较为重视，也采用了各式各样的除臭工艺。其中绝大部分地埋厂均采用了生物除臭，同时随着除臭标准的日渐提高，其他除臭工艺也获得了较多的应用。例如青岛高新区地埋厂采用生物滤池与离子除臭相结合的工艺，北京槐房地埋厂采用生物滤池与化学除臭相结合的工艺，天津东郊地埋厂采用全过程除臭、生物滤池与光解除臭相结合的形式。这些工艺均取得了较好的效果。

考虑到不同的除臭工艺针对不同的污染物及应用环境，建议地埋厂按照不同处理单元的臭气要求采用多种工艺联合的形式。

地埋厂地下箱体部分属于散发热、湿及臭气的车间，其面积、空间均较大，除做好除臭系统设计外，应根据箱体布置情况采用机械送风、机械排风的全面通风方式，也可以配合中间车道采用机械排风、自然进风的通风方式（见图 4.7）。

图 4.7　工艺池体封闭及排风

4.4.2.6　防淹设计

水淹风险是地埋厂最主要的安全隐患，可能由以下几个原因引起：

（1）进水前端来水量突然增大，如收水区域内因特大暴雨等情况导致地埋厂难以满足来水量要求，可能发生部分处理构筑物溢水并导致安全事故发生。

（2）厂区内雨水回灌至箱体内导致安全事故发生。

(3) 厂区内出现运行事故，此类事故主要表现在水位的控制失误，如多级泵站的联动，后一级泵站因断电或其他原因停止运行而前一级泵站仍在正常运行极易导致部分处理单体溢水。

(4) 在运行操作中误开阀门、闸门或部分管道接口处漏水等也会造成局部水淹。

针对水淹风险，设计时要充分通过标高、闸门、自控功能和水位感应器设计来进行预防。

4.4.2.7　消防设计

正常情况下地埋厂内可燃物较少，火灾风险较低。火灾风险主要来源于部分可燃物如电缆等起火，可能对人员造成一定程度的伤害。但由于大面积的地下空间人员疏散、排烟防烟及灭火均存在一定难度，故消防安全措施仍需要引起足够重视。

目前地埋厂在消防设计上还存在一些隐患。一是缺少地埋厂的通风规范标准。由于地埋厂构筑物全部或大部分集中在地下封闭空间，需要充分考虑人工照明和机械通风，但目前无地埋厂的通风规范或标准，设计上一般参考民用建筑标准，通过已建成地埋厂来看，很多通风效果还是不理想，易出现安全事故。二是消防设计缺少地埋厂标准，按照民用地下建筑规范一般消防分区不大于 1000 m^2，依据地下车库标准一般不大于 4000 m^2，但需要设计喷淋设施，目前有些地区消防管控严格地按前者设计，有些地区按 2000 m^2 左右的折中方案，但即使这样，依然会导致操作层被分割得非常零散，运营管理难度加大。在设计中应做好地方政府、消防部门的协调工作，最好是能根据工艺单体进行划分。

4.4.2.8　地上景观设计

地埋厂的地上景观设计可提高地上空间及其周边土地价值，可带动水厂周边社会经济的发展，因而可以从总体上消减地埋厂的成本。地上景观设计一般包括公园、湿地、园林以及娱乐文体等设施，具体设计时应综合考虑景观设计特色、社区友好和生态友好、景观风格以及设计与维护的成本，同时提升地埋厂的生态环境价值及社会经济价值。

4.4.3　设计细节措施

(1) 防止过度设计。

在总体设计上，从处理工艺选择、基坑支护、荷载计算、结构选型、平面布置、设备选型、管线排布等方面，应严格监督设计单位执行多方案比较，选择经济适用的方案，达到设计精细化，避免投资浪费。

【案例】

某工程为了架空设置桥架，设计了钢结构支架体系，但由于设计人员不负责任，缺乏精心设计的态度，钢结构支架体系所能承担的荷载远远大于桥架荷载，这既不美观，也造成投资浪费，属于典型的过度设计（见图 4.8）。

图 4.8　支撑钢架高度设计

（2）过水洞渠标高设计。

地埋厂从进水闸门至尾水排出，经过的洞口及水渠较多，应仔细计算并控制好每个结构构件的标高及尺寸，以确保过水功能的实现。

【案例】

图 4.9 中左侧进水渠与右侧格栅池间有 1000 mm 洞口，由于该洞口上口标高过低，导致左侧进水渠内浮渣堆积在水渠顶部，不能顺利进入格栅池并被回转格栅机清除。在设计时，应将该洞口上口标高尽量抬高，便于浮渣顺利进入格栅池。

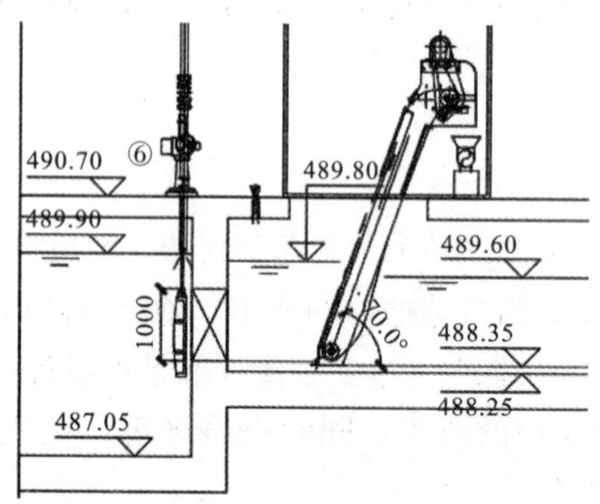

图 4.9　粗格栅水渠洞口标高缺陷

（3）附壁闸设计。

地埋厂闸门较多，各类型闸门的抗压和抗拉力学性能不同，在设计时应根据闸门受力情况仔细计算，例如图 4.10 中附壁闸门应设置在洞口迎水面一侧，避免设置在背水面一侧。

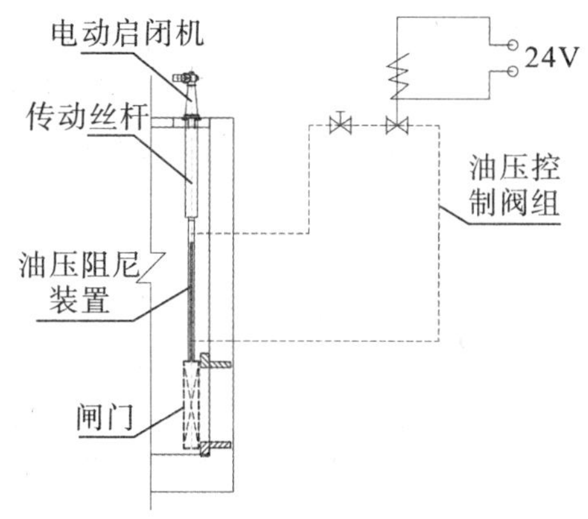

图 4.10　附壁闸门安装方向

(4) 格栅间除臭。

污水在管道输送过程中腐化，将产生硫化氢和甲硫醇等恶臭气体，会在格栅间大量释放出来，要在格栅间增加除臭罩，使臭气形成有组织收集状态（见图 4.11）。

图 4.11　格栅机增设防臭罩

(5) 防水淹措施。

①来水量突然增大的防控措施。

第一，适当提高进水区域操作层标高。地埋厂操作层的整体标高设置一般取决于周边环境的总体要求和消防要求，其次才会考虑进水安全要求。在保证整体效果的前提下适当提高操作层标高，对降低水淹风险可起到较好的效果。

第二，增加进水闸门。地埋厂应在进水端设置 2 道及 2 道以上速闭措施，以保证在水位较高或运行不正常时迅速切断总进水。目前地埋厂都设置了进水速闭闸，部分地埋厂设置了 2~3 道速闭闸。进水速闭闸与进水端液位感应联动，当进水端液位较高时自动落闸，切断进水，且速闭闸设置断电时自动关闸的措施，可较好地满足使用要求。同时，为防止速闭闸关闭后，来水经闸顶漫过进入箱体，进水闸井顶板标高应适当高于地坪。

第三，设置排水设施及超越管道。地埋厂各工艺单元水位标高较低，构筑物的放空需要依靠尾水提升泵站。建议地埋厂设计时充分利用尾水提升泵站的功能，当来水量较大、前液池位较高，溢流管不能满足流量时，通过超越管道流至尾水提升泵站，以最大限度地保证地埋厂的运行安全。

②雨水回灌的防控措施。

雨水回灌主要是指在暴雨来临时，厂区雨水通过地埋厂的车道进出口和疏散口等回灌至箱体内部，造成水淹事故。此外，箱体顶部的雨水渗漏也有一定的安全风险。

第一，车道入口和疏散口入口点适当高于厂区地坪，在出入口阻水（进出坡道、疏散楼梯间、通风采光井等），在进出口坡道顶部设置雨水沟，设置驼峰，避免路面过多雨水进入雨水沟，设置逆坡道路、截水沟、挡水板等阻水。楼梯间、采光孔的开孔高度适当高出室外地坪，同时出入口预留一定数量的沙包以防备暴雨。厂区地坪适当提高，设计地坪应当至少高于厂外道路 0.5 m，箱体四周均应采取加强的防水设计，箱体顶部雨水应进行适当引导外排。

第二，在进出口坡道底部设置雨水沟，目的是当雨量过大时，截留顺着坡道流入箱体的雨水，此部分雨水就近引入进水泵房或箱体出水泵房。另外，在地下箱体最低处设置集水坑，收集雨水提升至地埋厂进水前池中。

第三，出水不倒流。地埋厂尾水除再生水利用外，均须排至邻近河流，在雨季时存在河水倒灌风险，建议结合场坪标高控制尾水重力流入河涌标高，可按高于河道百年一遇河水位确定。

第四，在箱体出入口处设置防汛挡水板（见图 4.12），有效地预防水患，将洪水阻挡在出入口以外，不让水流进入箱体内。目前常用铝合金挡水板，铝合金挡水板采用的模具一体成型，既美观耐用，又能保证挡水的效果。

图 4.12　出入口挡水板

第五，顶板设置有效排水。地埋厂由于工艺特性，其顶板面积大，为避免因顶板防水质量差导致漏水现象的产生，建议地埋厂顶板设计找坡层，自然疏解顶板存水，可通过结构找坡、建筑找坡形式实现，或在顶板上部设置一些盲管有组织排水。

③运行期的水淹防控。

运行中最大的水淹风险来源于池体溢水，目前国内外均有地埋厂因池体溢水被淹的案例，且造成了较大的损失。

设计时应保证每一级泵站整体断电时，前端泵站停止工作，进水速闭闸关闭。每两个泵站之间应设置水位控制点，当控制点水位达到预先设置的报警水位时，前端水泵关闭，总进水切断。同时在各级泵站之间应设置有效的溢流措施，以保证全部设计流量的来水均能溢流到前端处理单元。

(6) 出水口设计。

地埋厂上部通常会规划公益性景观设施，为体现地埋厂的综合价值，出水口的设计除要保证其出水及防倒灌的功能外，是否与环境融为一体也是景观整体效果的亮点之一。设计时务必要结合现场的标高、周围环境、受纳水体的特点进行针对性设计（见图 4.13）。

图 4.13　地埋厂出水口专项设计

(7) 除臭塔设计。

同出水口一样，作为地埋厂主要的地面构筑物，是否能与环境融为一体，也是景观整体效果的亮点之一。设计时必须要结合总平标高、硬质景观、绿植和周边环境的特点进行专项设计，去除工业化特征（见图 4.14）。

图 4.14　地埋厂除臭塔专项设计

(8) 操作空间。

地埋厂不同于传统的污水厂，其操作层布置有大量的设备和管道，运营人员在运营期间会定期巡检或开展维修工作。在设计时一定要考虑到设备或管道后期更换、维修的操作空间，避免整体拆除（见图 4.15)。

图 4.15 设备、管道操作空间

(9) 设备检修设计。

地埋厂部分大型设备如果在需要大修的情况下，需要运至维修厂进行检修，在设计时要考虑设备运出箱体的顺畅通道，避免敲墙打洞。图 4.16 中，风机需要拆掉防火门后才能运出。

图 4.16 设备维修通道不畅

(10) 起重设备设计。

地埋厂内工艺设备需要定期进行检修，为便于提升和移动，根据设备的重量，配置了大量起重设备，起重量较大的是双轨道起重机，起重量较小的是单轨道起重机（见图

4.17)。

(a) 单轨道起重机

(b) 双轨道起重机

图 4.17　单轨道起重机和双轨道起重机

①吊车净空设计。

由于地埋厂净高尺寸有限，在设计起重机时要仔细计算设备的高度和吊钩至地面的距离，避免设备无法完全吊出池体的现象（见图 4.18）。

图 4.18　起重机起吊净空不足

②小车行走不畅。在设计起重机时，一定要模拟大车和小车的行走轨迹，在行走线路上不能有障碍物，以免设备无法顺利吊至平板车上运出箱体（见图 4.19）。

图 4.19 **起重机行动不畅**

（11）及时完成深化设计。

大部分工艺设备的生产厂商没有统一的标准，其产品尺寸、安装、控制方式上各有差异。地埋厂的施工图设计通常不能一次成形，需要总承包和供应商产生后，提供相关产品的技术参数资料，由设计方在已有图纸的基础上再予以深化，尤其是涉及有预留预埋的部分。因此，设备提资会影响到施工图出图安排，甚至会影响到结构施工进度。

图 4.20 中，工艺设备的供电线路和弱电线路预埋管本应在楼板结构施工时预埋，但因为设备提资未能及时完成，导致管线施工图不能提供给施工方，无法在结构施工时预埋，最终呈现出管道裸露的工程缺陷。

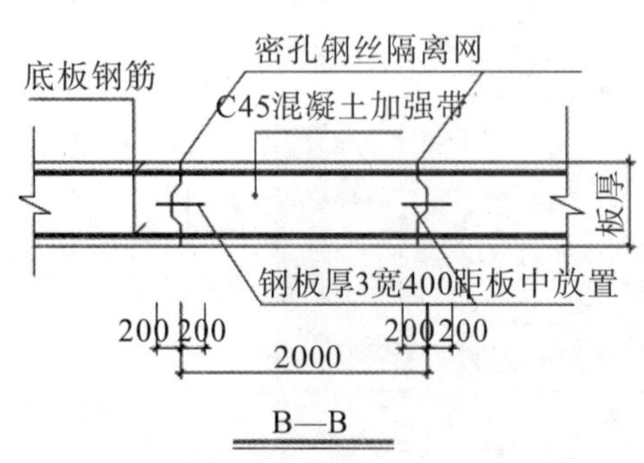

图 4.20 **预埋管道裸露**

（12）消防设计。

目前，地埋厂的消防设计仍依据《建筑防火设计规范》（GB 50016—2014）中的相关要求，考虑到地埋厂的特点，建议消防措施应做到以下几点：

①地埋厂操作层的单个防火分区的面积不大于 5000 m^2，同时最远疏散距离不大于 70 m。建筑面积不大于 200 m^2 且经常停留人数不大于 3 人的分区，可只设置一个通向相邻防火分区的防火门。地埋厂的车道单独设置并作为紧急避难走道，相邻防火分区可向避难走道设置带有前室的防火门，作为该防火分区的安全疏散口。

②全面设置手提式灭火器，并在变配电站、控制室等有电气房间设置气体灭火装置。

③在疏散楼梯间内进行防烟设计，并在变配电室等人员逗留时间较长的区域内设置排烟系统。

④应高度重视事故疏散方案，并设置应急照明及事故疏散标志等，保证火灾发生后人员能迅速疏散。

⑤应用巡检机器人。地埋厂人工巡检困难，可以设置巡检机器人，其具有观察范围广、准确度高、无人身安全隐患、视频可回溯等优点，可生成直观性强的曝气热力图及环境数据分析表，并给出巡检报告结论及建议。机器人采用智能辨识技术观察生物反应池水面曝气状况，可以解决池体加盖后的巡检难题，机器人可编程后在生物反应池盖板下来回行动，智能判断曝气均匀性、强弱度和曝气器完好率等指标并生成巡检报告。

（13）材料的选用。

地埋厂处于地面下，空气湿度较大，箱体内隔墙一般采用页岩墙体材料。图 4.21 中，加气混凝土块由于受潮后容易发生变形导致表面抹灰面开裂，不宜用作地埋厂的隔墙材料。

图 4.21　加气混凝土墙体

（14）阀门设计。

图 4.22 为尾水提升泵房出水管道，4 个提升泵通常不会全开，水流会在重力作用下从未开的泵及相应管道回流到泵房，因此，管道非水平安装时，应在相应的位置设置止回阀。

图 4.22　尾水提升泵房出水管道

(15) 楼梯坡度太陡。

一般楼梯坡度范围在 23°～45°之间，污水处理设计规范也规定“通向高架构筑物的扶梯倾角不宜大于 45°”。但进入地埋厂的运营人员有时会携带工器具或设备材料，楼梯倾角过大的话（见图 4.23），不仅舒适度体验较差，在通行安全上也是个问题，因此，在条件允许的情况下，楼梯倾角以尽量小于 38°为宜。

图 4.23　楼梯倾角过大

(16) 通道净空不足。

图 4.24 中，通道上设计有横向管道，但空间设计不细致，导致净空不足，会影响到运营人员正常通行。

图 4.24　通道净空不足

(17) 集水坑设置。

在有管道及用电设备的池、坑空间，必须设置集水坑和排水泵，以避免管道漏水导致电气设备损坏（见图 4.25）。

图 4.25　集水坑设置

在车道出入口底部必须设置集水坑和排水泵，如有雨水涌入能及时排出，防止箱体被淹。

（18）电气设备定位设计。

地埋厂内湿度较大，电气设备受潮的风险较传统地上厂大，为了保证控制柜等电气设备的使用寿命，必须仔细设计电气设备的平面位置，严禁设置在水流管道、通风管道下方（见图 4.26），以避免管道漏水损坏电气设备。

图 4.26　电气设备定位设计

（19）降噪设计。

地埋厂处于地下，虽然地表噪声远远低于传统地上厂，但地下箱体是一个密闭空间，箱体内的噪声得到增强，为保证后期运营人员的身体健康，在降噪设计上必须加以考虑。例如，罗茨鼓风机的噪声比磁悬浮鼓风机和离心鼓风机大，反硝化工艺段通常选用罗茨鼓风机提供反冲洗送风，这时就要增加减振消音设备，以有效避免喘振的发生。

（20）洞口盖板设计。

地埋厂的洞口较多，尤其是操作层。为保证使用安全，洞口盖板不应选用玻璃钢盖板，宜选用压花钢盖板或钢格栅盖板（见图 4.27 和图 4.28），有臭气产生的工艺池体为保证密闭性，不得使用钢格栅盖板。

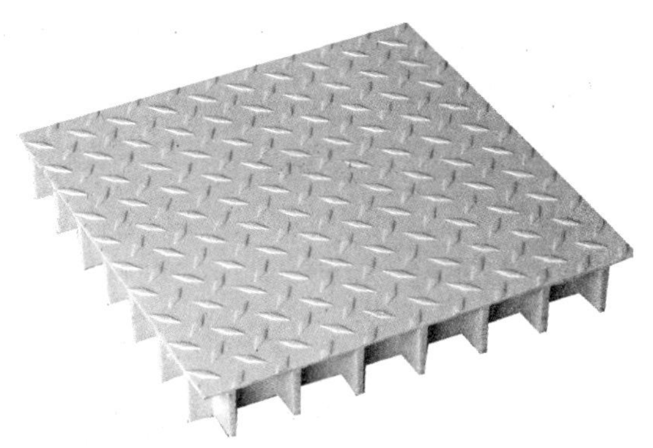

图 4.27　压花钢盖板

图 4.28　钢格栅盖板

操作层污泥和检修车辆通道上不应设置洞口及钢盖板（见图 4.29），如果确实不能避免，应专门做承载力计算。

图 4.29　车道不宜设置钢盖板

如果池体钢盖板尺寸较大，为便于后期巡检人员检查，应在钢盖板上设计方便移动或可开启的翻板装置（见图 4.30）。

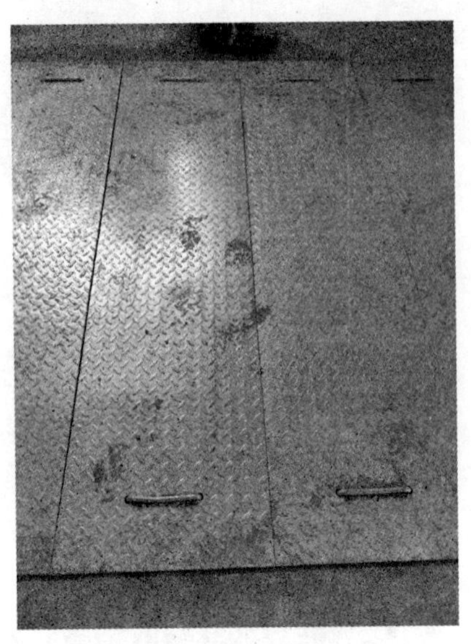

图 4.30　**盖板增加翻板装置**

（21）制约美观和实用因素的调整。

地埋厂设计的美观和实用主要从以下两方面考量：

①督促预埋件和预留孔设计和施工到位，工艺设备安装后才能保证无二次挪位，地面也无须再改动明管或桥架。

②安装施工中，因层高限制，如鼓风机房、脱水机房内，许多大型设备或一些渠道、池顶盖板处无法安装行车，造成安装、调试、检修维护起吊困难；同时设计时桥架和各类管道交叉冲突多，通风和除臭效果不佳等问题也普遍存在。

在建设地埋厂时，为兼顾美观、实用、人性化等，要求在设计阶段多做考察、对比和优化；而在施工阶段，建设、设计、施工单位需要紧密配合，严格按照图纸标准施工，尽可能在图纸施工前完成二次优化。

第 5 章　施工阶段过程管理

5.1　施工准备阶段的管理

5.1.1　准备阶段的业主工作程序

（1）业主办理工程建设手续的程序。在施工准备阶段，完成总承包单位和监理单位招标后，业主首先必须依据现行国家工程建设法规办理有关工程建设手续，相关手续的内容包括：

①施工图设计文件审查及备案；

②工程质量监督手续；

③工程安全监督手续；

④工程施工许可证。

（2）项目施工许可阶段工作流程（以成都市为例）。

①成都市市政类项目施工许可阶段的工作流程见图 5.1。

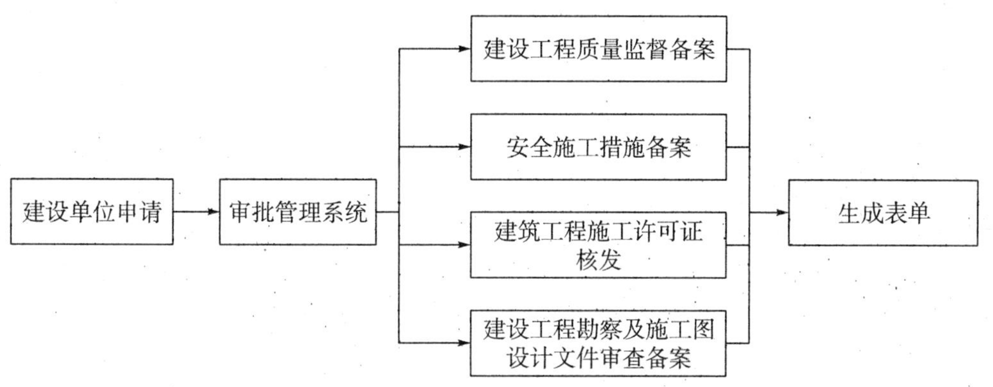

图 5.1　项目施工许可阶段的工作流程

②项目施工许可阶段涉及的技术审查见图 5.2。

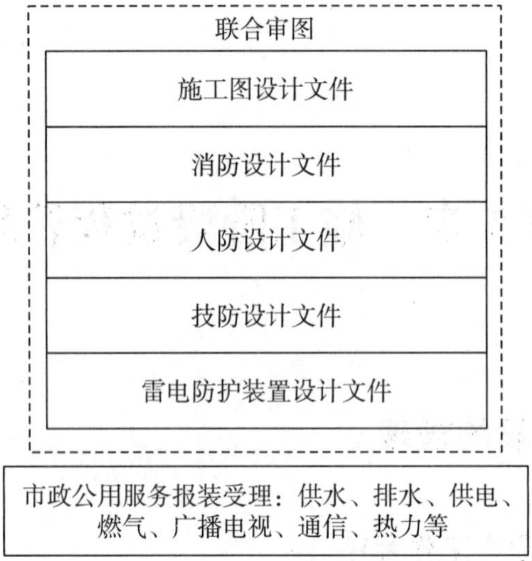

联合审图

施工图设计文件

消防设计文件

人防设计文件

技防设计文件

雷电防护装置设计文件

市政公用服务报装受理：供水、排水、供电、燃气、广播电视、通信、热力等

图 5.2　项目施工许可阶段的技术审查

③项目施工许可阶段的审批主线及辅线见图 5.3。

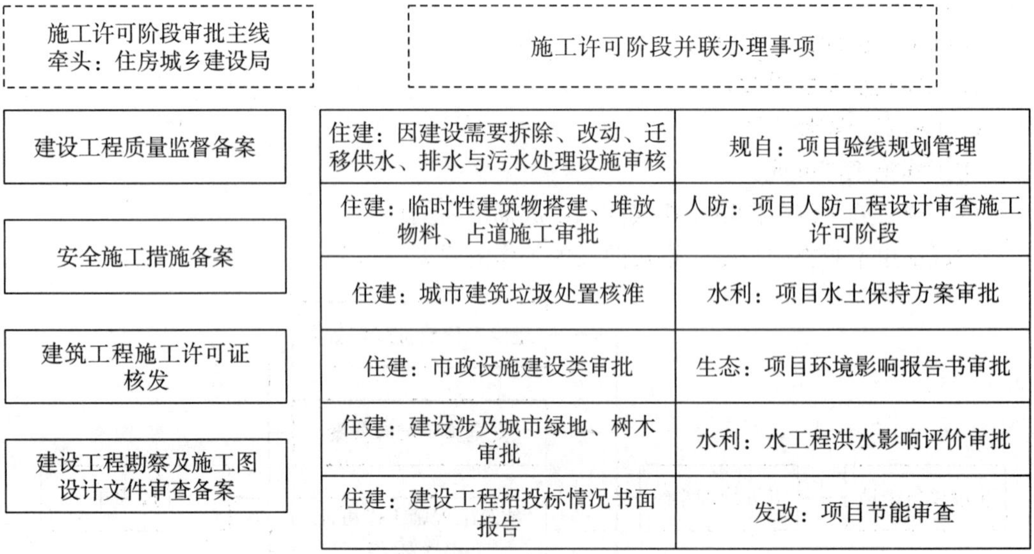

施工许可阶段审批主线 牵头：住房城乡建设局	施工许可阶段并联办理事项	
建设工程质量监督备案	住建：因建设需要拆除、改动、迁移供水、排水与污水处理设施审核	规自：项目验线规划管理
安全施工措施备案	住建：临时性建筑物搭建、堆放物料、占道施工审批	人防：项目人防工程设计审查施工许可阶段
建筑工程施工许可证核发	住建：城市建筑垃圾处置核准	水利：项目水土保持方案审批
建设工程勘察及施工图设计文件审查备案	住建：市政设施建设类审批	生态：项目环境影响报告书审批
	住建：建设涉及城市绿地、树木审批	水利：水工程洪水影响评价审批
	住建：建设工程招投标情况书面报告	发改：项目节能审查

图 5.3　项目施工许可阶段的审批事项

(3) 编制计划。业主项目组织机构在项目建设中需要根据项目管理规划来开展管理工作，项目管理规划一般包括总进度控制计划、质量计划、材料计划、资金计划、合同管理计划等，见图 5.4。

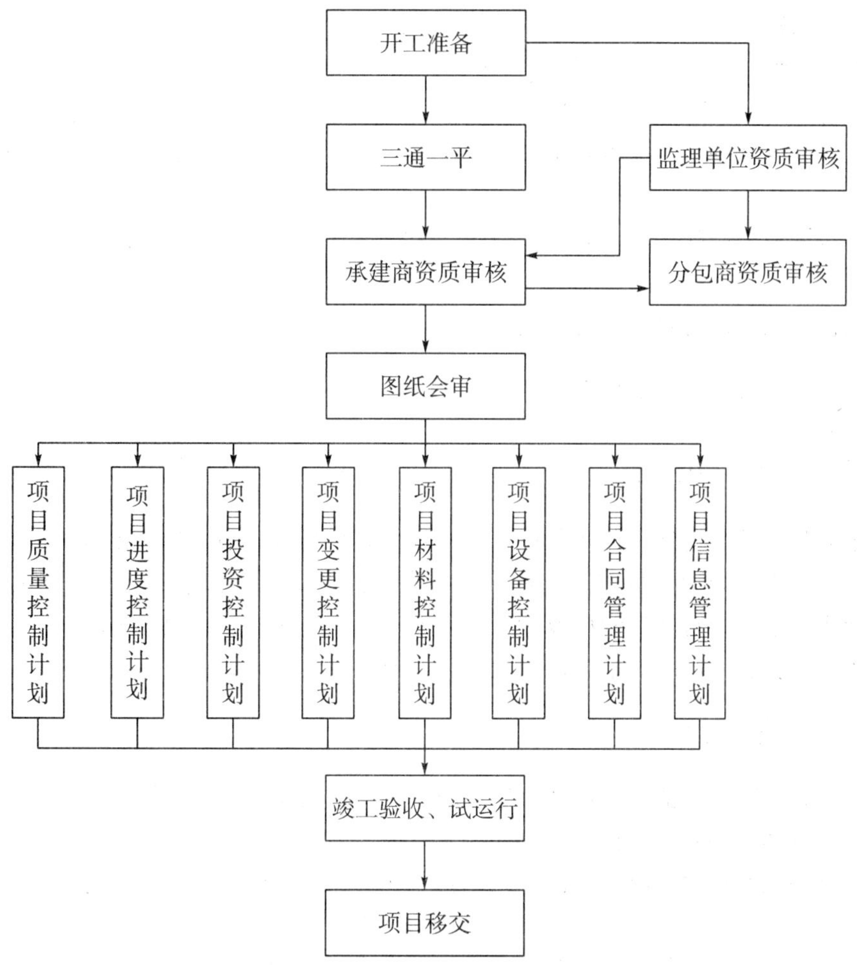

图 5.4　业主建设管理流程图

(4) 业主向监理单位提供有关资料。业主应向监理单位提供以下与工程建设有关的资料:

①经审查批准的施工图设计文件;

②与总承包单位签订的工程施工合同及有关文件;

③工程勘察资料，如工程测量、工程地质勘察报告、工程水文地质勘察报告等;

④与供应商(如材料供应单位、设备供应单位)签订的采购合同或协议;

⑤工程所需的外部设施情况及有关协议。

(5) 业主向总承包单位办理移交手续。为了使总承包单位加快施工准备工作，业主应尽早将施工现场的有关资料向总承包单位办理移交手续，主要如下:

①场地红线点及自然地貌情况，相邻各原有建筑物的详细情况，包括基础类型、埋置深度、持力层、建筑物主体结构类型、层数、总高等;

②水准点、坐标点交接;

③施工临时用水水源、用电电源接驳点及其管径、流量、容量等，如已装有水表、电表的，应办理水表、电表读数确认手续;

④占道及路口的批准文件、具体位置及注意事项；

⑤地下电缆、气管、水管等管线情况；

⑥施工排污口及市政对施工排水的要求；

⑦如果施工现场处于文物埋藏区域，应提醒总承包单位注意保护可能碰到的地下文物；

⑧按合同规定份数向总承包单位移交施工图文件、工程地质勘察报告及有关技术资料；

⑨其他施工单位需要了解的情况。

5.1.2 准备阶段的业主管理

5.1.2.1 组织机构建立

业主通过服务采购确定监理单位，将项目的管理权和部分决策权移交给监理单位，才能致力于谋划和处理项目实施中的重大问题。监理单位在施工现场组建项目监理机构，而业主为了实施对项目的有效管理，需要建立业主的项目管理团队。

业主的项目管理团队是临时性组织，代表业主履行合同的权利和义务。

5.1.2.2 准备工作

（1）负责办理土地征用、拆迁补偿、施工现场地上及地下障碍物的清除、场地平整等，使施工现场具备施工条件。

（2）将施工所需水、电、电信线路从施工场地外部接至合同中约定的地点，保证施工的需要。

（3）开通施工场地与外界道路的通道，以及合同中约定的施工场地内的主要道路，以满足施工运输的需要，保证施工期间出入场地的道路畅通。

5.1.2.3 现场查勘及清理

（1）业主接收土地后，项目部应对场地进行现场查勘，对场地内的情况进行详细的了解。

（2）正常情况下，已收地块内的拆迁、迁坟、青苗补偿、复垦协议、高压线的迁移等都应在前期协调督促下由当地政府相关部门完成。

（3）因各种原因的影响，收地后仍有部分迁移工作尚未完成，可能影响工程建设进度。因此，项目部进场后，应积极协助协调相关部门解决，进一步清理场地。

（4）前期人员应向项目部通报原有地下管网的情况，项目部应探明地块内电信、煤气、给水排水管，特别是军用光缆、石油、天然气管的分布、走向情况，如果影响工程施工，应及时协调解决。

（5）地块内的林木砍伐，必须申报取得砍伐证后，根据砍伐方案组织砍伐，并且根据实际地形与总体规划进行比较。砍伐如果对周边环境破坏大，应及时反馈并进行调整后，再实施砍伐。

5.1.2.4　技术准备

（1）工程开工前，业主组织设计单位对总承包、监理单位进行技术交底。

（2）审批总承包的施工组织设计，包括大型机械、安全、基坑支护、降水等专项施工方案、组织技术措施等。

（3）针对项目拟采用的新技术、新工艺、新材料，不符合现行强制性标准规定的，业主应组织专题技术论证，并报政府建设管理部门审定。

（4）协调处理施工现场周围地下管线，邻近建筑物、构筑物，以及古树名木等的保护工作。

（5）审查监理单位现场监理组织机构的组建情况，审查总承包现场组织机构的组建情况。

5.1.2.5　其他准备工作

（1）落实项目资金，按合同约定向总承包支付预付款；同时，向监理单位支付首期监理服务酬金。

（2）负责明确监理单位的项目管理权、监理单位主要成员及其职能分工，及时书面通知已选定的总承包，并在与总承包签订的施工合同中明确。

（3）负责向监理单位提供与项目有关的原材料、构配件、设备等生产厂家名录，提供与项目有关的协作单位名录。

（4）做好在施工合同、监理合同的条款内所约定的其他工作。

5.1.2.6　第一次工地会议

项目开工前，业主主持召开第一次工地会议。参加会议的人员包括：业主代表、监理单位总监理工程师及专业工程师、总承包方项目经理及管理人员（必要时专业分包方项目经理也参加）。第一次工地会议应包括以下内容：

（1）业主、总承包方和监理方分别介绍驻现场的组织机构、人员及分工。

（2）业主根据监理合同宣布对总监理工程师的授权。

（3）业主介绍工程开工准备情况。

（4）总承包方介绍施工准备情况。

（5）业主和总监理工程师对施工准备情况提出意见和要求。

（6）总监理工程师介绍监理规划的主要内容。

（7）研究确定各方在施工过程中参加工地例会的主要人员，召开工地例会周期、地点及主要议题。

第一次工地会议结束后，会议纪要应由监理单位负责起草，并经与会各方代表会签。

5.1.2.7 开工报告的审批

（1）开工条件。工程开工前，业主应要求总承包方向监理方提出开工申请报告，具备下列条件方可批准开工：

①施工许可证已办妥（或质监、安监提前介入手续）；

②施工图已会审；

③施工组织设计已审批；

④施工现场已具备开工条件。

（2）工程开工报告审批流程。工程开工报告审批流程见图5.5。

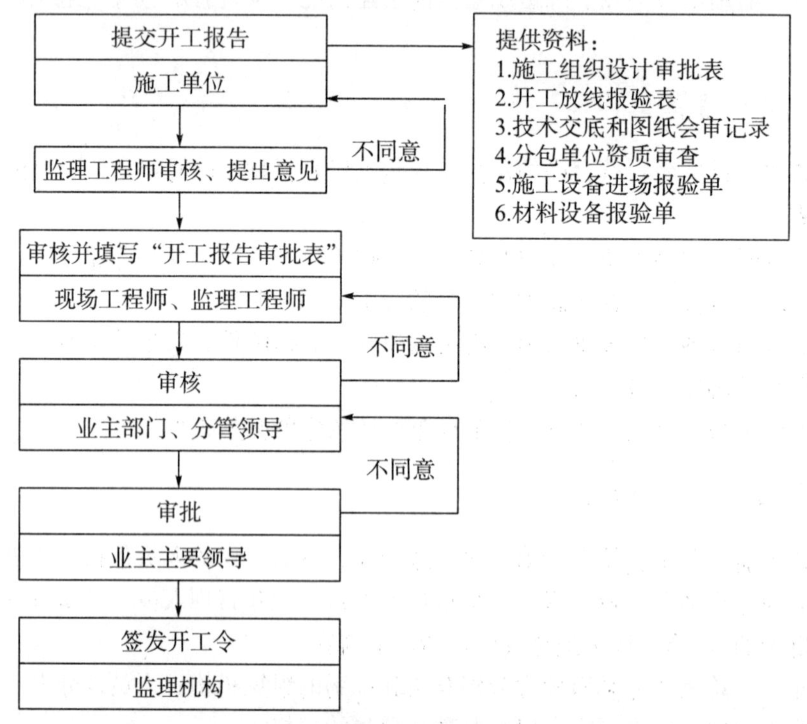

图5.5 开工报告审批流程图

（3）工程开工报告审查内容。业主应从以下两方面审查开工报告：

①形式审查。审查总承包方提交的资料是否齐全，监理方是否提出了通过意见。

②实质审查。内容包括：进场道路及水、电、通信等已满足开工条件；征地拆迁工作能满足工程进度的需要；机具、人员已进场，主要工程材料已落实；施工组织设计已获批准；施工许可证已获审批（含质监、安监提前介入手续）。

5.1.3　准备阶段的关键工作

5.1.3.1　拆迁工作

一般情况下，地埋厂拟建场地上及地下会有不同的障碍物，在正式施工前必须予以迁改或拆除，各种障碍物清除所需时间随权属单位的不同而不同。

（1）电力通道。常规低压电迁改相对简单，如果是 110 kVA 及以上的，通常归省级电力部门管辖，迁改时间基本上在 6 个月以上，需提前安排办理迁改手续。

（2）油气管道。常规居民用燃气管道迁改相对简单，如果是大型输油或输气管道，通常归中石油或中石化区域部门管辖，且需上报经信部门，按年度安排停气、停油计划，迁改时间基本上在 1 年以上，需提前安排办理迁改手续。

（3）军事光缆。通常重要的军事光缆迁改的可能性较低，因此，在选址时就要认真研究，以免影响地埋厂后期建设。

（4）坟地。有些坟地并无明显标志，在接收场地后，应走访周边居民，了解相关情况，以免引起拆迁纠纷。如果有，应积极商谈迁移费用，并错开春节、清明等关键节气。

5.1.3.2　地下障碍物的排查

提前排查拟建地址及周边地下有无油罐、管廊、洞室及地铁等障碍物，如果有，就需要结合障碍物的深度及位置研究深基坑支护体系方案，慎用锚索。

5.2　施工特点、难点分析

5.2.1　施工特点

地埋厂施工有别于传统的地上厂，在施工方面具有以下特点：

（1）地埋厂占地面积小，一般只有地上厂的 1/3，然而这也给施工带来了很大的难度，除去深基坑，基坑边离红线的间距很小，地上可以利用的空间十分有限，通常地下箱体外壁更是紧贴红线设计，材料设备无法运送至施工部位，材料的储备、加工、厂内运输难度都非常大。

（2）地埋厂项目分部分项工程内容多，涉及专业技术覆盖面广，包含降水工程、深基坑支护工程、地下构筑物工程、各类水处理构筑物、附属管理用房等建筑物以及其他附属工程的主体工程、装修工程、机电设备采购及安装工程、自动化控制系统以及厂区道路、给排水等工程。

（3）构筑物占地面积大，布置较为集中，施工及结构用材料、设备水平运输距离长，因此，优化水平、垂直运输机械的布置，组织好场内材料运输路线，可大大提高施工效率。

（4）土方工程量大，10 万吨规模的地埋厂土方开挖总量可达到 60 万 m^3，在渣土运输管控、扬尘治理的大环境下，土方外运将受到极大的限制，土方工程成为影响工期的较大因素。由于地埋厂厂区占地面积小，地上空间有限，场内临时堆放土方基本不可能，土方平衡无从谈起，后期基坑和顶部填土还需要外购土方。

（5）由于地埋厂采用全地埋设计，水处理构筑物、操作空间、地下交通、综合管线均集中在一个地下箱体内部，埋设于地下，因此需要进行基坑支护。深基坑通常采用旋挖灌注桩加锚索、双排旋挖灌注桩、旋挖灌注桩加内支撑或咬合桩的形式，土方开挖要在深基坑支护体系形成作用后才能进行，因此支护方案的选择对深基坑施工效率和安全的影响不容忽视。

（6）因水处理构筑物的特殊性，以及地埋厂的综合管线种类多、数量大，相互穿插，十分复杂，此外加上各类水处理设备需要安装，二次结构浇筑、预埋构件十分繁多，精度要求也比较高。

（7）地埋厂施工中工程交叉作业多，土建与安装、装饰难免交叉施工，厂区管网与主体工程也可能存在交叉，施工要进行合理的组织安排，穿插进行。由于地埋厂集约化的设计，整个污水处理厂构建筑物、工艺管线、电气、通风除臭等综合管线、地下交通全部集中设计在一个地下箱体内，结构相对复杂、管线交叉严重。

（8）由于地埋厂需要分区施工，而各单体、各分区之间没有过渡空间，施工集中在一起，相互干扰，且一般工期都较紧，材料运输冲突，严重制约工程进度。地埋厂臭气需要收集处理，水处理构筑物基本上需要做封闭处理，有别于一般的敞口式污水厂，只是在必要的地方预留了一些检修、吊装孔，而水处理构筑物高度高，周转材料的消耗量非常大，混凝土完成后，周转材料的拆除、转运难度非常大，耗时费力。

（9）由于箱体全部设置在地下，箱体又是超长混凝土结构，易产生变形和收缩裂缝，混凝土抗渗控制难度高，地下箱体的防水、防渗控制要求很高。

5.2.2 施工难点

（1）分部分项工程内容涵盖深基坑、结构、建筑、设备、机电、自动化等多个专业，涉及技术面较广。

（2）地下箱体基坑支护形式通常采用钻孔灌注桩加四道预应力锚索（局部五道）。基坑开挖量大，安全风险高，土质分层多，土方开挖方法与次序的安全、进度影响较大。

（3）工程体量大，构筑物占地面积大，尤其是 10 万吨规模的地埋厂箱体面积可达 35000～40000 m^2，需保证材料运输能力和效率。地下箱体面开阔，汽车泵在基坑外浇筑均无法保证全面覆盖，中部存在较大区域盲区，混凝土浇筑困难。

（4）根据地埋式设计特点，各处理构筑物多数进行了加盖设计，导致负二层周转材料拆除，二次混凝土及设备安装吊装难度相对传统污水处理厂有质的区别。

（5）地下箱体筏板厚度通常在 1000 mm 以上，属大体积混凝土，施工水化热控制要求高；后浇带与施工缝施工设置较多，模板的支设、止水带的埋置、混凝土的浇捣是关键；对混凝土的抗渗、抗裂、抗腐蚀及耐久性有较高的要求。因此需要编制专项施工方案，明确混凝土浇筑顺序、分批和分次浇筑体量等，确保混凝土施工质量。

（6）地埋厂多数工艺设备属于非标产品，安装过程中存在大量二次结构施工和预留预埋件施工，其精确性会影响后期工艺设备正常运行，必须编制专项施工方案。

5.3　施工阶段质量管理

5.3.1　施工阶段质量管理概述

5.3.1.1　质量管理

质量管理是指在质量方面指挥、控制和组织的协调活动，包括围绕工程质量的策划、组织、计划、实施、检查和监督、审核等一系列工作。质量控制是在明确的质量目标条件下通过行动方案和资源配置的计划、实施、检查和监督来实现预期目标的过程。

地埋厂项目质量问题关系重大，其质量的优劣不仅直接关系到项目的使用功能和使用寿命，还关系到用户利益、人民群众生命与财产安全、社会经济的稳定。如果地埋厂出现严重的质量问题，不仅会造成重大的人身伤亡事故，还会带来环保事故，引发不良的社会影响。

为确保工程质量，业主应做好以下工作：

（1）项目前期阶段的策划要能预测项目实施阶段和项目运营阶段（或使用阶段）对工程质量影响的因素。

（2）选择具备相应资质等级、经验丰富、信誉良好的勘察、设计、施工、货物供应、监理等单位，并在合同条款中明确约定双方的质量责任。

（3）严格按要求完成设计文件、施工组织设计和监理规划的审查。

（4）严格执行项目实施阶段的质量控制，如图纸会审与技术交底、施工准备检查、材料机具供应检查及施工中的质量控制。

（5）强化质量信息反馈，通过组织、沟通与协调的方式进行全面质量管理。

5.3.1.2 质量的控制管理流程

(1) 土建工程的质量管理流程（见图 5.6）。

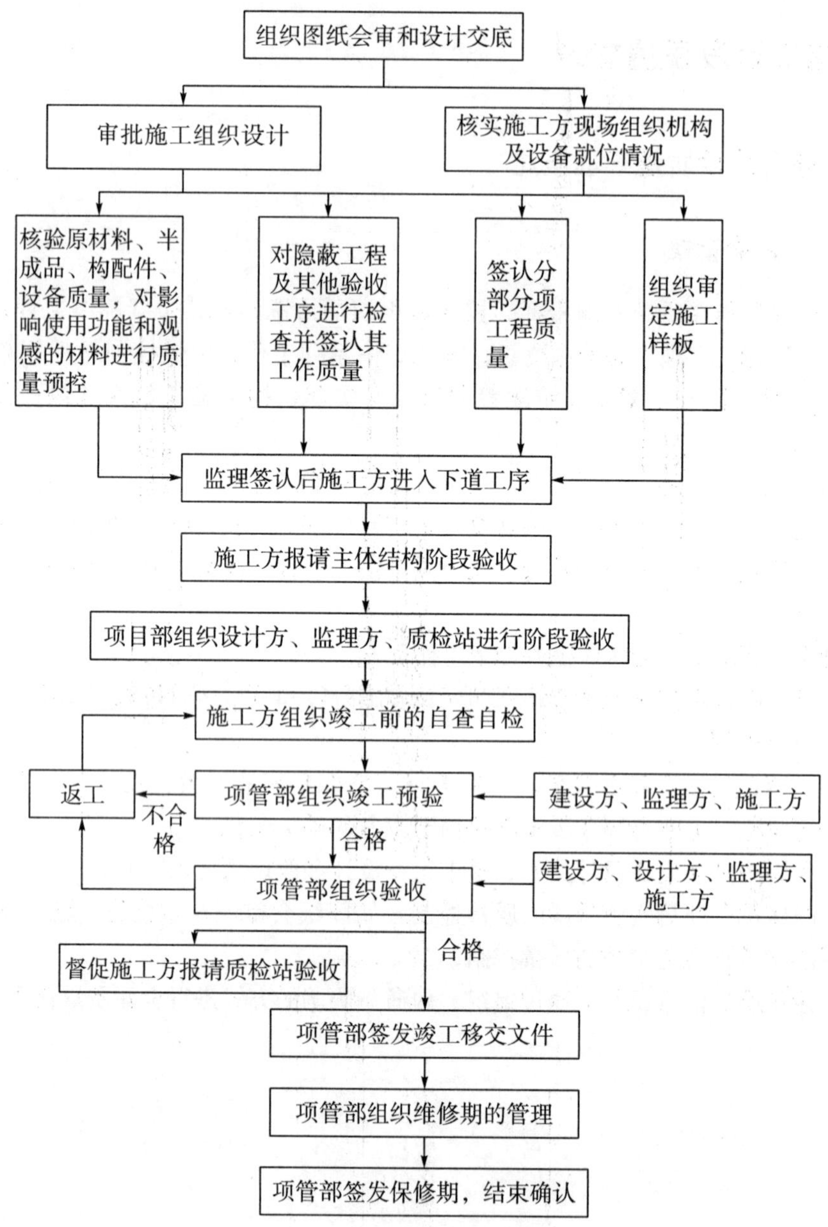

图 5.6 土建工程的质量控制流程图

(2) 安装工程的质量管理流程（见图 5.7）。

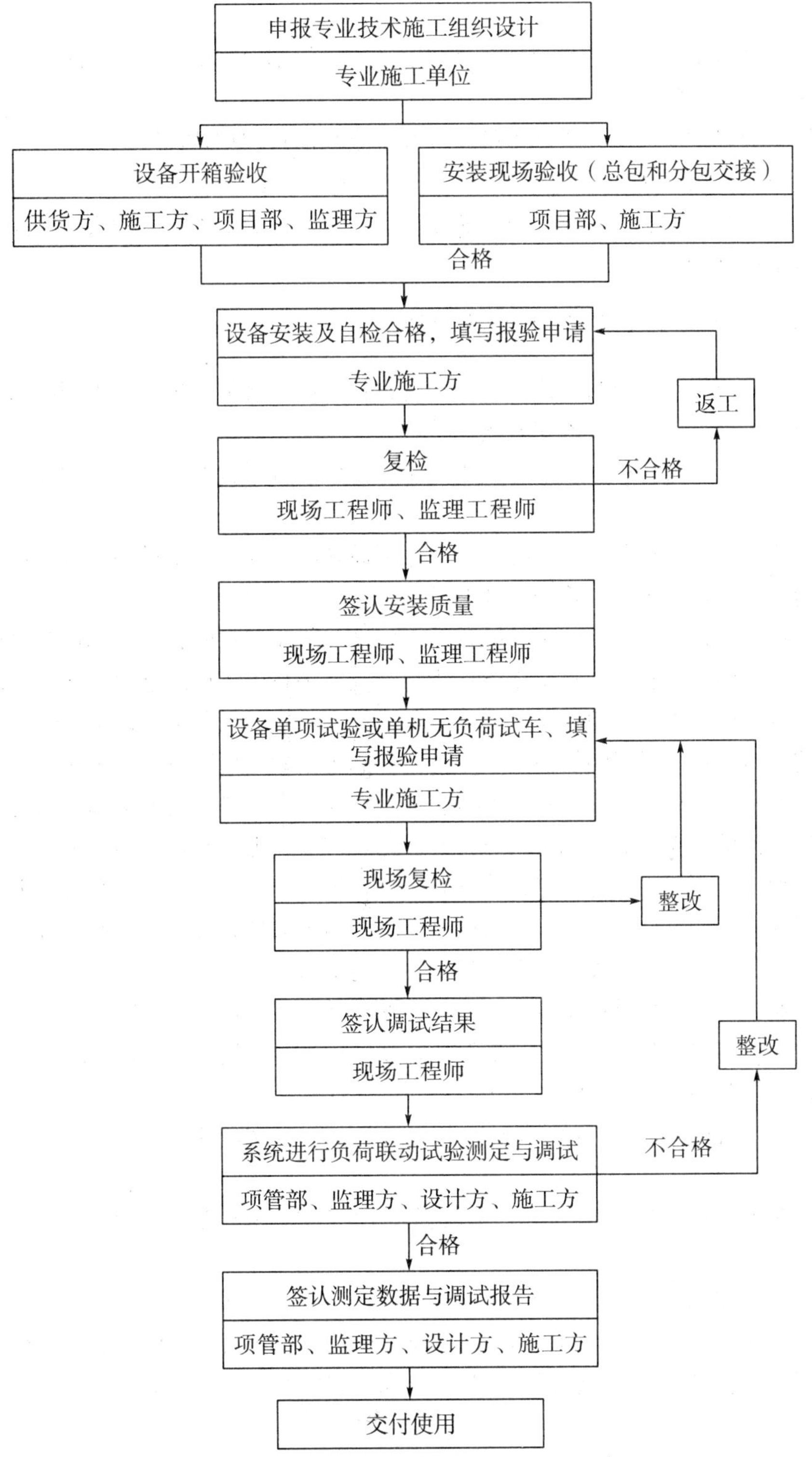

图 5.7　安装工程的质量控制流程图

5.3.1.3 业主的工程质量责任与义务

现行的《建筑法》《建筑工程质量管理条例》等法律法规，对业主的工程质量责任与义务做出了明确的规定。

全国各地对质量管理的重视度越来越高，近日四川省住建厅印发《关于落实建设单位工程质量首要责任的若干措施》，2022 年 1 月 1 日起施行，再次明确：对于工程质量，建设单位负首要责任，建设单位法定代表人和项目负责人在工程设计使用年限内对工程质量承担终身责任。

5.3.1.4 业主在施工阶段的质量管理

（1）开工前，业主应组织设计单位进行设计交底，督促监理单位组织图纸会审；督促监理单位对总承包方的技术交底进行核查。

（2）业主为项目的第一质量责任人，负责监督检查项目各参与方的现场质量保证体系落实情况。

（3）业主监督监理单位对工程材料（包括原材料、成品、半成品、构配件等）的验收审查情况，严格实施质量检测见证取样送样。

（4）业主监督监理单位的工序控制、隐蔽工程的验收程序、关键部位和关键工序的旁站监理、中间检查验收和技术复核行为；责成监理单位督促总承包方在提交隐蔽工程验收前认真做好自检、复检工作，所有隐蔽工作未经监理工程师签证不得进行下道工序施工；监督监理单位组织的检验批、分项、分部工程的施工质量验收工作。

（5）业主应要求各参建方管理人员和操作工人都通过专业技术培训，取得合格证或上岗证后，持证上岗。如果总承包方技术业务低劣、管理混乱，长期忽视施工质量，建设业主有权撤换不合格的总承包方管理人员；如果监理方的技术业务水平低下、管理混乱，长期忽视施工质量，建设业主有权撤换不合格的监理人员。建设业主应督促监理单位严格按照监理规划、监理实施细则进行工程施工监理。

（6）业主应要求总承包单位对重要的分部分项工程实行打样制度。

（7）业主组织或参与工程质量协调会，及时分析、通报工程质量状况，解决工程质量问题，并协调各参与方的配合工作。

（8）要求监理单位加强对质量管理资料及其他工程文件的收集与管理，并保证资料的真实性、正确性、规范性。

（9）业主及时组织各方参与各阶段的调试工作，做好试运行准备工作、调试记录等。

（10）业主组织单位工程竣工验收工作。

（11）工程竣工验收后，业主应按当地《市政基础设施工程竣工验收备案管理规定》，自工程竣工验收合格之日起 15 日内，向工程所在地县级以上政府建设行政主管部门备案。

（12）业主应积极协助或配合质量监督机构对工程质量的监督工作。

（13）业主应参与工程质量事故的调查分析与处理工作，包括：

①责成监理单位认真履行管理职责，控制施工工序质量，及时发现，早期处理，达到预控为主，避免漏检和失检。

②对已出现的施工质量事故，参与监理单位召集质量事故处理会议，并对事故处理的全过程进行监督、检查。

③凡确定为重大质量事故的，施工单位在研究处理方案时，业主应请质量监督机构、设计单位参加研究，必要时可邀请有关专家，提出事故分析处理意见。

5.3.2　施工质量控制重点环节

项目施工质量控制的重点环节包括：质量控制点的确定，施工环境的控制，原材料、构配件的质量控制，施工机械设备性能及工作状态的控制，施工测量、试验及计量器具性能、精度的控制，见证取样送检工作的监控，质量的自检、检查与复核，施工现场劳动组织及作业人员上岗资格的控制，成品保护，监理单位的停工令等。

5.3.2.1　工程质量问题的分类

工程质量问题是指那些投入使用后由于工程质量不合格带来的问题，一般分为工程质量缺陷、工程质量通病、工程质量事故三类。

（1）工程质量缺陷。工程质量缺陷是指工程质量不符合工程建设强制性标准以及合同约定，也就是工程达不到技术标准允许的技术指标的现象。

（2）工程质量通病。工程质量通病是指各类影响工程结构、使用功能和外形观感的常见性质量损伤。

（3）工程质量事故。工程质量事故是指由于建设、勘察、设计、施工、监理等单位违反工程质量有关法律法规和工程建设标准，在工程建设过程中或交付使用后，使工程产生结构安全、重要使用功能等方面的质量缺陷，造成人身伤亡或者重大经济损失的事故，包括：

①经济损失达到较大的金额。

②有时造成人员伤亡。

③后果严重，影响结构安全。

④无法降级使用，难以修复时，必须重建。

5.3.2.2　工程质量问题产生的原因

工程质量问题的表现形式千差万别，类型多种多样。例如，结构倒塌、倾斜、错位、不均匀或超量沉降、变形、开裂、渗漏、强度不足、尺寸偏差过大等。究其原因，主要有以下几个方面：

（1）违反建设程序和法规。

①违反建设程序。不按建设程序办事，项目无可行性论证，设计未完成仓促开工，无证设计、无图施工，不经竣工验收就交付使用等。

②违反有关法规和工程合同的规定。越级设计、越级施工，工程招标投标中的不公平竞争，超常的低价中标，违法的转包或分包。

（2）设计计算问题。设计中盲目地套用图纸，采取不合理的结构方案，计算模型与实际受力情况不符合，荷载取值过小，内力分析有误，沉降缝或变形缝设置不当，悬臂、悬挑结构未做抗倾覆验算，计算中有错误，以及设计构造未考虑，或者考虑不周全。

（3）地质勘察资料失真。未认真进行地质勘察或勘探时钻孔深度、间距、范围不符合规定要求，地质勘察报告不详细、不准确、不能全面反映实际的地质情况等，从而对地下情况了解不清，或对基岩起伏、土层分布误判，或未查清地下软土层、墓穴、孔洞等，均会导致采用不恰当或错误的基础方案，造成地基不均匀沉降、失稳，使上部结构发生破坏。

（4）施工管理问题。不按图纸施工或未经设计单位同意擅自修改设计，原材料、半成品、成品及设备未经检验合格就使用。

（5）自然环境因素。自然环境因素包括低温、高温、炎热干燥、狂风暴雨、雷电冰雹等。

（6）使用者不当使用。

5.3.2.3 质量控制点的确定

质量控制点是为了保证建设项目施工质量，将施工中的关键部位、薄弱环节作为重要点进行控制的对象。监理方和总承包方应首先确定质量控制点，并分析其可能产生的质量问题，制定对策和有效措施加以预控。

对建设项目质量影响大的关键工序、操作、施工顺序、技术、材料、机械、自然条件、施工环境等均可作为质量控制点来控制，具体包括：

（1）施工过程中的关键工序或环节以及隐蔽工程，例如地埋厂的深基坑支护、大体积混凝土的浇筑、高大支模架的搭设等。

（2）施工中的薄弱环节或质量不稳定的工序、部位，例如抗渗混凝土的浇筑、设备基础二次找平施工等。

（3）对后续工程施工或对后续工序质量或安全有重大影响的工序、部位或对象，例如水渠、堰口标高控制等。

（4）采用新技术、新工艺、新材料的部位或环节。

（5）施工上无足够把握的、施工条件困难或技术难度大的工序或环节。

5.3.2.4 质量控制的方法

（1）施工前质量控制。

①审查设计方、总承包方、监理方及其人员的资质，以确保参与单位和人员有完成工程并确保其质量的技术能力和管理水平。

②督促总承包方落实现场施工准备，主要包括测量控制网布置、高程点引测，三通一平、生活生产设施准备，原材料试验，混凝土配合比设计。

③督促各参与方建立项目组织机构，安排施工队伍进场，对施工人员进行技术培训、教育。

④对工程所需的原材料、半成品和各种加工预制品的质量进行检查与控制。必要时，先鉴定样品，经鉴定合格的样品应予封存，作为材料验收的依据。

⑤对永久性设备或装置，应按审批的设计图纸采购和订货；设备进场后，应进行抽查和验收；主要设备还应按交货合同规定的期限开箱查验。

⑥审查总承包方提交的施工方案、施工组织设计和设备、材料进场计划，其中主要审查施工方法和施工顺序是否科学合理，有无工程质量方面的潜在危害，保证工程质量的技术措施是否得当。

⑦完善现场质量管理制度，包括现场会议制度、现场质量检验制度、质量统计报表制度和质量事故报告及处理制度等。

⑧组织设计交底和图纸会审，并做好会议纪要。

⑨把好开工关，监理工程师对现场各项施工准备工作进行检查，在符合要求后，才发出开工令。

（2）施工中的质量控制。

①认真研究设计图纸文件、技术说明书和有关规范、标准，制定详细的质量保证措施，对施工过程中的各个环节实行严格的质量控制和监督，推行全面质量管理。

②建立健全质量保证体系，严格按质量保证体系规定的权责利运作，把质量管理的每项工作，具体落实到每个部门、每个员工身上，使质量工作事事有人管、人人有专职、办事有标准、工作有检查，使每个参与者都担起质量责任。

③定期组织质量教育，牢固树立质量第一的观念，在每道工序施工前，必须向有关操作人员做好技术交底，使其明确工序操作规程及质量要求，不懂操作工艺、不懂质量标准的人员严禁上岗作业。

④施工过程中，要对人、机械、材料、方法、环境五大质量因素进行全面控制。

⑤督促监理方和总承包方严格落实工序控制，把影响工序质量的因素都纳入管理。严格执行三检制，上道工序不合格不能进入下道工序施工。隐蔽工程必须在内部检查通过后，再请监理方和设计方检查，同意并签字后方可实施隐蔽工程施工。对监理方提出的问题，应监督整改，直至合格。

对完成的分项、分部工程，应按有关质量评定标准进行检查、验收；其中地基与基础工程完成后，应由监理组织有关方面进行验收，再报当地质量监督部门进行检验；在检验合格后，方可进行主体施工，主体施工完成后，必须经过验收，并经当地质量监督部门进行检验，同意后方可进行装饰装修施工。

总监理工程师必须对重要质量控制点安排旁站监督，做好相关台账，将旁站记录记入施工日志，及时处理并上报施工中的突发事件。重要控制点包括勘探施工、工程桩施工、护壁工程施工、设备吊装、施工关键部位装修、重要设备安装、混凝土浇捣施工及认为有必要实行旁人监督的工程（见图5.8）。

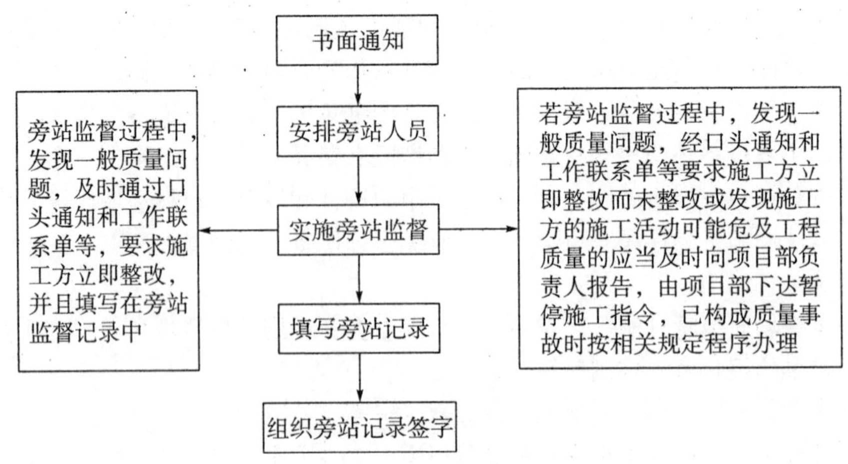

图 5.8　旁站监督工作流程图

⑥督促各参建方做好工程资料整理工作，施工记录、质量检查表格、隐蔽工程验收记录、试验记录、单元工程、分部分项工程验收等施工过程的原始资料，要及时整理、分析，发现影响工程质量的问题，立即采取措施补救、纠正，以保证工程质量。

⑦督促总承包方做好成品、半成品的保护工作，并合理安排施工顺序，防止后道工序损坏或污染前道工序；同时，对已完成的成品、半成品，采取妥善措施加以保护，以免造成损伤或影响工程质量。

（3）施工后质量控制。

①按规定的质量评定标准，对已完成的分项工程、分部工程和单位工程进行检查验收。

②组织单机、联动调试和试运行。

③审核施工方提供的工程质量检验报告及有关技术文件。

④审核施工单位提交的竣工图。

⑤整理本工程项目质量的文件。

5.3.2.5　自检、检查和复核

（1）总承包方的自检。总承包方（包括分包方）是施工质量的直接实施者和责任者。总承包方的自检体系表现在以下几个方面：

①作业活动的实施者在作业结束后必须自检。

②总承包方专职质检员的专检。

③不同工序交接必须由相关人员交接检查。

（2）监理单位的检查。监理单位的质量检查与验收是对总承包方的作业活动质量的复核与确认，但是监理单位的检查不能代替总承包方的检查。

（3）监理单位的复验。凡涉及关键性的技术工作，总承包方应进行技术复核，这是其应履行的技术工作责任，其复核结果应报送监理单位复验确定后，才能进行后续的相关施工。技术复核的对象包括工程的坐标定位、轴线、标高，预留洞口的位置和尺

寸等。

5.3.2.6　工程质量检测

（1）工程质量检测的概念。

工程质量检测是指工程质量检测机构接受业主委托，依据国家有关法律、法规和工程建设强制性标准，对涉及结构安全项目的抽样检测和对进入施工现场的建筑材料、构配件的见证取样检测。检测内容可能涉及有关工艺、力学、物理学或化学等性能的测定检验。

建设部颁布的《建筑工程质量检测管理办法》（2015年修正版）明确了对建设工程质量检测活动的监督管理，对工程质量检测机构实施资质管理。

（2）工程质量检测的基本要求。

工程质量检测作为质量控制的重要方法和手段，是一个全过程控制的概念。业主、监理单位、施工单位、检测单位等应熟悉、掌握工程质量检测的基本要求。

①对工程质量检测机构的情况了解、考察，如专业类型、资质等级、人员持证等。

②熟悉工程施工质量验收规范对材料、成品、设备等的检测要求，如数量、批次等。

③掌握送检材料、设备的来源、生产厂家、数量批次及在现场使用等信息。

④熟悉本工程所需检测的项目、内容、数量、部位、试验方案，必要时应事前制定工程质量检测计划。

⑤熟悉工程质量检测的取样、送样，送样人员、见证人员的有关知识及其程序。

⑥熟悉试样制作、标识、取样方法、比例、数量、具体日期等事项。

5.3.2.7　停工令

监理单位有权行使质量控制权，在出现下列情况时，可下达停工令，及时进行质量控制和整改：

（1）施工活动存在重大隐患，可能造成质量事故或已经造成质量事故。

（2）总承包方未经许可擅自施工或拒绝监理单位的管理。

（3）施工中出现质量异常情况，经提出后总承包方未采取有效措施，或措施不力未能扭转这种情况。

（4）隐蔽作业未经查验确认合格，而擅自封闭的。

（5）已发生质量事故迟迟未按监理单位要求进行处理，或者已发生质量缺陷或事故，如不停工则质量缺陷或事故将继续发展。

（6）未经监理单位同意，承包方擅自变更设计或不按图纸进行施工。

（7）未经资格审查的人员或不合格人员进入现场施工。

（8）使用的原材料、构配件不合格或未经检查确认，擅自采用未经审查的代用材料。

（9）擅自使用未经监理单位审查认可的分包单位进场施工。

5.3.3 施工阶段的中间验收

施工阶段的中间验收包括基槽（基坑）验收、隐蔽工程验收、检验批和分项分部工程的验收。

（1）基槽（基坑）验收。

基槽（基坑）开挖是项目基础施工中的一项重要内容，由于其质量状况直接影响后续工程质量，因此作为一个关键工序进行质量验收。

基槽（基坑）开挖质量验收主要涉及地基承载力的检查确认；地质条件的检查确认；开挖边坡的稳定及支护状况的检查确认。由于其部位的重要性，基槽（基坑）开挖的验收需要五方责任主体的有关人员参加，并请质量监督机构参加。经现场检查、测试确认其地基承载力是否达到设计要求，地质条件是否与设计相符。如相符，则共同签署验收资料。如达不到设计要求或与勘察、设计资料不符，则应采取加固措施进行处理，由设计单位提出处理方案，经总承包方实施完毕后重新验收。

（2）隐蔽工程验收。

隐蔽工程验收是指对工程某道工序完成后无法进行复查的工程部位所做的验收。在施工过程中，会出现一些后一工序的工作结果掩盖了前一工序的工作结果的隐蔽工程，如地下基础的承载能力和断面尺寸，打桩数量和位置，钢筋混凝土工程的钢筋，各种暗配的水、暖、电、卫管道和线路等。由监理单位、施工单位、设计单位等在隐蔽工程隐蔽前验收，在隐蔽工程验收通过后，方可进行隐蔽工程。

隐蔽工程验收的程序如下：

①隐蔽工程施工完毕后，总承包方按有关技术规范、规程、施工图纸先进行自检，自检合格后，填写《报验申请表》，附上相应的隐蔽工程检查记录及有关材料证明、试验报告、复试报告等，报送监理单位。

②监理单位收到报验申请后先对质量证明进行审查，并在合同约定的时间内到现场检查，总承包方的专职质检员及相关技术、施工人员应随同一起到现场。

③经现场检查，如符合质量要求，监理单位在申请表及隐蔽工程检查记录上签字确认，准予总承包方隐蔽、覆盖，进入下一道工序施工。如经现场检查发现不合格，监理单位签发“不合格项目通知”，指令总承包方整改，整改后自检合格再报监理单位复查。

（3）检验批和分项分部工程验收。

①检验批质量验收。检验批验收内容包括资料检查、主控项目和一般项目的检验、检验批的抽样方案、检验批的质量验收记录等。检验批的质量验收应由专业监理工程师组织总承包单位项目技术负责人、专职质检员等进行。

②分项工程质量验收。分项工程的验收在检验批的基础上进行，可将有关的检验批汇集成分项工程。分项工程的质量验收较简单，只要构成分项工程的检验批的验收资料文件完整，并且均已验收合格，则分项工程验收合格。

③分部工程质量验收。分部工程的验收在分项工程的基础上进行，可将有关的分项工程汇集成分部工程。分部工程的质量验收较简单，只要构成分部工程的分项工程的验收资料文件完整，并且均已验收合格，则分部工程验收合格。分部工程的质量验收应由

总监理工程师组织总承包方项目经理、项目技术负责人、专职质检员、设计勘察项目负责人等进行。

（4）工程施工质量不符合要求时的处理。

一般情况下，施工质量不合格现象在检验批的验收时就应发现，并及时处理，否则将影响后续检验批和相关的分项工程、分部工程的验收。但非正常情况下可按下述规定进行处理：

①经返工重做或更换器具、设备检验批，应重新进行验收。这种情况是指主控项目不能满足验收规范规定，或一般项目超过偏差限值的子项，不符合检验规定的要求时，应及时进行处理的检验批。其中，严重的缺陷应拆除重做，一般的缺陷通过返修或更换器具、设备予以解决，应允许施工单位在采取相应的措施后重新验收。如能够符合相应的专业工程质量验收规范，则应认为检验批合格。

②经有资质的检测单位鉴定，达不到设计要求，但经原设计单位核算认可，能满足结构安全和使用功能的检验批，可予以验收。

③经返修或加固的分项、分部工程，虽然改变外形尺寸但仍能满足安全使用要求，可按技术处理方案进行验收。

④通过返修或加固仍不能满足安全使用要求的分部工程、单位工程，严禁验收。

5.3.4　施工阶段的质量事故管理

5.3.4.1　工程质量问题处理程序

（1）工程质量事故处理的主要依据如下：

①质量事故的实况资料。

②具有法律效力的，得到有关当事各方认可的工程承包合同、分包合同、勘察合同、设计合同、材料或设备采购合同、监理合同等。

③有关的技术文件、档案。

④相关的工程建设法规。

（2）工程质量事故处理的主要程序如下（见图 5.9）：

①事故发生后，总监理工程师应签发《工程暂停令》，并要求停止进行质量缺陷部位和关联部位及下道工序施工，应要求施工方采取必要的措施，防止事故扩大并保护好现场。同时，要求质量事故的发生单位按类别、等级向相应的政府管理部门上报，并于 24 h 内写出书面的质量事故报告。

②监理单位在事故调查组展开工作后，应积极协助、客观地提供相应证据，若监理单位无责任，监理单位可应邀参加调查组，参与事故调查；若监理单位有责任，则应予以回避，但应配合调查组工作。

③当总监理工程师接到质量事故调查组提出的技术处理意见后，可组织相关方研究，并责成相关方完成技术处理方案，予以审核签认。质量事故技术处理方案，一般应委托原设计单位提出，由其他单位提供的技术处理方案，应经设计单位同意。技术处理方案的制订应征求业主的意见。必要时，应委托法定的工程质量检测单位进行质量鉴定

或请专家论证。

④技术处理方案审核后，监理单位应要求施工方制订详细的施工方案，必要时监理单位应编制监理实施细则，对工程质量事故的技术处理过程进行监理，技术处理过程中的关键部位和关键工序应进行旁站监理，并会同业主、设计单位等共同检查认可。

⑤施工方完工自检后报验结果，监理单位组织有关各方进行检查验收，必要时应进行处理结果鉴定。要求事故单位编写质量事故处理报告，质量事故报告应包括：工程质量事故情况、调查情况、原因分析；质量事故处理的依据；质量事故技术处理方案；实施技术处理施工中的有关问题和资料；对处理结果的检查鉴定和验收；质量事故处理结论。

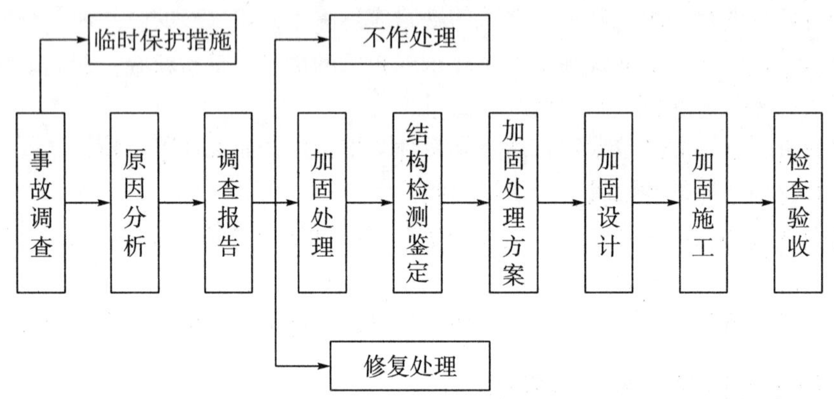

图 5.9　工程质量事故处理流程图

5.3.4.2　工程质量事故处理方案及鉴定验收

（1）工程质量事故处理方案类型。

①修补处理。通常当工程的某个检验批、分项工程或分部工程的质量虽未达到规定的规范、标准或设计要求，存在一定缺陷，但通过修补或更换器具、设备后还可以达到要求的标准，又不影响使用功能和外观要求，在此情况下，可以进行修补处理。

②返工处理。当工程质量未达到规定的标准和要求，存在严重质量问题，对结构的使用安全构成重大影响，且又无法通过修补进行处理的情况下，可对检验批、分项工程、分部工程甚至整个工程返工处理。

③不作处理。某些工程质量问题虽然不符合规定的要求和标准构成质量事故，但视其严重情况，经过分析、论证，法定的检测单位鉴定和设计单位认可，对工程或结构使用及安全影响不大，也可不作专门处理。

（2）工程质量事故处理的鉴定验收。工程质量事故的技术处理是否达到了预期目的，是否消除了工程质量不合格和工程质量问题，是否仍留有隐患，这就要求监理单位通过组织检查和必要的鉴定，进行验收并予以最终确认。一般地，验收结论通常有以下几种：

①事故已排除，可以继续施工。

②隐患已消除，结构安全有保证。

③经修补处理后，完全能够满足使用要求。

④基本上满足使用要求，但使用时应有附加限制条件。

⑤对耐久性的结论。

⑥对建筑物外观影响的结论。

⑦对短期内难以做出结论的，可提出进一步观测检验意见。

5.4　施工阶段进度管理

5.4.1　进度管理概述

5.4.1.1　进度管理基本概念

工程进度管理是指在项目实施前，编制好项目进度计划，在项目实施中执行经审核的进度计划，利用相应手段定期检查实际进度状况，与原进度计划比较，找出进度偏差，分析产生偏差的原因及影响工期目标的程度，及时采取相应的措施调整进度计划并执行，以达到实现原计划的时间目标，或者在保证工程质量和不增加费用的条件下，缩短工期，提前结束。工程进度管理包含了进度控制，进度控制的基本原理是项目目标的动态控制。

项目的进度、质量和投资三目标控制关系是相互影响和统一的（见图 5.10）。一般情况下，加快进度、缩短工期将会引起投资的增加，但由于项目提前竣工，可以尽早获得预期的经济效益；对质量标准的严格控制，极有可能影响进度，但对质量的严格控制而不致返工，不仅保证了项目建设进度，而且保证了工程质量标准及对项目投资的有效控制。

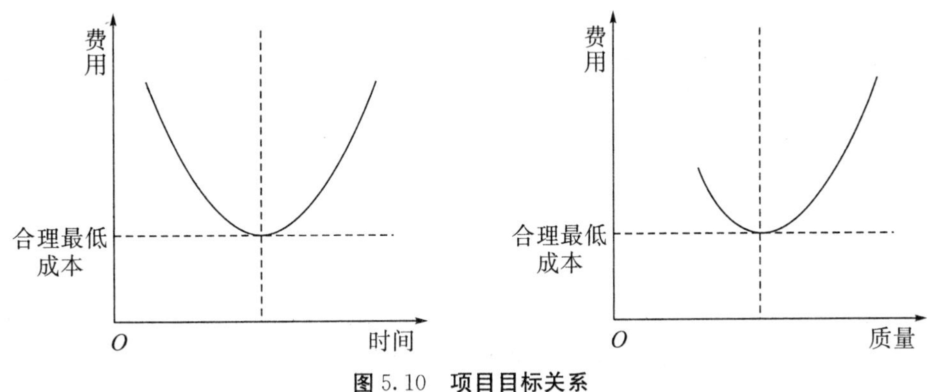

图 5.10　**项目目标关系**

工程进度控制是项目实施阶段重点控制的内容之一，直接影响着工期目标的实现和投资效益的发挥，影响着项目三大目标系统的有效执行。但是工程进度控制不应仅局限于考虑施工阶段的进度控制，应从业主工程项目管理周期的角度，贯穿于项目前期阶段、项目实施阶段的各个环节，通过对整个项目的进度计划系统的有效控制，保证工期目标的实现。

5.4.1.2 工程进度计划的类型

（1）进度计划的类型。

①工程总进度计划。它表明工程从开始实施直到竣工为止各个主要阶段（如设计阶段、施工准备阶段、施工阶段）的进度安排。

大型工程因单位工程多、有不同的施工单位（包括土建施工、安装施工）、建设周期长等特点，必须用总进度计划来控制与协调工程项目的总进度。

②单位工程进度计划。它是以各种定额为标准，根据各主要工序的施工顺序、工时及计划投入的人工、材料、设备等情况，编制出各分部分项工程的进度安排。它应在时间与空间上充分反映出施工方案、施工平面图设计及资源计划编制等所起的重要作用。单位工程进度计划应具有控制性、作业性，是总进度计划的组成部分。

③实施性进度计划（或作业进度计划）。它是施工进度计划的具体化，直接指导施工操作人员进行施工活动，可将一个分部分项工程或某施工阶段作为控制对象，安排具体的作业活动。

（2）进度计划的表示形式。

①横道图。横道图是直观反映进度安排的图表，又称横线图、甘特图。它是在时间坐标上表明各工作水平横线的长度及起始位置，反映工程在实施中各工作开展的先后顺序和进度。工作按计划范围可代表单位工程、分部工程、分项工程和施工过程。横道图的左侧按工作开展的施工顺序列出各工作（或施工对象）的名称；右侧表示各工作的进度安排；在图表的下方还可画出计划期间单位时间某种资源的需要量曲线。

②网络计划。网络计划是在由箭线和节点组成的表示工作流程的有向网络图上加注工作的时间参数而编成的进度计划。根据箭线和节点表示的意义不同，网络计划又可分为双代号网络计划和单代号网络计划。

网络计划技术是用网络计划对计划任务的工作进度（包括时间、费用、资源等）进行安排和控制，以保证实现预定目标的科学的计划管理技术。

③横道图与网络计划技术的比较。任何一项计划任务都可以用一个横道图或网络图来表示，由于表示的形式不同，它们的特点也存在差异。

横道图绘制简单，直观易懂，各工作的进度安排、流水作业、总工期表达清楚明确。但工作间的逻辑关系不能全面反映，不能确定计划的关键工作、关键线路与时差，不利于对计划调整及优化，不能运用计算机辅助解决问题。

网络计划技术用一个网络图表示一项计划任务，工作间逻辑关系可清楚表示，有利于对计划进行调整与优化，可运用计算机对网络计划进行编制与调整。但时间参数的计算及计划的优化较烦琐。

5.4.2 施工阶段业主进度管理

业主委托监理单位对项目实施监理，即业主将项目施工阶段的进度监控权转移给监理单位，但监理单位不可能完全取代业主在施工进度控制中的作用，特别是重大事项的进度安排的最终决策权仍然由业主确定，如里程碑事件、关键节点的进度计划的制订等。因此，施工阶段业主进度管理的任务包括以下几个方面：

（1）业主依据项目目标提出关键节点的进度要求，在此基础上要求监理单位督促施工方编制施工进度计划（工程项目总施工进度计划，或单位工程施工进度计划）。

（2）责成监理单位对施工方提交的进度计划进行审查及提出意见，经审查签认后再报业主审查。

（3）业主对监理单位提交的施工进度计划审核意见进行审查、批准，作为业主总施工进度控制的文件。

（4）业主审查监理单位提交的监理实施细则中施工进度控制的内容。

（5）要求监理单位督促施工单位实施进度计划，监理单位要随时检查施工进度计划的关键控制点，掌握进度计划实施的动态情况。

（6）要求监理单位审查施工单位提交的年度、季度和月度计划，并提交相应的进度分析报告。

（7）督促监理单位严格进度核查。一般情况下，工程进度款的支付是以工程计量为前提，为了解施工进度的实际情况，避免施工单位超报工程量，不仅监理单位需进行现场跟踪检查，同时业主也应进行必要的现场跟踪检查，以检查现场工程量的实际完成情况，为工程进度款的计量及支付、进度偏差分析等提供可靠的数据资料。其中，进度偏差分析的重点是计划进度与实际进度的差异、现象进度、实物工程量与指标完成情况的一致性。

（8）要求监理单位建立反映工程进度状况的统计方法，记录影响施工进度的各种因素、延误原因、采取的措施等。

（9）要求监理单位进行工程进度的动态控制，当实际进度与计划进度发生差异时，应分析产生的原因及进度偏差将带来的影响，并预判工程进度延误情况，同时向施工方提出进度调整措施的建议，要求施工单位相应调整施工进度计划及施工方案、方法等。

（10）定期听取监理单位、施工方报有关工程实际进展状况，同时审核监理单位提交的监理周报或监理月报中的工程进度控制情况。

（11）业主组织现场进度协调会或参与监理单位组织的现场进度协调会，其主要内容包括：听取工程施工进度情况通报，并对其进行分析；协调施工方不能解决的内外关系问题，如设计、物资供应、外界干扰等；解决现场有关的重大事宜。

（12）参与监理单位组织的与施工方协商制定保证工期不被突破的对策措施，内容包括组织措施、管理措施、经济措施、技术措施等。

（13）当工程发生工期延误时，监理单位在与施工方沟通后提出补救措施的报告，业主应及时审核其建议的可行性，在此基础上协助监理单位要求施工方调整相应的施工、材料及资金计划，并提出新的进度计划。

（14）在监理单位的参与下，处理涉及工期方面的工程索赔与反索赔工作。

对工程进度进行管理，首先就是施工方要制定科学、切实可行的施工进度计划。该施工进度计划经审批后就要严格执行。若由于特殊原因使得工程延期时，则必须重新制定新的进度计划，进度管理常规流程见图 5.11。

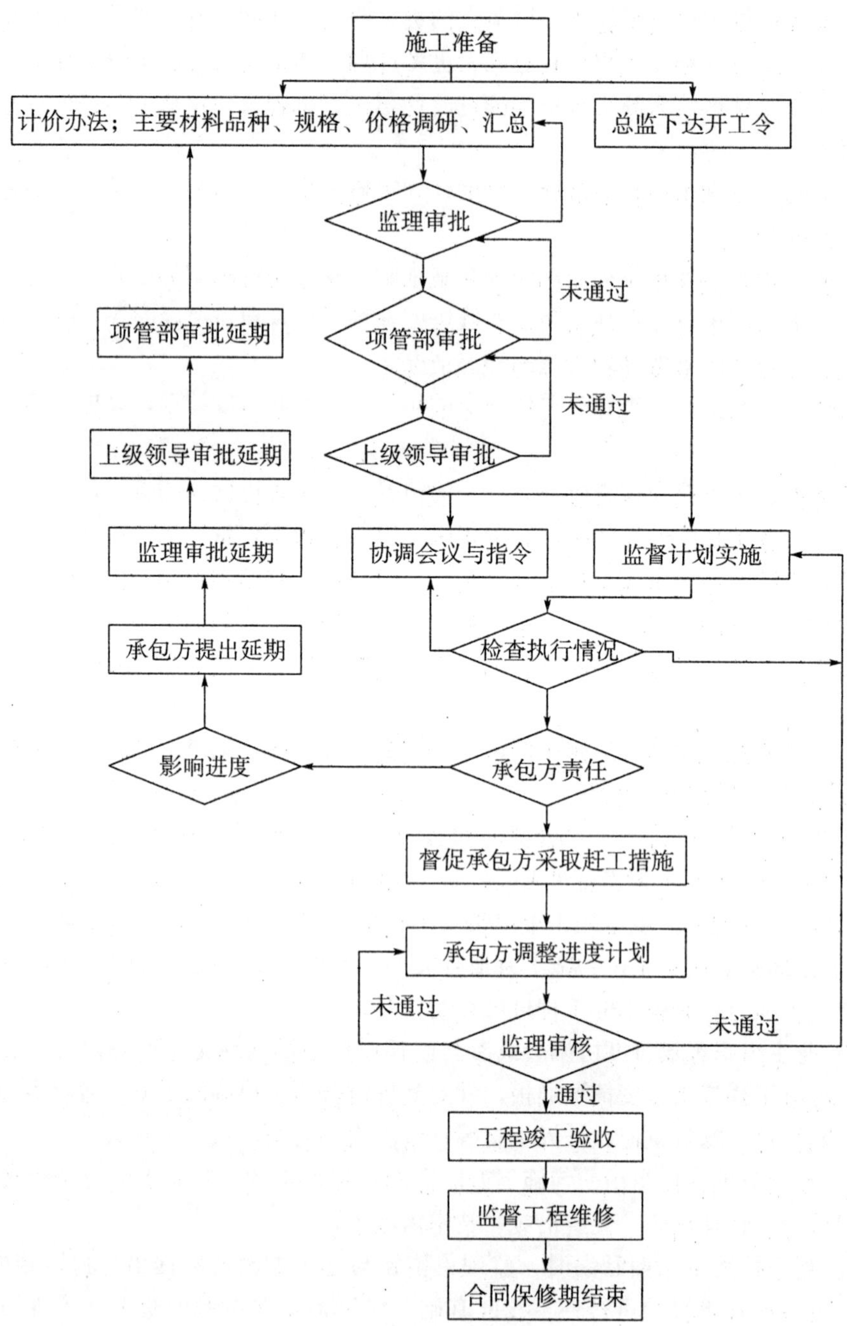

图 5.11 进度管理常规流程图

5.4.3　施工阶段监理单位进度管理

（1）编制施工进度控制工作细则，内容包括：

①施工进度控制目标分解图。

②施工进度控制的主要工作内容和深度。

③进度控制人员的职责分工。

④与进度控制有关各项工作的时间安排及工作流程。

⑤进度控制的方法（包括进度检查周期、数据采集方式、进度报表格式、统计分析方法等）。

⑥进度控制的具体措施（包括组织措施、管理措施、经济措施、技术措施）。

⑦施工进度控制目标实现的风险分析。

⑧尚待解决的有关问题。

（2）编制或审核施工进度计划。

①进度安排是否符合项目总进度计划中总目标和分目标的要求，是否符合施工合同中开工、竣工日期的规定。

②施工总进度计划中的项目是否有遗漏。

③施工顺序的安排是否符合施工工艺的要求。

④劳动力、材料、构配件、设备及施工机具、水、电等生产要素的供应计划是否能保证施工进度计划的实现，供应是否均衡、需求高峰期是否有足够能力实现计划供应。

⑤总承包、分包单位分别编制的各项单位工程施工进度计划之间是否相协调，专业分工与计划衔接是否明确合理。

⑥对于业主负责提供的施工条件（包括资金、施工图纸、施工场地、采供的物资等），在施工进度计划中安排得是否明确、合理，是否有造成因业主违约而导致工程延期和费用索赔的可能性。

如果监理工程师在审查施工进度计划的过程中发现问题，应及时向总承包方提出书面修改议案（或整改通知书），并协助总承包方修改，重大问题应及时向业主汇报。但是监理工程师对施工进度计划的审查或批准，并不解除总承包方对施工进度计划的任何责任和义务。

总承包方向监理单位提交施工进度计划是为了听取建设性的意见，但施工进度计划一经监理单位确认，即应当视为工程承包合同文件的一部分，它是今后处理总承包方提出的工程延期或费用索赔的一个重要依据。

（3）下达工程开工令。总监理工程师应根据业主和总承包双方对于工程开工的准备情况，选择合适的时机发布工程开工令。工程开工令的发布，要尽可能及时，因为从发布工程开工令之日算起，加上合同工期即为竣工日期。如果开工令发布延迟，就等于推迟了竣工时间，甚至可能引起总承包单位的索赔。

（4）组织现场协调会。监理单位应每月、每周定期组织召开不同层级的现场协调会，以解决工程施工过程中的相互协调配合问题。在月度协调会上，监理单位通报项目建设的重大变更事项，协商处理办法，解决各个施工单位之间、业主与施工方之间的重大协调配合问题。在周协调会上，各参与方要通报各自进度状况、存在的问题及下周的安排，解决施工中的相互协调配合问题。这些问题包括：各施工单位之间的进度协调问题，工作面交接和阶段产品保护责任问题，场地与公用设施利用中的矛盾问题，某一方的断水、断电、断路、开挖对其他方影响的协调问题以及资源保障、外部协作条件配合问题等。另外，在平行、交叉施工单位多，工序交接频繁且工期紧迫的情况下，监理单位组织现场协调会甚至需要每日召开。

5.4.4 业主对施工网络计划的检查与调整

5.4.4.1 施工网络计划检查与调整的内容

(1) 工期是否符合业主要求。

当施工单位的网络计划所确定的“计划工期”不能满足业主预定的工期目标要求时，应对网络计划进行调整。工期调整的方法有：缩短关键线路的持续时间，改变网络计划的逻辑关系。

当采用缩短关键线路的持续时间的方法不能满足要求工期，而要求工期又不能改变时，就应重新考虑和选择各项工作的实施方案，如将依次完成的工作改变为平行或搭接进行等方案，从而缩短计划工期。

(2) 工期内资源利用是否均衡。

当资源利用不均衡时，依据资源需要量动态曲线图，可按下述方法进行调整：削高峰法，当资源需要量峰值超过有限量时采用；方差最小法和极差最小法，当资源需要量要求利用均衡时，可选用两种方法中的任何一种。

(3) 资源受限，使工期最短。

当资源强度或资源需要量超过供应可能时，特别是某些资源供应由业主负责，施工网络计划必须进行调整。

(4) 时间费用是否最优。

当做出时间费用的优化方案后，还应对方案进行经济比较，进行决策。如将提前工期而增加的费用与提前投产所得到的经济效益比较，如果可能获得的经济效益大于追加的费用，其优化的工期是合理的，否则是不合理的。

当进度发生滞后时，必须弄清楚产生滞后的原因，并且采取相应的措施尽量把工期赶回来，进度滞后管理流程见图 5.12。

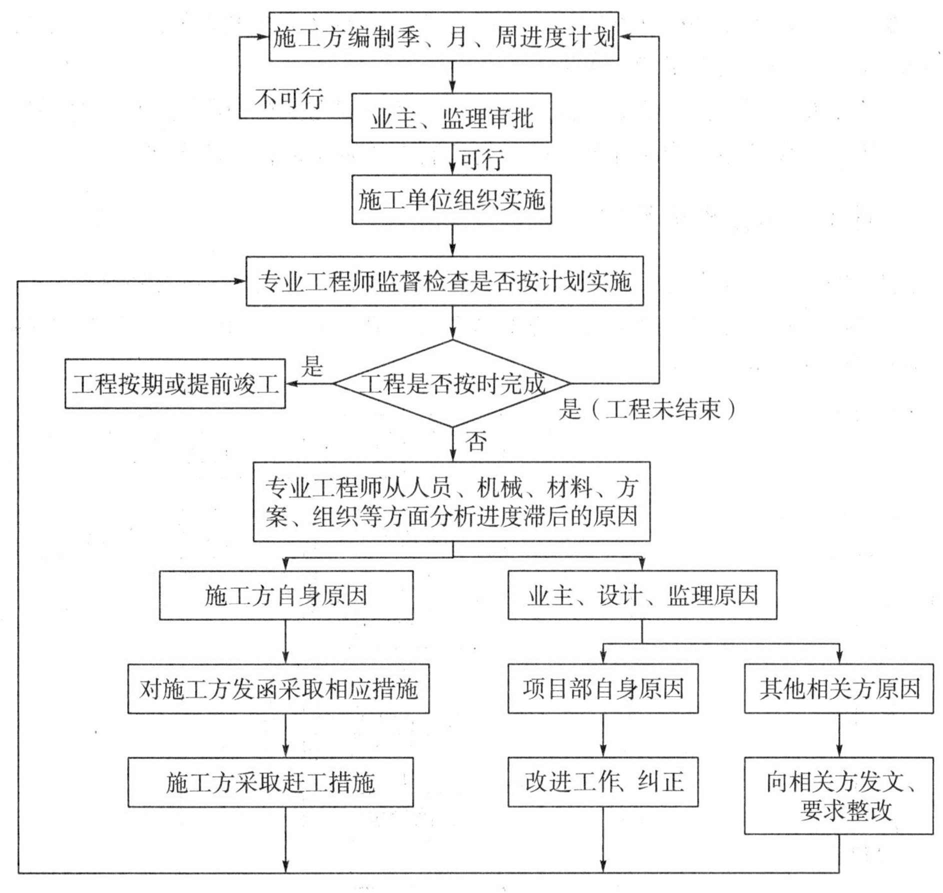

图 5.12　进度滞后管理流程图

5.4.4.2　网络计划优化结果的审查和决策

(1) 审查和决策的依据。在对各施工单位网络计划进行审查和决策时，应依据业主对工期目标的要求，业主所能提供的资金、设备及其他建设条件，施工单位编制网络计划时是否对影响进度的因素做了调查与分析，如影响进度的干扰因素包括人、材料、设备、机具、资金、环境等。

(2) 工期优化目标。优化后的工期目标应与合同规定工期相一致，如果没有达到，应继续优化。业主、监理单位在审查中应适当考虑施工单位对施工成本和工期的承受能力，以及缩短工期的措施能否落实，否则，优化后的工期目标难以实现，网络计划也将失去对施工进度的指导作用。

(3) 资源优化目标。当时间固定、资源已均衡优化，将优化后的资源与所能提供的资源目标比较，根据计算出的资源均衡率，对网络计划做出审查与决策。对资源有限、工期最短的优化思路，审查时首先要看资源供应的限制目标是否满足，然后根据计算出的资源均衡率和网络计划的可行性进行决策。

(4) 费用优化目标。在对工期优化的过程中，必然会使完成计划任务所需要的费用发生变化。一种情况是既满足规定工期，也节约费用；另一种情况是满足规定工期，但费用需要追加。这需要分析计算优化后的综合效益，即将工期提前所获得的经济效益与所追加的费用比较，做出正确的决策。

（5）业主及监理单位应依据审批后的施工网络计划在执行中所提供的信息做出适当的调整决策，以保证施工网络计划对施工的控制作用及工期目标的实现。

5.4.5 地埋厂建设进度计划

地埋厂的关键工作有施工准备、深基坑、主体结构、工艺设备安装调试、综合楼（包括配电房）、总平景观及试运行，施工总工期一般在18～24个月。一个10万吨的地埋厂施工进度计划见图5.13。

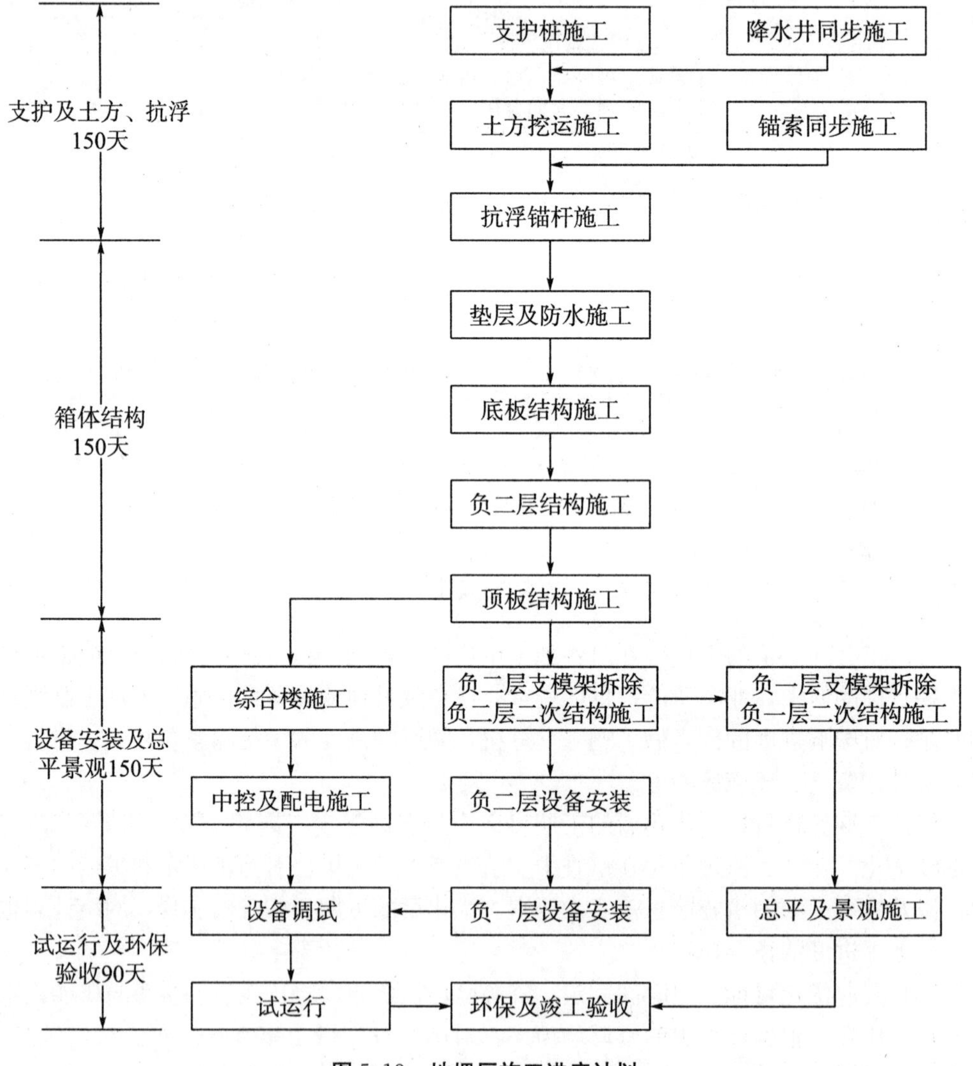

图5.13 地埋厂施工进度计划

5.4.5.1　施工准备

（1）三通一平。为缩短建设周期，业主应该在总承包进场前完成施工用水、用电、进出场道路的工作。

（2）迁改。地埋厂选址通常是独立进行，拟建场地会有构建筑物、沟渠、电力、通信、水、电、气、军缆设施设备等障碍物，为加快建设，业主应在总承包进场前完成上述障碍物的迁改工作。

5.4.5.2　深基坑施工

（1）支护施工。地埋厂支护施工可以在总承包进场后与降水井同步进行。

（2）土方挖运。地埋厂土方挖运工作量较大，是地埋厂施工的关键工序。在场地道路、挖掘机械、运输车辆配备足够的情况下，一个 10 万吨的地埋厂土方挖运施工需要 3～4 个月。

（3）锚索施工。地埋厂基坑较深，一般会设 3～4 层锚索，一层锚索施工周期通常需要 30～40 天，但可以随土方挖运进度同步进行，不占用施工绝对时间。

5.4.5.3　主体结构

地埋厂主体结构较复杂，一般按抗浮结构施工、垫层及防水、底板、负二层结构、顶板结构划分施工段。

（1）抗浮结构。抗浮通常采用抗浮桩或抗浮锚杆，施工周期一般按 35～50 天考虑。

（2）垫层及防水。一般划分区块流水进行施工，绝对时间为 10～15 天。

（3）底板结构。底板结构体量大，特别是钢筋和大体积混凝土，一般按 30 天计算。

（4）负二层结构。地埋厂工艺池体都在负二层，结构复杂，层高较大，工艺池体混凝土墙较多，施工周期较满，一般可以按 40～55 天计算。

（5）顶板结构。负一层为操作层，基本上是大空间框架结构，施工较负二层简单，一般按 30～45 天计算。

5.4.5.4　机电设备安装

（1）电气、照明、通风等可以在负二层工作面清理完成后进行。

（2）工艺设备在电气、照明、通风基本完成后进行，再加上调试时间，通常在结构完成后 80～90 天完成。

5.4.5.5　综合楼及配电房

（1）综合楼。大部分地埋厂的综合楼设置在地面，其布局较为简单，一般结构加装修时间按 80～90 天计算。

（2）配电房。配电房需要引进高压外电并予以转换输送到地埋厂内各用电点位。施工用电不能满足鼓风机等大功率用电设备，所以配电房及外电引入工程需要在工艺设备调试之前完成。

5.4.5.6 总平景观

总平景观可以在顶板防水完成后进入施工，一般不占用绝对工期。

5.4.5.7 试运行

试运行在工艺设备负荷调试完成后进行，通常不超过3个月。

5.4.6 工期的控制与决策

在工程建设的实施中，因存在各种影响进度的因素，必然会造成某些工作不能按期完成，使工程进度拖延。根据不同的责任，工程进度拖延可分为两种情况：工程延误、工程延期。

5.4.6.1 工程延误

由于施工方的责任造成工程拖延，如工程质量未达到合同约定的标准及规范要求，因返工造成工期拖延；施工方供应的材料及设备未按要求进场，或进场后监理检验未满足质量标准，而影响工期；未完成合同约定的施工图设计，或虽设计完成而未获监理批准而不能进行施工，造成工期拖延等。

无论上述的何种原因，如果属于施工方责任造成施工进度拖后，不能按期完工，则必须按监理的指令加快施工进度。当施工方未按监理的指令改变工程延误状况时，监理（或业主）可采用如下手段进行处理：

（1）拒绝签署工程付款凭证。

（2）反索赔，进行节点工期延误损失赔偿。

（3）情况严重的，终止施工合同。

5.4.6.2 工程延期

由于非施工方原因造成工期拖延，业主或监理应根据施工方的申请，批准适当的工程延展天数，合同规定的竣工日期将顺延。此时，进度计划的调整应以业主下达的工期目标作为控制目标。

工程延期的原因主要有以下三个方面：

（1）业主的原因。

①应提供的施工准备工作完成不足。根据工程承包合同，发包人（业主）应按合同条款约定的时间和要求，一次或分阶段完成征地、拆迁及现场的三通一平，使场地具备施工条件，并移交给施工方。业主还应负责办理施工所需的各种证件、批件等申报批准手续。

②未按期提供施工所需的技术资料。业主应向施工方提供场地的工程地质和地下管网线路资料，并保证数据真实准确；还应将水准点与坐标控制点以书面形式交给施工方，并进行现场交验。组织设计、施工、监理进行技术交底，将各种技术资料与施工图按合同规定的时间与份数提供给施工方。

③未按合同约定供应施工材料与设备。合同约定由业主负责供应的材料与设备的种类、规格、质量等级、到货时间与地点等均与原清单不符，施工方可拒绝保管，并应由业主负责处理。

④工程量变化。由于项目特点决定施工工期较长、容易受各类自然条件影响，或者因对施工场地的勘探与调查不细致，导致在招标文件中不能正确反映实际施工条件或数据误差太大，或在施工中遇到双方均难以预料的不利条件，如施工中遇到古迹、化石、文物、有影响的地下水、滑坡、断坡、超标准的降水等，这些都会使实际工程量大于招标文件中工程量清单所列的工程量。对于在施工中所出现的工程量变化，应及时根据施工方的申请，进行核实后，依据合同文件批准工期延展天数及所增加的相应费用。

⑤工程变更。工程变更主要是业主在施工中提出的变更（如使用功能改变、质量标准改变等），或设计单位提出的变更，或施工单位提出的变更，如施工进度计划与施工顺序发生变更、施工技术标准变更等。这些不仅会造成实际工程量的增加，也会使施工内容超出原合同约定的工程范围。

对于合同范围内的工程变更，监理可指令施工方必须执行，并核实工程延期及相应的经济补偿。对于合同范围外的工程变更，仅仅是工程数量或款额超过一定界限时，可根据对原工程量清单中规定的工程量变更限制，适当调整合同单价及批准工程延期。而对于“根本性变更”的工程变更，如由于工程性质、结构类型、工程规模及数量变化引起的变更，又可分为如下两种情况：

第一，虽超出合同范围，但仍属于工程范围内，可通过下达变更指令向施工方明确新增工作项目，并作为结算依据。

第二，超出合同范围的新增工程，业主应与施工方协商，既可以签订新的合同协议，也可以发出变更指令按合同条件完成。但无论采用哪种方式，均须协商确定单价或总价，以及相应的工期。

（2）监理的原因。监理在施工中下达不正确的指令，影响施工方对施工进度计划的有效执行，造成工期拖延。

（3）不可抗力因素。由于不可抗力因素造成工程延期发生后，施工单位应在合同约定的有效期限内就延误的内容及费用向监理提出报告，监理在收到报告后在合同约定的有效期限内确认、答复。如逾期不予答复，施工方可视为延期要求被确认。

5.4.6.3　工程延期的审批

监理单位在审批工程延期时应遵循下列原则：

（1）合同条件。监理单位批准的工程延期必须符合合同条件，即导致工期拖延的原因确实属于施工单位自身以外的原因，否则不能批准为工程延期。

（2）影响工期。发生延期事件的工程部位，无论是否处在施工进度计划的关键线路上，只有当所延长的时间超过其相应的总时差而影响到工期时，才能被批准延期。如果延期事件发生在非关键线路上，且延长的时间并未超过总时差时，即使符合批准为工程延期的合同条件，也不能批准工程延期。需注意的是，工程施工进度计划中的关键线路并非固定不变，它会随着工程的进展和情况的变化而转移。监理单位应以施工单位提交的、经监理审核后的施工进度计划（不断调整后）为依据来决定是否批准工程延期。

（3）实际情况。工程延期须符合实际情况，故施工方应对延期事件发生后的有关细节进行详细记载，及时向监理提交详细报告。同时，监理应对施工现场进行详细考察和分析，并做好有关记录，以便为合理确定工程延期事件提供可靠依据。

5.4.6.4 监理对延期的控制

发生工程延期事件，不仅影响工程的进展，而且会给业主带来损失。因此，监理应做好以下工作，以减少或避免工程延期事件的发生。

（1）选择合适的时机下达工程开工令。监理在下达工程开工令之前，应充分考虑业主的前期准备工作是否充分。特别是征地、拆迁问题是否已解决，设计图纸能否及时提供，以及付款方面有无问题等，以避免由于上述问题缺乏准备而造成工程延期。

（2）提醒业主履行施工合同中所规定的职责。在施工过程中，监理应经常提醒业主履行自己的职责，提前做好施工场地及设计图纸的提供工作，并能及时支付工程进度款，以减少或避免由此而造成的工程延期。

（3）妥善处理工程延期事件。当延期发生后，监理应根据合同约定进行妥善处理。既要尽量减少工程延期时间及损失，又要在详细调查研究的基础上合理批准工程延期时间。

此外，业主在施工过程中应尽量减少干预，多协调，以避免由于业主的干扰和阻碍而导致延期事件的发生。

5.4.6.5 工期提前

业主在施工阶段如需提前竣工，首先应对工期提前进行经济分析，提前竣工的经济效益是否大于赶工措施所需支出的费用，即业主的净收益是否大于零，还需要与施工方协商提前竣工的可能性。双方协商一致后签订提前竣工协议，提前竣工协议的内容包括：提前的时间，施工方采取的赶工措施，业主为赶工提供的条件，赶工措施的费用，提前竣工收益的分配等。

施工方应按提前竣工协议修订进度计划，报监理和业主，业主应在合同约定的时间内给予批准，并为赶工提供方便条件。

5.5 安全及文明施工管理

5.5.1 安全管理概述

（1）安全管理概述。

《安全生产法》《建筑法》和《建设工程安全生产条例》等明确了业主在施工阶段的责任和义务。业主重视施工安全管理，也有利于工程建设的顺利进行，以保证工程进度按时完成而投产、运营。

业主将工程项目的管理权限和部分决策权限转移给监理，享有一系列项目处理权。

《建设工程安全生产条例》中对监理应承担的施工安全管理责任做出了明确的规定，因此，监理必须遵守项目管理的核心内容。

施工方作为工程建设活动的具体实施者，直接承担着工程施工安全责任，也是工程施工现场安全生产的第一负责人。

（2）工程施工安全管理的法律制度。

近年来，国家陆续颁布了一系列建设工程安全管理的法规及规范性文件，特别是《安全生产法》《建设工程安全生产管理条例》等，建立了我国建设工程施工安全管理的法律制度。

5.5.2 业主安全管理责任

5.5.2.1 业主的安全管理责任

业主的安全管理责任如下：

（1）应当向施工方提供施工现场及毗邻区域内供水、排水、供电、供气、供热、通信、广播电视等地下管线资料，气象和水文观测资料，相邻建筑物和构筑物、地下工程的有关资料，并保证资料的真实、准确、完整。

（2）不得对勘察、设计、施工、监理等单位提出不符合建设工程安全生产法律、法规和强制性标准规定的要求，不得压缩合同约定的工期。

（3）在编制工程预算时，应当确定建设工程安全作业环境及安全施工措施所需的费用。

（4）不得明示或暗示施工方购买、租赁、使用不符合安全施工要求的安全防护用具、机械设备、施工机具及配件、消防设施和器材。

（5）业主在申请领取施工许可证时，应当提供建设工程有关安全施工措施的资料。依法批准开工报告的建设工程，业主应当自开工报告批准之日起 15 日内，将保证安全施工的措施报送建设工程所在地的县级以上行政主管部门或其他部门备案。

5.5.2.2 业主的法律责任

业主的法律责任如下：

（1）业主未提供建设工程安全生产作业环境及安全施工措施所需费用的，责令限期改正；逾期未改正的，责令该建设工程停止施工。

（2）业主未将保证安全施工的措施报送有关部门备案的，责令限期改正，给予警告。

（3）业主有下列行为之一的，责令限期改正，处 20 万元以上 50 万元以下罚款：①对勘察、设计、施工、监理等单位提出不符合安全生产法律、法规和强制性标准规定的要求的；②要求施工方压缩合同约定的工期的；③将拆除工程发包给不具有相应资质等级的施工单位的。造成重大安全事故，构成犯罪的，对直接责任人员，依照刑法有关规定追究刑事责任。造成损失的，依法承担赔偿责任。

5.5.3 监理安全管理责任

5.5.3.1 监理安全管理的责任

监理的安全管理责任如下：

（1）监理应当审查施工组织设计中的安全技术措施或者专项施工方案是否符合工程建设强制性标准。

（2）监理在工作过程中，发现存在安全事故隐患的，应当要求施工方整改，情况严重的，应当要求施工方暂停施工，并及时报告业主。施工方拒不整改或者不停止施工的，监理应当及时向有关主管部门报告。

（3）监理和监理工程师应当按照法律、法规和工程建设强制性标准实施监理，并对建设工程安全生产承担监理责任。

5.5.3.2 监理的法律责任

监理有下列行为之一的，责令限期改正；逾期未改正的，责令停业整顿，并处以10万元以上30万元以下罚款；情节严重的，降低资质等级，直至吊销资质证书；造成重大安全事故，构成犯罪的，对直接责任人员，依照刑法有关规定追究刑事责任；造成损失的，依法承担赔偿责任。

（1）未对施工组织设计的安全技术措施或者专项施工方案进行审查的。

（2）发现安全事故隐患未及时要求施工方整改或者暂停施工的。

（3）施工方拒不整改或者不停止施工的，未及时向有关部门报告的。

（4）未依照法律、法规和工程建设强制性标准实施监理的。

5.5.3.3 监理安全管理的内容

监理安全管理的内容如下：

（1）将安全生产管理内容纳入监理规划的情况，在监理规划和监理细则中制定有关施工方安全技术措施的内容。

（2）审查施工方资质和安全生产许可证、三类人员及特种作业人员取得考核合格证书和操作资格证书的情况。

（3）审核施工方安全生产保证体系、安全生产责任制、各项规章制度和安全监管机构建立及人员配备情况。

（4）审核施工方应急救援预案和安全防护、文明施工费使用计划情况。

（5）审核施工现场安全防护是否符合投标时的承诺以及建筑施工现场环境与卫生等标准要求情况。

（6）复查施工方施工机械和各种设施的安全许可证验收手续情况。

（7）审查施工组织设计的安全技术措施或者专项施工方案是否符合工程建设强制性标准情况。

（8）定期巡视检查危险性较大工程的作业情况。

（9）下达隐患整改通知单，要求施工方整改事故隐患情况或暂时停工情况；整改结果复查情况；向业主报告督促施工方整改情况；向工程所在地建设行政主管部门报告施工方拒不整改或者不停止施工情况等。

5.5.4　安全管理应注意的事项

业主、监理应当依据《建筑法》《建设工程安全生产管理条例》加强施工安全管理，应特别注意如下事项：

（1）对施工组织设计的安全技术措施或者专项施工方案的审查。《建设工程安全生产管理条例》第二十六条规定，施工单位应当在施工组织设计中编制安全技术措施和施工现场临时用电方案，对下列达到一定规模的危险性较大的分部分项工程编制专项施工方案，并附具安全验算结果，经施工单位技术负责人、总监理工程师签字后实施，由专项安全生产管理人员进行现场监督：

①基坑支护与降水工程。

②土方开挖工程。

③模板工程。

④起重吊装工程。

⑤脚手架工程。

⑥拆除、爆破工程。

⑦国务院建设行政主管部门或者有关部门规定的其他危险性较大的工程。

对上述所列工程中涉及深基坑、地下暗挖工程、高大模板工程的专项施工方案，施工单位还应组织专家进行论证、审查。

（2）对应急救援预案的审查。《建设工程安全生产管理条例》规定，施工单位在施工现场应建立应急救援组织与编制应急救援预案。

（3）对配备专职安全管理人员的审查。住建部颁布了《建筑施工企业安全生产管理机构及专职安全生产管理人员配备办法》，明确了在施工现场施工单位关于专业安全管理人员配备的具体规定。

（4）对安全生产许可证的审查。依据《安全生产许可证条例》《建设工程安全生产管理条例》规定，施工方从事建筑活动必须取得政府建设行政管理部门颁发的安全生产许可证。

5.6　投资管理

5.6.1　投资管理概述

5.6.1.1　投资管理

（1）项目投资管理概述。

项目投资（或项目费用、工程造价）主要由建设投资（工程费用、工程建设其他费用和预备费用)、建设期利息和流动资金构成。其中，工程费用包括建筑工程费、设备购置费和安装工程费。

项目投资管理是指在项目决策阶段、设计阶段、招标阶段和施工阶段中，一方面，要正确地编制与审核投资估算、设计概算、施工图预算及竣工结算，把项目的投资控制在批准的投资限额内，随时纠正发生的偏差，以保证各阶段投资控制目标的实现；另一方面，要在项目各阶段，利用组织措施、管理措施、技术措施、经济措施使投资取得最大的效益。

（2）投资估算。

投资估算是指在项目前期阶段的投资决策过程中，依据现有的资料和一定的估算方法对拟建项目所需的投资额进行估算。投资估算可由业主委托专业性服务单位（如工程咨询单位或设计单位）编制，也可由业主的管理人员自行编制。

当可行性研究报告批准后，投资估算作为批准下达的投资限额对设计概算及整个工程造价起着控制作用，同时也是编制投资计划、进行融资的主要依据。

（3）设计概算。

设计概算也叫初设概算，是指在初步设计阶段，在投资估算的控制下，由设计方根据初步设计图纸及说明、概算定额或概算指标等资料，编制确定建设项目从筹建至竣工交付生产或使用所需全部费用的经济文件。初设概算通常控制在投资估算的 90%～95%为宜。

（4）施工图预算。

施工图预算是项目开工前，根据施工图设计文件确定的工程量、预算定额及取费标准等编制的。施工图预算经审定后，是确定工程预算造价的依据，是施工方和业主签订承包合同、实行工程计量、拨付工程款和办理工程结算的依据，是业主确定招标控制价和施工方投标报价的依据。施工图预算通常控制在初设概算的 90%～95%为宜。

（5）工程款的结算。

工程款的结算是业主依据承包合同约定的内容，在项目竣工后，与施工方办理的结算。工程款的结算方式包括预付款、工程进度款、竣工结算及其他结算方式。对于合同外的工程变更、材料与设备价格调整、不可抗力的灾害损失等，在项目竣工结算时根据双方签证的资料据实结算。

为了减轻结算的工作量，加快工程款的支付，地方政府鼓励在工程结算工作中推行分阶段结算的方式。2020 年以来，浙江、重庆、四川等省市都发布通知，鼓励在房建和市政基础设施项目中推行施工过程结算。施工过程结算完成后，业主可依据已确认的当期施工过程结算文件，按照合同约定足额支付结算款。

（6）竣工决算。

竣工决算是反映项目竣工后的实际成本和为核定新增固定资产价值、考核分析投资效果、办理交付验收的依据，也是竣工验收报告的重要组成部分。

竣工决算由业主编制，包括建成该项目实际支出一切费用的总和。竣工决算对于保证项目顺利办理竣工验收、尽早投产发挥效益及进行项目后期评价均具有重要意义。

综上所述，从业主工程项目管理周期的角度，业主应在项目前期阶段做好投资估算，在设计阶段做好项目设计概算，在正式施工前做好施工图预算，在施工阶段做好工程款结算，在竣工验收阶段做好项目竣工决算，实施全过程的投资管理，以避免出现项目竣工决算突破施工图预算、施工图预算突破设计概算、设计概算突破投资估算的现象。

5.6.1.2　投资目标动态控制

投资目标的动态控制是项目管理最基本的方法。在项目实施过程中必须随着情况的变化进行项目目标的动态控制，这是因为在项目实施过程中，主客观条件的变化是绝对的，不变则是相对的；在项目实施过程中平衡是暂时的，不平衡则是永恒的。

投资目标动态控制的工作程序见图 5.14。

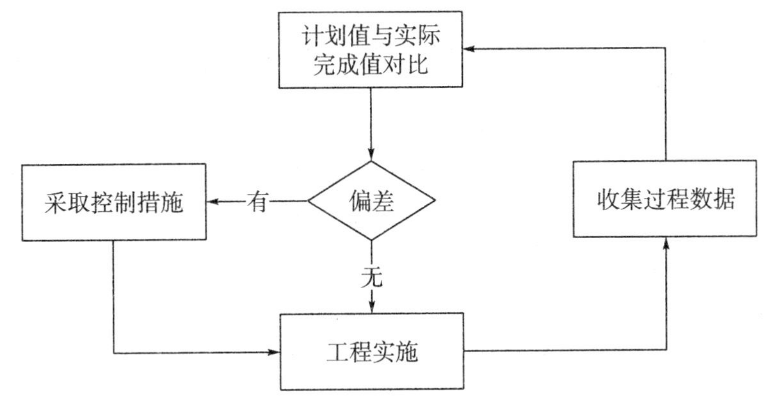

图 5.14　投资目标动态控制的工作程序

投资目标的动态控制原理在投资控制中的运用，就是以计划投资额作为项目投资控制的目标值，在投资控制的过程中，把实际支出值与相应阶段（或时间）的投资控制目标值进行比较，找出其投资偏差值，从而及时采取有效措施加以控制，达到不突破计划投资额的目的。

5.6.1.3　业主投资控制任务

（1）业主负责按承包合同约定向承包方支付工程预付款，按监理合同规定向监理单位支付监理服务酬金。

（2）责成监理对承包方按合同约定所提交的《工程进度款申请表》及《已完工作量表》进行审核签证，业主进行复核及确认。

（3）对于工程变更及索赔事项，应当在监理的参与下，对其审核与确认。

（4）责成监理做好现场签证。

（5）责成监理对承包方按合同约定所提交的竣工决算，以及《工程项目结算报告》进行审核签证，业主进行复核及确认后，支付竣工决算款。

（6）业主负责项目竣工决算报告的编制。

5.6.1.4 业主投资控制措施

（1）组织措施。

在业主项目管理机构中落实投资控制的部门及人员，做好任务分工和管理职能分工，制定详细的工作流程图。

（2）管理措施。

①做好投资控制的方法和手段。

②做好合同管理，做好合同条款的修改、补充工作，应考虑其对投资控制的影响。

③处理好合同索赔管理，应保存好各种施工记录文件、图纸，特别是有施工变更情况的图纸，为正确处理可能发生的索赔提供依据。

（3）经济措施。

①编制好资金使用计划，确定、分解投资控制目标。对项目造价目标进行风险分析，并制定防范性对策。

②复核工程计量、工程付款账单。

③进行投资跟踪控制、定期地或不定期地进行投资实际支出值与计划目标值的比较；发现偏差，分析产生偏差的原因，采取纠偏措施。

④协商确定工程变更的价款。

⑤审核施工方编制的竣工决算。

⑥责成监理定期向业主提交项目投资控制存在问题的报告。

⑦对工程施工过程中的投资支出做好分析与预测等。

（4）技术措施。

①责成监理对设计变更进行技术经济比较，严格控制设计变更，设计变更应取得业主的同意。

②责成设计方寻找通过设计挖潜节约投资的可能性。

③责成监理审核施工方编制的施工组织设计，对主要施工方案进行技术经济分析。

5.6.2 现场签证

现场签证是指在施工现场由业主、监理、施工共同签署的，用以证实在施工活动中已发生的某些特殊情况的一种书面证明手续。必须坚持先签证、后实施的原则。

现场签证包括未包含在施工合同、施工图纸中的内容，其特点是临时发生的，具体内容不确定、无规律性。因此，现场签证是施工阶段投资控制的重点之一，也是影响项目投资的关键因素之一。监理必须严格审核现场签证，特别是对金额较大，签证理由不充足的，或不在业主授权的金额范围内的等，监理必须经业主同意。

（1）现场签证的主要内容。

①零星用工。施工现场发生的与工程主体施工无关的用工。

②零星工程。包括在施工图纸以外发生的零星工程。

③隐蔽工程签证。如土方、基础发生的超挖、换填等隐蔽工程签证。

④非施工方原因停工造成的人员、施工机械窝工、停工损失。

⑤材料的认质认价单。合同清单中未包含的、新增的材料，需要在施工前确定材料价格。

⑥因停水、停电等非施工方原因造成的工期拖延的签证。

⑦其他需要签证的费用。

（2）现场签证中应注意的问题。

①应签未签。有些签证，如零星用工、零星工程等，发生的时候就应当及时办理。但业主在施工过程中随意性较强，施工中经常改动一些部位，既无设计变更，也不办理现场签证，到竣工决算时往往引起纠纷。因此，监理应及时提醒业主办理签证手续。

②签证不实或虚假签证。施工方在现场可能提供与实际情况不符的费用及内容，也可能提供弄虚作假的签证，监理方要严格把好现场签证关。

③签证不规范。现场签证一般情况下需要业主、监理、施工三方（如有专门的过控单位还要加上）共同签认才能生效。缺少任何一方签认都属于不规范的签证，不能作为竣工决算和索赔的依据。

④违反规定的签证。有些业主签出了一些违反规定的签证。这类签证也是不能被认可的。

5.7　索赔管理

5.7.1　索赔管理

5.7.1.1　索赔的原因

（1）业主的原因。

①未按合同约定及时提供设计文件、图纸，未及时下达指令、答复请示等，使工程延期。

②未按合同约定的日期交付施工场地、进出场道路、提供水电、提供应由业主供应的材料和设备工程，使承包人不能及时开工，或造成工程中断。

③未按合同约定按时支付工程款，业主已处于破产状态，或不能再继续履行合同。

④下达了错误的指令，提供错误的信息。

⑤在施工期间及保修期间，由于非承包人原因造成未完成或已完成工程的损坏。

（2）监理的原因。

①监理到达现场前，未按要求通知承包人，对工程施工造成不利影响。

②发出的指令、通知有误，对工程施工造成不利影响。

③未按合同约定及时提供由监理履行的义务（如监理发出的指令等），对工程施工造成不利影响。

④监理对施工组织进行不合理干预，或超越其职权的不合理干预，影响施工正常进行而对工程施工造成不利影响。

（3）合同文件的原因。

①合同文件的缺陷。由于合同文件本身存在缺陷，如条文不全、不具体、错误，合同条款之间存在矛盾等。这种缺陷也可能存在于技术文件和图纸中，或在招标文件中未有说明，给承包人造成费用增加、工期延长。

②业主有新的要求，如提高或降低建筑标准，增加或减少工程量等。

③在施工过程中发现设计错误，必须对设计图纸作修改。

④施工现场的施工条件与原来的条件不一致。

⑤新的施工技术的出现，有必要改变原设计，实施新方案。

⑥政府管理部门对项目有新的规定，如调整规划、材料淘汰、技术更新的要求等。

上述情况导致合同变更，需经双方协商同意，根据实际情况，如果对合同当事人一方增加费用或延长工期，在取得一致意见后实施。但是并非合同变更必然导致索赔。

（4）不可抗力事件的原因。

①战争、敌对行动（不论宣战与否）、入侵、外敌行为。

②叛乱、恐怖主义、革命、暴动、军事政变、篡夺政权。

③承包商及其雇员以外的人员的骚动、喧闹、混乱、罢工或停工。

④战争军火、爆炸物资、电离辐射或放射性污染，但可能因承包商使用此类军火、炸药、辐射或放射性引起的除外。

⑤自然灾害，如地震、飓风、台风或火山活动。

不可抗力事件的风险承担应当在合同中约定，承包人可以向保险公司投保。在很多情况下，由于不可抗力事件给承包人造成的损失应由业主承担。

5.7.1.2 业主向承包商的索赔

（1）工期延误索赔。

业主在确定工期延误损失费时，一般要考虑：业主盈利损失；由于工程延期而引起的业主贷款利息增加；工程延期带来的业主附加监理费；由于工程延期不能按时交付使用，赔偿租用原建筑物或租用其他建筑物的租赁费用等。

至于工期延误损失的计算方法，在合同文件中均有具体规定。一般按每延误一天赔偿一定的款额计算，累计赔偿额一般不超过合同总额的5%～10%。

（2）质量不满足合同要求索赔。

当承包商的施工质量不符合规范或合同约定的标准时，或使用的设备和材料不符合合同约定，或在缺陷责任期未满以前未完成应该负责修补的工程时，业主有权向承包商追究责任，要求补偿所受的经济损失。如果承包商在规定的期限内未完成缺陷修补工作，业主有权雇用他人来完成工作，发生的成本和利润由承包商负担。如果承包商自费修复，则业主可索赔重新检验费。

（3）承包商不履行的保险费用索赔。

如果承包商未能按照合同条款指定的项目投保，并保证保险有效，业主可以投保并保证保险有效，业主所支付的必要的保险费可在应付给承包商的款项中扣除。

(4) 对超额利润的索赔。

如果工程量增加很多，使承包商预期的收入增大，因工程量增加承包商并不增加任何固定成本，合同价应由双方讨论调整，收回部分超额利润。由于法规的变化导致承包商在工程实施中降低了成本，产生了超额利润，应重新调整合同价格，收回部分超额利润。

(5) 对指定分包商的付款索赔。

在承包商未能提供已向指定分包商付款的合同证明时，业主可以直接按照监理的证明书，将承包商未付给指定分包商的所有款项（扣除保留金）付给该分包商，并从应付给承包商的任何款项中如数扣回。

(6) 业主合理终止合同或承包商不正当地放弃工程的索赔。

业主合理地终止合同，或者承包商不合理放弃工程，则业主有权从承包商手中收回由新的承包商完成工程所需的工程款与原合同未付部分的差额。

5.7.1.3 承包商向业主的索赔

(1) 承包商提出索赔要求。

承包商应在索赔事件发生后 28 天内向监理（或业主）递送索赔报告。其内容应包括：事件发生的原因、对其权益影响的证据资料、索赔的依据、索赔要求补偿的款项、工期延展天数的详细计算等有关材料。

如果索赔事件的影响持续存在，28 天内还不能算出索赔额和工期延展天数时，承包商应按监理合理要求的时间间隔（一般为 28 天），定期提出每一个时间段的索赔证据资料和索赔要求。在该索赔事件的影响结束后的 28 天内，给出最终详细报告，提出索赔论证资料和累计索赔额。

(2) 监理工程师审核索赔报告。

①监理工程师审核承包商的索赔申请。

接到承包商的索赔意向通知后，监理应建立索赔档案，检查承包商的同期记录时，随时就记录内容提出不同意见或希望应予以增加的记录项目。

在接到正式索赔报告后，监理应认真研究承包商报送的索赔资料，判定索赔是否成立。监理判定承包商索赔成立的条件是同时具备如下三种情况：

第一，与合同相对照，事件已造成了承包商的施工成本的额外支出，或总工期延误。

第二，造成费用增加或工期延误的原因，按合同约定不属于承包商应承担的责任，包括行为责任或风险责任。

第三，承包商按合同规定的程序提交了索赔意向通知和索赔报告。

②对索赔报告的审查。

监理工程师对索赔报告的审查内容主要包括：事态调查、损害事件原因分析、分析索赔理由、实际损失分析、证据资料分析。

(3) 确定合理的补偿额。

在经过认真分析研究，监理与承包商、业主广泛讨论后，监理应该向业主和承包商提出自己的索赔处理决定。监理在收到承包商送交的索赔报告和有关资料后，应在 28 天内给予答复或要求承包商进一步补充索赔理由和证据。

不论监理与承包商的协商是否达成一致，还是监理单方面做出处理决定，准备给予补偿的款额和顺延工期的天数如果在授权范围内，则可将此结果通知承包商，并抄送业主。补偿款将计入下月支付工程进度款的支付证书内，顺延的工期加到原合同工期中。如果批准的额度超过监理权限，则应报请业主批准。

通常情况下，监理的处理决定不是终局性的，对业主、承包商都不具有强制性的约束力。承包商对监理工程师的决定不满意，可按合同中的争议条款提交约定的仲裁机构仲裁或诉讼。

（4）业主审查索赔处理。

当监理确定的索赔超过其权限范围时，必须报请业主批准。业主首先根据事件发生的原因、责任范围、合同条款审核承包商的索赔申请和监理的处理报告。再依据项目的目标，特别是投资目标、竣工投产日期要求，以及承包商在施工中的缺陷或违反合同的情况等，决定是否同意监理的处理意见。

索赔报告经业主同意后，监理即可签发有关证书。

（5）承包商是否接受最终索赔处理。

承包商接受最终的索赔处理决定，索赔事件的处理即告结束。如果承包商不同意，就会导致合同争议。首先双方应通过协商进行解决，如协商达不成谅解，承包商有权提交仲裁或诉讼机构解决。

5.7.2 监理的索赔管理

5.7.2.1 监理索赔管理的原则

（1）公平合理地处理索赔。监理应从工程整体效益、工程总目标的角度做出判断或采取行动，使合同风险责任分担，索赔的处理及解决达到公平、合理，同时要按合同约定行事，实事求是处理索赔。

（2）及时做出决定和处理索赔。监理必须及时行使权力，做出决定，下达通知、指令、表示认可等，以减少承包商的索赔概率，防止干扰事件影响的扩大。特别是在收到承包商的索赔意向后应迅速做出反应，可以及时采取措施降低损失，同时也可以掌握干扰事件发生和发展的过程，为处理承包商的索赔做准备。

（3）尽可能通过协商达成一致。在处理和解决索赔问题时，监理应积极地与业主、承包商沟通，保持经常性的联系。在做出调整价格、决定工期和费用补偿决定前，应充分地与合同双方协商，最好达成一致，取得共识。

5.7.2.2 监理对索赔的审查

（1）审查索赔证据。

监理对索赔报告审查时，应判断承包商的索赔要求是否有理、有据。其中，有理是指索赔要求与合同条款或有关法规是否一致，受到的损失应属于非承包商责任原因所造成；有据是指提供的证据证明索赔要求成立。

承包商可以提供的证据包括下列证明材料：

①合同文件中的条款约定。

②经监理认可的施工进度计划。

③合同履行过程中的来往函件。

④施工现场记录。

⑤施工会议记录。

⑥工程照片。

⑦监理工程师发布的各种书面指令。

⑧支付工程进度款的单证。

⑨检查和试验记录。

⑩汇率变化表。

⑪各类财务凭证。

⑫其他有关资料。

（2）审查工期顺延要求。

对索赔报告中要求顺延的工期，在审核中应注意以下几点：

第一，应划清施工进度延误的责任。因承包商的原因造成施工进度与滞后，属于不可原谅的延期。只有承包商不承担任何责任的延误，才是可原谅的延期。有时工程延期的原因中可能包含双方责任，此时监理应进行详细分析，分清责任比例，只有可原谅的延期部分才能批准顺延合同工期。

第二，被延误的工作应是处于施工进度计划关键线路上的施工内容。

第三，监理单位无权要求承包商缩短合同工期。

（3）审查费用索赔要求。

监理在审核索赔的过程中，除划清合同责任外，还应注意索赔计算的取费合理性和计算的正确性。

承包商可索赔的费用及其合理性取费的内容如下：

①人工费。人工费包括施工人员的基本工资、工资性质的津贴、加班费、奖金以及法定的安全福利等费用。对于索赔费用的人工费部分而言，人工费是指完成合同之外的额外工作所支付的人工费用，由于非承包商责任的工效降低而增加的人工费用，超过法定工作时间加班劳动，法定人工费增长以及非承包商责任工期延误导致的人员窝工费和工资上涨费等。

②材料费。材料费的索赔包括：由于索赔事项材料实际用量超过计划用量而增加的材料费，由于客观原因材料价格大幅上涨，由于非承包商责任工程延误导致的材料价格上涨和超期储存费用。材料费中应包括运输费、仓储费，以及合理的损耗费用。如果由于承包商管理不善造成材料损坏失效，则不能列入索赔计价。

③施工机械使用费。施工机械使用费的索赔包括：由于完成额外工作增加的机械使用费，非承包商责任工效降低增加的机械使用，由于业主或监理原因导致机械停工的窝工费，分包商的索赔费，现场管理费，利息，企业管理费，利润。

5.7.2.3 审核索赔的准确性

审核所采用的费率是否合理、适度，其应注意的问题如下：

(1) 工程量表中的单价是综合单价，不仅含有直接费，还包括间接费、风险费、辅助施工机械费、公司管理费和利润等项目的摊销成本。在索赔计算中不应有重复取费。

(2) 停工损失中，不应以计日工费计算。不应计算闲置人员在此期间的奖金、福利等报酬，通常采取人工单价乘以折算系数计算。停驶的机械费补偿，应按机械折旧费或设备租赁费计算，不应包括运转操作费用。

应区分停工损失与因监理临时改变工作内容或方法的工效降低损失。凡是可以改作其他工作的，不应按停工损失计算，但可以适当补偿降低损失。

5.7.2.4 监理对索赔反驳

监理工程师必须保存好与工程有关的全部文件资料，特别是应该由自己独立采集的工程监理资料。通常监理工程师可以对承包商的索赔提出质疑的情况如下：

(1) 索赔事项不属于业主或监理的责任，而是与承包商有关的其他第三方的责任。

(2) 业主和承包商共同负有责任，承包商必须划分和证明双方责任的大小。

(3) 索赔依据不足，如事实、合同等依据不足。

(4) 承包商未遵守指令、通知要求。

(5) 承包商以前已经放弃（明示或暗示）索赔要求。

(6) 承包商没有采取适当措施避免或减少损失。

(7) 承包商必须提供进一步的证据。

(8) 计算结果夸大损失等。

5.8 土建施工管理要点

5.8.1 土建施工准备阶段

5.8.1.1 施工保障措施

(1) 临时设施布置。临时设施布置时，要根据施工资源规划配备足够的工人住宿设施，一次布置到位，以免因工人宿舍数量不足而影响施工进度。

(2) 在施工场地布置上，有条件的尽可能设计围绕基坑的环形道路，以满足大量土方车辆及材料、混凝土运输车辆的不间断进出。

(3) 为了保证塔吊的有效利用率，实现最大的覆盖范围，塔吊可以直接布置在箱体内（见图 5.15），利用箱体底板作为塔吊基础，以满足塔吊覆盖面积可达箱体面积 95% 以上。但在塔吊具体平面位置上要仔细计算，不能影响后续工序施工。因为塔吊拆除之前，工艺段的水渠及设备已经开始穿插施工了。

图 5.15　塔吊基础布置在箱体底板上

(4) 仔细探勘红线内场地地上管线和地下障碍物，以免施工时损坏造成附带损失。

(5) 精心安排工序穿插。利用结构施工缝、膨胀加强带或者后浇带对箱体进行分区施工，由于工程量较大，为了加快施工效率，应按区块配备 3 家以上劳务队伍进行施工，各个劳务队伍之间在施工空间上、运输设备上都可形成竞争状态。

5.8.1.2　施工方法措施

针对地埋厂的施工特点和难点，应在编制施工组织设计时采用下列措施：

(1) 必须提前组织，合理地预留吊装孔，选择新型材料，优化水平、垂直运输机械的布置，组织场内材料运输路线，提高施工效率。

(2) 需编制薄壁高墙混凝土施工模板支架支撑体系专项方案，方案中要逐项对模板支架的强度、刚度、稳定性逐一计算确认，确保各项指标合格。

(3) 地埋厂综合管线包含工艺管道、通风、除臭、消防、给水、电缆桥架、加药、照明等，很多地方需要设置起重设备，碰撞规避、施工工序的合理组织、各专业交叉施工要求很高。有些设备管道需要在土建施工过程中就提前就位或先放入单体。在施工时各管线的施工顺序要进行合理安排，先下后上，先内后外，需要统筹管理，不能随意施工。

(4) 箱体主体完工时，一次性投入的大量材料拆除外运，将成为一大难题。主体施工期间应考虑拆除外运通道走向，应与设计沟通增加永久或临时预留洞口设计，洞口预留位置考虑上下统一，避开池壁墙体，便于封堵且不影响主体结构质量和安全，此种办法能大大提高工作效率。

5.8.2　深基坑施工阶段

(1) 土方开挖的施工组织。地埋厂由于埋深较大，土方量也相对较大，一个 10 万吨规模的厂土方开挖量几乎接近 60 万 m^3，正常工期需要 3 个月以上。

①认真选择土方弃土场，弃土场的远近影响运输成本和弃土速度。

②机械的组织。土方施工时，要根据进出场道路通行强度、开挖工作面和进度安排配备和组织施工机械（见图 5.16），以保证土方专业顺利开展。

图 5.16　基坑内机械合理组织

③如果持力层在弱透水岩层上，须在基坑内设置若干集水井和排水沟，采用明排水作业。基坑底的控制高程应比设计标高提高 30～40 cm，机械挖完后，再用人工清底。

④土方专业受限制条件较多，在安排作业时间时，要避开雨季、春节、冬季雾霾气候、当地的大型会议（例如糖酒会、运动会、国际会议等）。

（2）支护桩施工。

①成孔标高及尺寸控制。支护桩成孔时要控制好桩底标高及孔径断面，因为支护桩钢筋笼（见图 5.17）通常会提前制作，如果支护桩断面尺寸不够、桩底超挖，都会造成钢筋笼重新制作的问题。

图 5.17　支护桩钢筋笼

②冠梁标高控制。在总平管线施工时，需要破除一定范围内的障碍物。因此，为避免非必要的工作量，冠梁上标高（见图 5.18）可略为降低，略低于地面，以免总平施工时再破除。

图 5.18　冠梁标高控制

③锚索施工质量控制。锚索是深基坑支护体系的重要组成部分（见图 5.19、图 5.20），其施工质量直接影响深基坑支护体系的安全性能，必须严格按设计图及规范施工。

图 5.19　锚索施工

图 5.20　锚板

钻孔深度、倾斜角度、锚索、锚板制作尺寸要严格符合设计要求。灌浆的配合比要严格符合设计要求。锚索张拉要在锚固段砂浆强度达到设计的强度后进行，锚索张拉力要符合设计要求。

④桩头破除控制。桩头破除应采用风镐等小型手持工具，严禁采用大型破碎机，以免打断支护桩主筋或破坏主筋受力断面（见图 5.21），导致影响其与冠梁的锚固效果。

图 5.21　支护桩桩头破除控制

⑤桩间支护控制。桩间支护通常采用挂网喷浆支护（见图 5.22），施工时要控制好网片钢筋直径、间距、喷浆的配合比及喷浆厚度，以保证支护体系整体效果。

图 5.22　桩间支护控制

⑥排水措施。基坑地下水采用降水井降水措施，场地表面必须设计地表水收集系统，并做好地面排水和导流措施，保持基底和边坡的干燥。基坑周边地面尽快封闭，以免地表水浸入土体影响支护体系稳定，导致基坑坍塌（见图 5.23）。

图 5.23　支护系统土体浸水坍塌

地埋厂持力层有时会进入基岩层，基岩层渗水性较差，降水井无法达到降水的目的，必须在基坑底部设置集水沟和集水坑进行明排，否则会影响箱体底板防水及结构施工质量。

⑦基坑保护措施。基坑较深时，必须分层开挖。严格控制在基坑边坡度 1～2 m 范围内堆放材料、土方和其他重物以及较大的机械设备等。以免负重过大，或受外力震动影响，使坡体内剪切力增大，土体失去稳定而塌方。

⑧抗浮锚杆。由于地埋厂箱体处于地下，地下水位长期波动，其产生的浮力对箱体长期产生冲击，抗浮桩或抗浮锚杆的质量直接影响地埋厂的使用寿命。

抗浮锚杆原则上均匀布置，以便箱体底板受力均匀，锚杆锚入底板的长度及弯折应符合设计及规范要求，锚杆锚入地基的深度及灌浆必须符合设计及规范要求（见图 5.24、图 5.25）。

图 5.24　抗浮锚杆灌浆

图 5.25　抗浮锚杆布置

5.8.3　主体施工阶段

5.8.3.1　主体施工阶段注意事项

（1）支模架的选择。

地埋厂由于体量较大，周转材料用量也相对较大，一个 10 万吨规模的厂，支模钢

管用量在 3×10^6 m 以上。但箱体预留进出口只有通气孔、楼梯间和车道进出口，无法满足常规支模架钢管（6~9 m 长）在短时间内的拆除、退场，严重影响后续工序的进度安排，因此，在有条件的情况下，地埋厂支模架采用盘扣架是性价比较高的选择（见图 5.26）。

图 5.26　盘扣式脚手架

盘扣架立杆一般长 2~3 m，安拆方便，节点牢固（见图 5.27），整体安全性强于普通扣件式脚手架。

图 5.27　盘扣式脚手架节点

（2）模板选择。

组合钢模板虽然有成本低、安装便捷等优点，但由于拼接严密性较差，易漏浆，混凝土成型效果较差。地埋厂长期位于地下水位以下，对混凝土的密实度、抗渗性能要求高，所以模板体系宜采用覆膜木模板（见图 5.28、图 5.29）。

图5.28　组合钢模板

图5.29　覆膜木模板

(3) 轴线和标高的控制。

地埋厂箱体一般分两层，上层为设备及操作层，下层为工艺池体，每层柱墙设置较多，层内随水流方向设置有大量洞口、水渠和夹层，标高复杂（见图5.30），在结构施工时，应以工艺图纸为基础，结合BIM模型，务必控制好竖向构件的轴线及横向构件的标高（见图5.31），避免造成后期返工。

图 5.30　箱体夹层标高控制

图 5.31　柱墙轴线控制

图 5.32 中，在结构施工时未严格控制好格栅水槽上表面标高，导致格栅固定件不能与结构紧密连接，在格栅动荷载冲击下会导致连接件松动、移位、变形，甚至格栅损坏。

图5.32　格栅基础标高不符

图5.33中，在底板混凝土浇筑时未能精确控制上表面标高，会导致楼层净空尺寸不足，后期设备安装困难甚至影响池体容量。

图5.33　底板混凝土标高不符

图5.34中，过水堰槽穿墙洞口标高控制不符合设计要求，过低会增大出水量，过高则会影响出水效果。

图5.34　过水堰槽标高不符

（4）箱体结构平整度控制。

地埋厂箱体平面尺寸较大，在平整度控制上要编制专项措施，以保证混凝土浇筑过程中模板不至于移位（见图 5.35），以免影响后期设备安装空间。

图 5.35　**箱体结构变形**

（5）施工洞的留设。

地埋厂箱体结构在施工过程中周转材料较多，设计仅考虑了通气孔、楼梯间和污泥、维修车辆进出通道，不能保证大量材料及时清退出场，必须事先征得设计方的同意，在不影响结构安全的前提下，于楼板上预留若干施工洞，作为材料进出通道（见图 5.36），施工洞在大部分材料清退后进行封闭。

图 5.36　**楼板上预留的施工洞**

（6）预留洞口。

地埋厂箱体墙上沿水流通道上有较多预留洞口，以便安装堰槽、闸门等，在结构施工时，必须按施工图（主要依据工艺图）要求的标高、大小予以预留，避免后期开墙打洞，影响结构安全（见图 5.37）。

图 5.37　结构墙体上预留的洞口

（7）预留预埋控制。

在混凝土浇筑前，一定要按照设备的技术文件，按平面位置和标高，做好预埋件的设置，否则会影响设备安装后的正常使用（见图 5.38）。

图 5.38　设备预埋件的设置

5.8.3.2　穿墙管道渗水防控

（1）套管渗水原因。

①在浇筑混凝土时，由于套管底部的混凝土振捣操作极为困难，不易振捣密实，在此部位混凝土容易出现疏松、蜂窝，成为渗水的通道。

②穿墙管道接触部位的混凝土固结硬化后收缩，形成微裂缝，成为渗水通道。

③施工前没有认真清除套管表面的锈蚀，使管道与混凝土黏结不严密。

④在施工或使用中，管道受到敲击、振动而松动，管壁与混凝土之间产生缝隙而渗漏水（见图 5.39）。

图 5.39 穿墙管道漏水

(2) 防控措施。

①应认真选定混凝土的坍落度，特别注意套管下部混凝土的密实度。

②预埋管或套管外应按照规范要求设置止水环（见图 5.40），并应与管壁满焊密实，以延长水的渗流路径，阻塞管道与混凝土间周围渗水通道。

图 5.40 穿墙套管预埋

③振捣混凝土时，应避免振捣器直接接触管道，尤其是在混凝土初凝阶段，防止对管道的敲击和振动。

④应加强管道表面的锈蚀和油污的清理工作。

5.8.3.3　变形缝渗水防控

（1）渗水原因。

①止水带固定方法不当，混凝土浇捣时被推挤，造成位置偏移。

②止水带两翼的混凝土包裹不严，振捣不密实。

③浇捣混凝土前，止水带周围积灰以及木屑等杂物未清除干净。

④钢筋过密，混凝土浇筑方法不当，粗骨料集中在下部。

⑤地基沉降变形，构筑物产生差异沉降，造成变形缝上下错位，止水带剪切破坏、断裂漏水。

（2）防控措施。

①塑料或橡胶止水带的形状、尺寸及材料的物理性能均应符合设计要求，无裂缝、无气泡。

②塑料或橡胶止水带宜整条制作，如需接长时，应采用热接接头，而不得采用叠接，接缝应平整牢固，不得有裂口脱胶现象。

③止水带应安装牢固，位置准确，与变形缝垂直，其中心线与变形缝中心线对正。不得在止水带上穿孔或用铁钉固定。

④止水带两翼的混凝土必须密实，特别是底板的止水带下面，混凝土振捣必须密实，应防止止水带周围材料过于集中以及钢筋过密的现象。

⑤在变形缝构造处理中，应严格按照规范要求施工，使变形缝具有防止垂直错位、阻止剪切破坏的功能。

5.8.3.4　对拉螺栓渗水防控

（1）渗水原因。

①穿墙对拉螺栓未做防水处理，与混凝土黏结不紧密，混凝土硬化收缩后沿穿墙对拉螺栓渗水。

②穿墙对拉螺栓端部混凝土保护层厚度不足，螺栓杆锈蚀引起周围混凝土膨胀爆裂后渗水。

（2）防治措施。

①在对拉螺栓上加焊止水环，止水环必须满焊。止水环直径一般为 8～10 cm，对于厚度较大的池壁可加焊多道止水环。

②应选用能拆卸的加有堵头的穿墙对拉螺栓。螺栓拆卸后，混凝土表面应留有 4～5 cm 深的锥形凹槽，堵头拆除后，在锥形凹槽内用膨胀水泥砂浆封堵，以防止对拉螺栓端部锈蚀而引起渗水。

5.8.3.5 池底起壳、剥落防控

（1）起壳、剥落原因。

①混凝土表面未清理干净，有油污、浮尘等杂质，表面太光滑、太干燥，降低了找平层的黏结力。

②找平层材质的原因，如水泥砂浆的水灰比过大，水泥的安定性差，砂粒过细等。

③施工方法不对，如找平层厚度不均、一层抹灰太厚，引起板面找平不均匀收缩，从而使找平层产生局部龟裂或起壳现象。

④养护的原因，如找平层养护不及时或方法不当，致使找平层产生干缩裂缝或温差裂缝。

（2）防治措施。

①清理表面杂质、刷洗、补平、凿毛、浇水湿润，使混凝土基面保持潮湿、清洁、平整、坚实、粗糙、无积水。

②严格按配合比要求配制找平层水泥砂浆。

③水泥砂浆找平层厚度必须均匀，当底板凹凸不平，超过 1 cm 时，应剔成缓坡形，浇水洗净后用素灰和水泥砂浆分层交替抹到与基面相平，水泥砂浆找平层厚度一般为 15～20 mm，施工时应分层铺抹，每层厚度宜为 5～10 mm，铺抹时应压实，表面提浆压光。

④加强对找平层的养护工作，应经常浇水，保持表面湿润，养护时间不得少于14 d，养护温度不宜低于 5℃。

5.8.3.6 混凝土池壁渗水防控

（1）渗水原因。

①在池壁混凝土浇筑时，混凝土施工缝振捣不密实，混凝土供应不上造成冷缝，都会造成池壁因混凝土不密实而渗水（见图 5.41）。

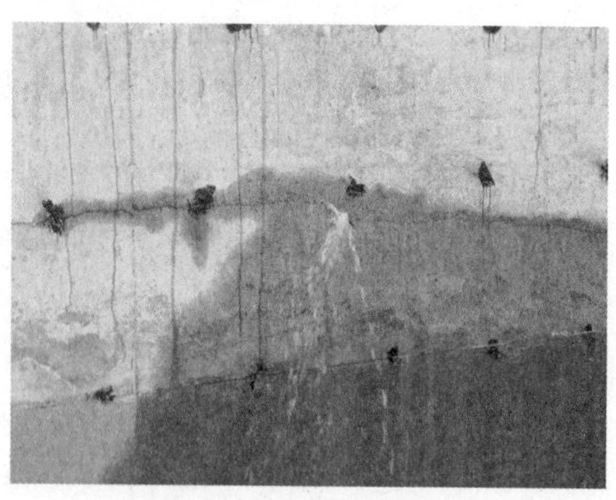

图 5.41 混凝土池壁渗水

②混凝土强度较高，水泥用量大，池壁较薄时，水泥的水化热温升较高，降温散热较快，在干缩和温缩的共同作用下，池壁收缩变形较大，混凝土易产生收缩裂缝（见图5.42）。

图5.42 混凝土结构开裂

③混凝土浇筑时气温较高，与水泥的水化热作用，使混凝土内部温度较高，当混凝土降温收缩，池壁的约束不能满足其要求的收缩变形时，将会在混凝土内部产生很大的拉应力，出现贯穿性裂缝。

④池壁一侧内充满水体，另一侧受气温尤其是夏季高温影响，外侧表面温度高于内侧，此时，外侧表面受到内部混凝土的约束，引起壁面外挠，在池壁中部发生部分变形，产生很大的拉应力，内侧水温较低，产生压应力，易产生较大的温度变形裂缝而使构筑物渗水。随着季节的交替，长期承受反复剧冷剧热的温差，结构内部不断产生裂缝和裂缝扩展。

（2）防治措施。

①严格控制混凝土原材料的质量、技术标准和水灰比，适当掺入减水剂。

②混凝土加料不应太快，应分层浇筑，混凝土振捣要密实，振捣时间以5～15 s/次为宜。

③加强混凝土早期养护，并适当延长养护时间，保持混凝土表面湿润，避免混凝土表面温度的急剧升降。

④冬季施工时，应在尽量减少混凝土本身热量损失的基础上，为防止混凝土早期受冻和控制混凝土的裂缝产生，应有相应的保温措施。

⑤夏季施工时，由于气温高，混凝土内部的水分蒸发较快，对混凝土的抗裂极为不利，应着重采取减少温升的措施。

⑥对于长而大或较薄的池壁，裂缝的主要原因是收缩，应尽量提高池壁混凝土一次浇筑的高度，减少施工冷缝，施工时应分层浇筑，同时要预防急剧的温度变化和湿度变化。

5.8.3.7 二次结构质量防控

（1）原因。

①二次浇筑混凝土找平层或基础尺寸的标高、尺寸不符合设计要求。

②浇筑前基层未清理干净，影响新旧混凝土的结合。

（2）防治措施。

①严格按设计要求控制尺寸和标高，有坡度要求（如刮泥机基面，见图 5.43）时必须用尼龙线做好坡度指引。

图 5.43 刮泥机找坡层

②清理基层表面杂质、刷洗、补平、凿毛、浇水湿润，使混凝土基面保持潮湿、清洁、平整、坚实、粗糙、无积水。

5.8.4 装饰及收尾阶段

地埋厂地上建构筑物较少，涉及的装饰装修工程量占比不高。但仍然要控制好相关的施工质量，保证与地面景观的整体协调性。

（1）砌筑质量防控。砌筑是建筑装饰阶段主要的隐蔽工程之一，如果不按设计和规范要求施工，会造成使用过程中全面开裂、脱落等现象。

①在地下部分，墙体材料应尽可能选择页岩砖类。

②新旧墙体连接处，禁止直接砌筑（见图 5.44），以防形成通缝而导致后期开裂，应按设计及规范要求进行咬合处理。

图 5.44　砌体作业通病

③混凝土及砌体交接处，由于施工工序安排，有时腻子等工序提前插入，造成工作面交叉污染（见图 5.45）。在砌筑时，应将腻子凿去，保证砂浆的黏结性，避免后期开裂出现。

图 5.45　装饰作业通病

（2）门窗洞口质量防控。地埋厂地面门窗洞口较多，洞口与门窗的紧密性影响后期室内外的密闭性和防水性能。

①在结构或砌体施工前，应对照门窗表逐一检查门窗尺寸和预留洞口尺寸的符合性，避免出现较大偏差（见图 5.46），成型后不好处理补救。

图 5.46　门窗洞口预留过大

②外墙上雨棚板、门窗洞上口必须做好滴水线处理，引导雨水外排（见图 5.47）。避免雨水倒流入中控室、配电房等憎水房间，引发安全事故。

图 5.47　雨棚、门窗洞坡口

（3）门窗质量防控。地埋厂通常采用铝合金门窗，从材质和工序上要做好质量防控措施。

①为保温节能，外墙上的铝合金门窗必须采用断桥框料，严禁为节约成本，使用非断桥框料（见图 5.48）。

图 5.48　非断桥铝合金框料

②在安装时要严格按照设计和规范要求操作，注意连接片和发泡剂的工序质量（见图 5.49），门窗框不得直接与墙体接触。

图 5.49　门窗框连接

(4) 装饰质量防控。

①外墙块材粘贴要注意细部处理，阳角处尽量碰角粘贴，不留灰缝（见图 5.50）。门窗上口砖要做出坡度，起到滴水线的作用。

图 5.50　面砖粘贴通病

②外墙门窗洞口要横平竖直，雨水管竖直，固定件安装平直牢固，不得歪斜（见图 5.51）。

图 5.51　外墙管道安装通病

③楼梯砖在排版时就要将踏步、平台合并计算好拼缝位置，不得有错缝（见图 5.52）。

图 5.52　楼梯砖拼缝

④地砖在粘贴前要进行排版打样，不得出现小于半砖的情况出现（见图 5.53）。如果避免不了，就应该用两块大半砖拼接。

图 5.53　地面砖排版

(5) 总平质量防控。总平施工时，问题往往表现为回填质量不符合要求，引起后期沉降、塌陷。

①总平管道施工时，要严格按照设计和规范要求施工，基层夯实，设计有砂垫层的严禁私自取消（见图 5.54)。

图 5.54 管道施工通病

②总平回填材料应符合设计和规范要求，各种骨料均匀，若有较大石块、木屑等杂物，应予以清除（见图 5.55)。

图 5.55 回填料不符合要求

5.9　设备安装管理要点

5.9.1　设备安装管理注意事项

地埋厂的设备进行安装施工时，业主及承包商通常会无法区分主次或不能把握重点，造成后期出现许多设备缺陷。一般情况下，设备安装是在土建结构全部完成前穿插进行的，所以比地上厂施工会面临更多的问题和制约。

（1）合理安排施工工序。

地埋厂的土建和设备安装施工，最终都应该服务于工艺设备的稳定运转，因此设备稳定是首要问题。但有的地埋厂建设时，是在主体完工后，甚至有些主体还未完工时就安排设备安装交叉进行，待设备安装基本完成后再进行建筑施工。这种工序安排虽然保证了建筑成品的完整验收，但因土建施工时的野蛮施工，未做到对设备、管道的保护，造成很多设备地脚螺栓全部掩埋，后期无法拆卸。而粉尘和水汽污染，不仅对施工环境和施工人员健康安全不利，也造成电气柜和仪表等设备存在安全隐患。

正常情况下，在工艺设备安装前，应将所有主体结构施工完，包括墙面、地面粉刷、腻子、乳胶漆等施工项目。因为地面的面层不做完，设备的标高就不易控制，基础螺栓可能会被埋入水泥砂浆或混凝土面层中。喷漆作业产生的雾化油漆容易进入电气元件内部而造成安全隐患，且不易清理。在电气仪表安装完成后，应避免再次大面积建筑施工，同时做好设备的防护工作。

（2）功能性试验。

为了保证后期生产运行和检修的安全，在工艺设备安装前后，各类功能性试验需要按要求实施。例如，满水试验、曝气池和滤池的气密性试验、电气绝缘测试、单机调试和联动调试等。功能性试验既为检验结构的合格性及工艺设备的安装效果，也关系到工艺设备稳定运行以及后期的正常生产和检修的实施。

（3）满水试验。

地埋厂工艺池体构筑物施工完毕交付安装前，必须按照《城镇污水处理厂工程施工规范》（GB 51221—2017）的相关要求，进行满水试验。试验合格后，方能移交安装作业。承压构筑物满水试验合格后，尚应进行气密性试验。

很多污水厂因为试验用水源问题，业主和承包商都会忽视满水试验，结果通水后因为管道阀门、池体漏水严重，出现池体设计水位无法维持、仪表探头暴露于空气损坏等现象，严重时会因相邻的池体渗水严重，而无法检修水底设备。这些都是未严格进行满水试验的结果。如不进行气密性试验，一旦通水后出现问题时，很多水下设备，如曝气盘（管）、滤池、滤头、滤砖，无论采用池体放空、排泥挖沙等，都将造成严重的损失。

（4）技术复核。

工艺设备安装施工前，应确认设备安装所需的预埋套管、预留洞口及预埋件的位置、标高，施工时应采取有效的防移动、防碰撞控制措施。

(5) 节点时间的掌控。

工艺设备进场安装时，土建单位也在施工，为此可由监理督促和协调设备具体的施工时间。业主可按照生产顺序掌握几个较为关键的节点工程，如泵房设备的安装、生物池设备的安装、滤池设备的安装、正式电送配电以及功能性试验时间等。在箱体内，大型起重和转运设施无法使用，所以安装前要编制专项施工方案。其他构筑物设备可以围绕施工的主线作合理安排，建议按照先水下后水上、先池底后池上、先难后易、先工期长后工期短的设备顺序进行，综合现场情况，可交叉同时进行，以便缩短工期。验收前，需了解验收备案所需各项手续和流程，确保电检、消防、环保等验收的顺利。

(6) 工作面移交。

安装施工前，土建专业应会同安装专业对交叉部位、重叠部位进行核对，并应确定施工顺序，办理移交手续后，方可进行安装施工。

(7) 及时协调和协助。

设备安装和后期调试中会出现各种变动因素，例如，设计的优化及变更、送配电过程中的各种手续办理、安装后的运营单位进场整改等诸多事项，业主需要及时予以协调和协助，特别是大的变更项目必须及时跟踪和确定，并督促设计图纸及时到位，以免影响施工进度。

(8) 脚手架。

地埋厂与普通地上厂不同，常规电气、照明、通风、自控、消防、设备均位于箱体内，其安装工种及作业面较多，不宜采用普通脚手架，根据现有经验，宜采用叉剪式高空作业平台（见图 5.56）。该平台承载能力强、操作灵活方便、安全可靠，节能环保、无噪声，工作高度可达 15 m，安全工作荷载 250 kg，使用效率较高。

图 5.56 叉剪式高空作业平台

5.9.2　安装施工流程

地埋厂的工艺设备安装不同于普通的机电安装，其工艺设备安装流程详见图 5.57。

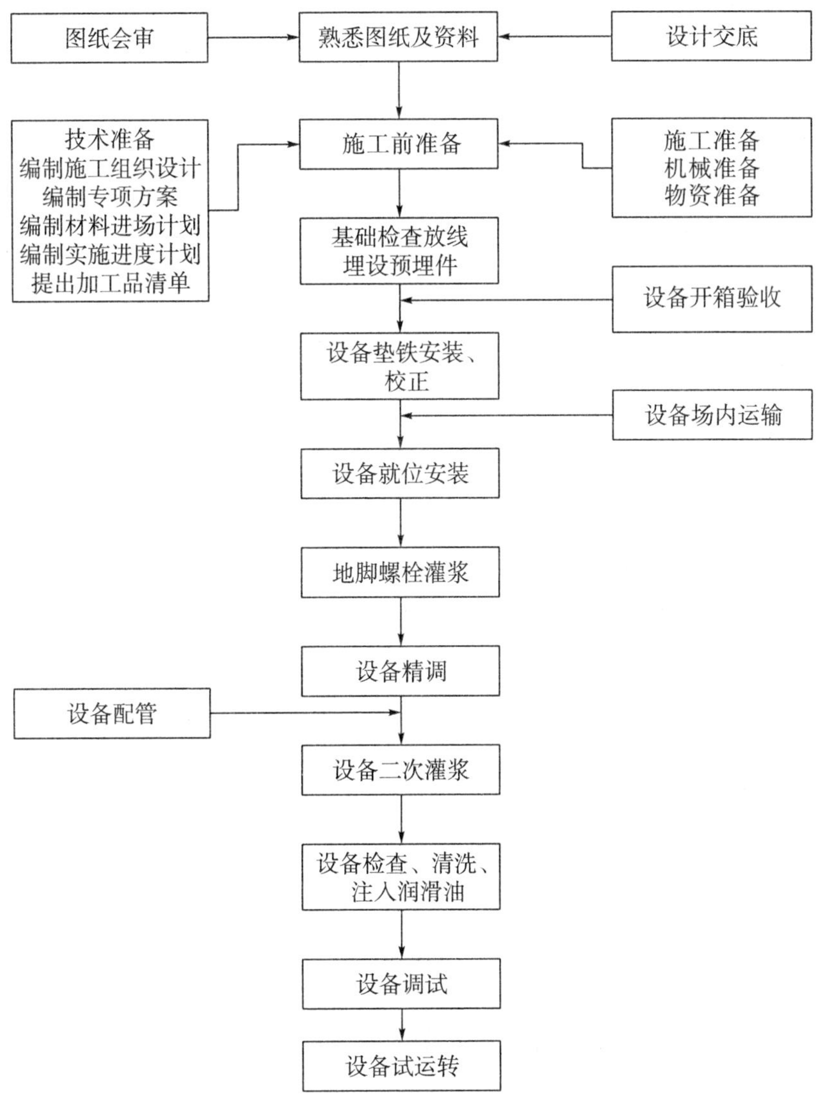

图 5.57　工艺设备安装流程

5.9.3　闸门类设备安装调试

地埋厂内使用的闸门种类较多，通常有速闭闸门、铸铁镶铜闸门、不锈钢渠道闸门、不锈钢闸门和叠梁闸门等。闸门的技术参数主要有材质、尺寸、抗压水头、电动启闭机和品牌等。

5.9.3.1 安装注意事项

闸门类设备安装注意事项如下：

(1) 安装时闸门应处于铅垂状态，不可斜置。

(2) 将闸板框吊至安装位置，确保闸门安装方向正确，用手动葫芦初调闸门框位置，将螺栓穿入，并与预埋钢板、钢筋头或角钢加钢筋焊接起来，再将墙体与闸门用螺栓固定起来。

(3) 闸门安装用整体安装，二次浇筑，将闸板与闸框的间隙调到 0.3 mm 以下，方可进行二次浇筑。在浇筑混凝土时，流进闸板、闸框、斜铁、挡板间隙的灰浆必须清除，防止灰浆凝固后影响闸门启闭。

(4) 安装启闭机与螺杆时应注意启闭机、螺杆与闸门必须在同一铅垂面内（见图 5.58）。启闭机安装完毕后，对启闭机进行清理，修补已损坏的保护油漆。

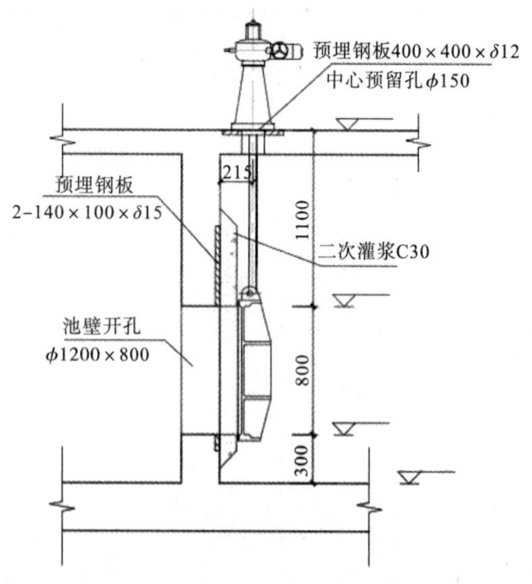

图 5.58 闸门安装示意

安装启闭机的基础，必须稳固安全（见图 5.59），启闭机机座与预埋钢板焊接牢固。

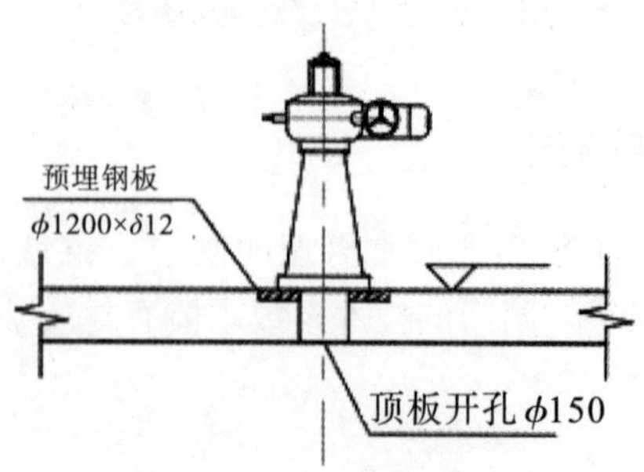

图 5.59 启闭机连接构造

（5）闸门密封面应进行漏水试验，其渗水量不应大于允许值。

（6）闸门框与土建结合部分不应有较大缝隙，不应有渗漏现象，否则应进行补漏。

（7）中间轴与导向架内孔周边间隙均匀无碰擦。

（8）安装开度指示器指示正确。当闸门提升高度较高时，应增设轴承架。

（9）复核各安装尺寸并进行调整，直至达到设计要求。

5.9.3.2　闸门的调试

闸门调试的内容如下：

（1）水流方向必须正面进入闸门，闸门不可承受反向压力（双向闸门除外）。

（2）手动转动启闭机，检查是否有阻滞、碰撞等现象及异常响声，手动检查完成后再进行电动试运行。在启闭机使用操作过程中如果发现异常情况，务必立即停止使用并采取合适的方法排除安全隐患。

（3）启动试车，检查螺杆的旋转方向是否正确。调试过程中应注意观察螺杆、闸门是否升降平稳，有无卡顿现象，检查电动机负荷情况有无异常。

（4）在启闭机初步调试结束后，与闸门连接起来，在闸室内进行全行程启闭试验。闸门全行程上下启闭三次，检查运行时有无卡阻现象、闸门运行是否平稳，有无异常响声。在启闭时应当注意闸板的上下极限位置，必须安装限位开关才能避免破坏闸门和启闭机。

5.9.4　格栅类设备安装调试

地埋厂由于空间相对受限，粗格栅通常采用回转式格栅（见图 5.60），中、细格栅通常采用内进流网板格栅（见图 5.61）或转鼓式格栅。回转式格栅由驱动装置、链传动装置、导向装置、拦污系统、排渣装置等组成，是地埋厂主要的固液分离装置，可以去除污水中较大的杂质，防止这些杂质堵塞管道和水泵，起到保护作用。

图 5.60　回转式格栅

图 5.61　内进流网板格栅

格栅类设备的主要工艺参数有流量、尺寸、材质、过栅流速、功率和品牌等。

5.9.4.1　回转式格栅安装注意事项

回转式格栅安装注意事项如下：

(1) 格栅机放入基础就位后，其安装角度符合设计要求，保证设备的安装水平度小于 1/1000，然后拧紧地脚螺栓。

(2) 机架上的支座与地面上的预埋件钢板对正，然后将支座钢板与预埋件焊接牢固，格栅安装后底部如有间隙，可用混凝土封住固定。

(3) 如果没有安设预埋件，可用膨胀螺栓将设备支座与地面连接固定，注意水平度、垂直度。

5.9.4.2　回转式格栅调试

回转式格栅调试过程如下：

(1) 设备通电运行前，先用手摇把插入电机尾部方榫内，按安全罩上箭头方向用手摇动电机，应无其他影响运转的因素存在。

(2) 卸去安全罩放松张紧链轮，卸下减速机端链条，通电试运转，看减速机的转向是否与安装罩上所示方向一致，严禁反转。

(3) 用张紧链轮调节器调整链条的松紧度，并用张紧螺杆调整耙齿链的松紧度。

(4) 接通电源，开启，观察其设备耙齿运转方向是否与安装罩箭头所示方向相符，如果不符，应断电调整。

(5) 接通电源后进行空载试运转，首先应点动、手动开关，观察格栅有无抖动、卡阻、跳突现象及异常噪声，如有不正常现象应停机检查、排除。

(6) 格栅除污机空载试验全程中，技术人员一定要确保格栅条导轨垂直平面与侧向平面之间的平行性。另外，也应该认真观察耙齿、格栅条的运行状态，从而保证卡阻现象发现的时效性，确保设备故障处理的快捷性。

5.9.4.3　内进流格栅安装注意事项

内进流格栅安装注意事项如下：

(1) 检查设备的尺寸是否与渠道相配套，两侧针齿条跨距与导向轨、导轨导向跨距的偏差是否符合要求，如在运输过程中造成移位，需重新调整，检查各个已安装的螺栓是否紧固。

(2) 安装位置的杂物需清理干净，槽内在安装完成前必须保持干净、清洁。按图纸仔细核对，检查各预埋件尺寸是否与预埋件图相符，检查完毕后，即可将设备安装就位。

(3) 将内进流格栅机架上的支座与地面上的预埋件钢板对正，然后将支座钢板与预埋件焊成一体，格栅安装后底部如有间隙，可用水泥砂浆封住固定。

(4) 机体放入基础就位后，其安装角度应符合设计要求，格栅卸料口平面应与格栅井操作平台面平行，格栅墙板应与格栅井操作平台面垂直，设备安装的水平度误差小于1/1000，然后根据安装图将设备与预埋件焊接牢固，再将地脚螺栓拧紧。

5.9.4.4　内进流格栅调试

内进流格栅调试过程如下：

(1) 单体试车前，检查格栅机倾斜角度，应达到设计要求，格栅机底脚垫铁焊好及格栅机中心位置是否正确。

(2) 通电运行前，先用手摇把插入电机尾部方榫内，按安全罩上箭头所示方向用手摇电机，应无其他影响运行的因素存在，卸去安全罩，放松张紧链轮，卸下减速机端链条，通电试运转，看减速机的运转方向是否与安全罩上所示箭头方向一致，严禁反转。

(3) 先点动开启，检查电机转向是否正确，确定好后启动，格栅机启动后检查格栅链有无刮边，电机减速机有无振动，声音有否异常，连续转动 2 h，电动机表面温度是否正常，并记录电机等设备运转情况。

(4) 装好安全罩，接通电源空载运转，应无抖动、卡阻现象及异常噪声等，空载试运转后，再投入负载运转。

5.9.5　泵类设备的安装调试

地埋厂泵类设备的种类较多，有潜污泵、污泥泵、穿墙轴流泵、回流转子泵、输砂泵等，是主要耗能设备之一，能耗约占耗电量的 30%，泵类设备的高效运行与否对污水厂的运行效率和运行成本有着重要影响。

泵的性能参数主要有流量、扬程、功率，此外还有转速、材质、安装方式、吸程、效率等。

5.9.5.1 泵类设备安装注意事项

（1）潜污泵的安装方式。

①移动式安装，是指泵出口管路直接通过软管连接至水面上，潜污泵靠自重置于水池底部或通过铁链等悬挂在起吊装置上。移动式安装无需耦合器和池底固定，便于移动，检修时连管道一起起吊即可。同时由于安装方式的原因，难以承担大的力矩，只适用于小型的潜污泵。

②耦合式安装，是指通过耦合器将泵与管道相连，泵与出水管路脱离方便，水泵检修时通过起吊装置即可（见图 5.62）。池底固定耦合架，竖直安装两根导轨，可以方便将泵提起放下，而不用在池底安装泵，泵的出口和排出管自动锁紧安装，维修相当方便。耦合式安装适用于各种规格的潜污泵，是潜污泵最常用的安装方式，耦合器由设备厂家成套供货。

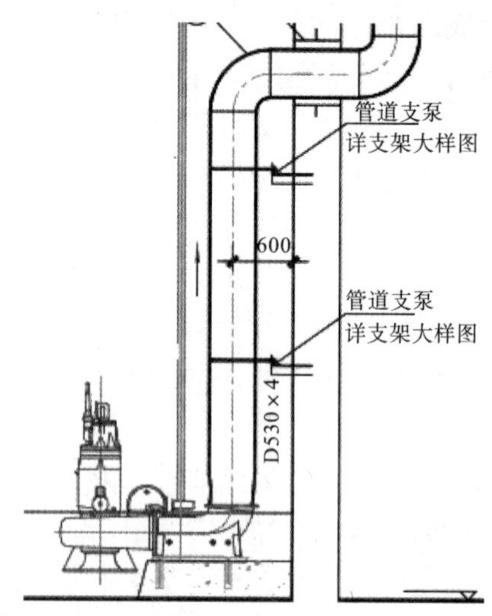

图 5.62 耦合式安装

（2）水泵支座安装。

将水泵支座放上基础，穿上地脚螺栓，初调后进行一次灌浆，再用钢垫板细调水泵支座，调整支座端面水平面时应尽量垂直，以确保安装及运行质量，其混凝土基础顶面水平偏差不得大于 0.5%，全长小于 10 mm。

（3）出水管安装。

①出水管表面质量应符合下列规定：表面光洁，无裂纹、夹渣、折叠、重皮和超过壁厚允许偏差的局部凹陷、碰伤，出水管加工允许偏差符合规定。

②首先按设计要求装好管箍，在屋顶梁上安装手动葫芦或是固定好滑轮，用卷扬机将管吊起或使用桥式起重机吊放到安装位置，自下而上进行安装，垂直管的安装垂直度偏差为 0.1%，全长小于 10 mm，管子安装前用水冲洗干净。

③出水管水平段与钢套管的间隙应均匀，钢套管应符合设计要求。

④每对连接法兰应平行，并保持同轴性，允许偏差均应小于 0.5 mm，保证螺栓能

自由穿入。

⑤螺栓连接应符合规定，每对连接法兰应使用相同规格、型号的螺栓，安装方向一致，紧固力矩相同，松紧适度。

⑥法兰间的垫片质地柔韧，无老化变质，表面无分层和折损。

(4) 潜污泵安装。

吊起泵体，将耦合装置放置到导杆内，使泵体沿着导杆缓慢降低，直到耦合设备与泵座上的出水弯管相衔接。利用其自重自行与泵支座扣紧，接触应紧密，水泵出水管与出水弯管进口中心线重合。

(5) 泵体水平度、垂直度的允许偏差不得大于 0.1 mm，安装基准线与建筑物轴线、设备平面位置及标高的允许偏差不得超过规定。

(6) 电气接线应符合说明书中电气接线图和回路图的规定，按说明书图示要求，将动力电缆向上拉直，并将其固定。

5.9.5.2　泵类设备的调试

泵类设备的调试过程如下：

(1) 检查水泵后阀门是否处于正常状态，检查水泵耦合是否严密，各种配件是否牢固，无松动。

(2) 用万用表检查电动机绝缘，电机尾轴应无卡阻现象，各接线端连接牢固，无碰线现象，接线应完全正确。

(3) 合上控制箱电源，检查电气指标是否显示正确。

(4) 手动调试，把控制柜的转换开关旋至手动挡，点动水泵，在最短时间内启动电动机，使潜污泵空转几圈，检查电动机转向是否正确，检查电动机是否有异常的响声。检查叶轮旋转方向是否正确，并无异常声音，无卡阻现象，叶轮转动应灵活。

(5) 空载试车无问题后按使用说明书要求注入足够水，调好液位浮球高低，注意集水池液位，为保证泵高效，应尽量高水位运行，避免烧泵（见图 5.63）。把控制柜的转换开关旋至自动挡，水泵应能根据水位高低自动启动/停止水泵。带负荷运行 4 h，试车无异常，即停止电动机切断电源。

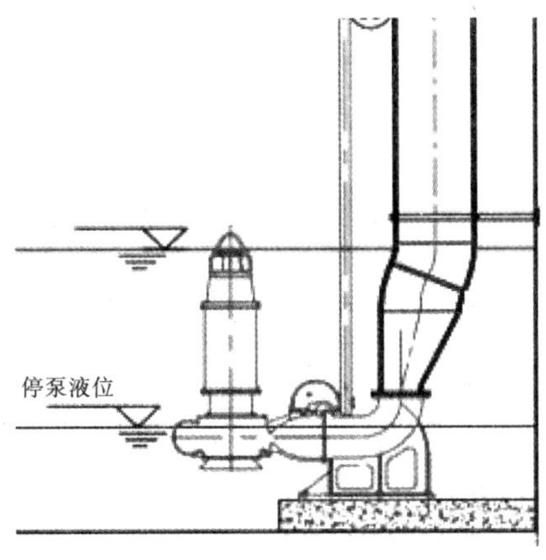

图 5.63　集水池水位控制

(6) 观察控制柜和控制台的电流表和电压表读数是否正常，流量是否正常，记录好水泵运转时的启动时间、启动电流值、运行电流值，检查轴承、电机温升是否符合厂家技术要求。

5.9.6 潜水搅拌器的安装调试

潜水搅拌器是一种在全浸没条件下连续工作，集搅拌混合和推流功能于一体的浸没式设备（见图 5.64)。采用潜水搅拌器可防止污泥沉积在池底部，将污水与回流液和再循环水流混合在一起，使悬浮固体均匀分布，从而使微生物与污水之间和污泥之间有充分的接触。

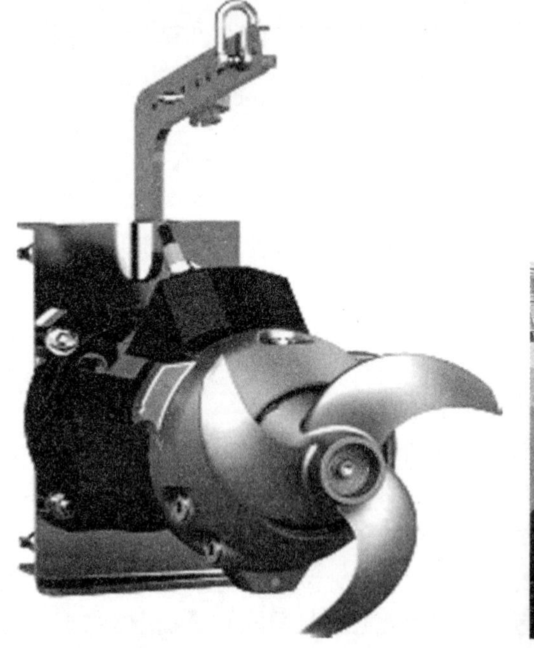

图 5.64 潜水搅拌器

潜水搅拌器的工艺参数有材质、直径尺寸、转速、工作方式、功率等。

5.9.6.1 搅拌器安装注意事项

搅拌器安装注意事项如下：

(1) 具有足够承载力的升降装置就位，下降装置已安装在水池中。

(2) 将导杆和吊架按要求用膨胀螺栓固定好，装上减振块和滑套。

(3) 使用升降装置和提升设备将搅拌器安装在下降装置上，将滑套套入方形导杆中，在搅拌器就位前，检查升降是否灵活自如。

(4) 缓慢均匀放下搅拌器，确保搅拌器就位正确，使手摇葫芦钢丝绳处于松弛状态(见图 5.65)。放下搅拌器前应测试叶轮旋转方向。

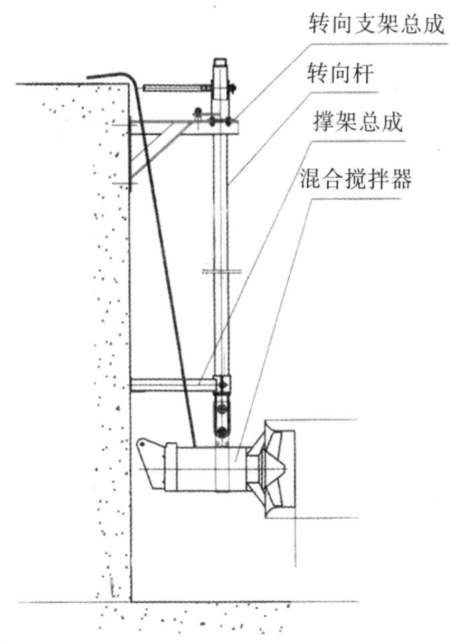

图 5.65　**潜水搅拌器安装示意**

（5）确保电缆在搅拌器运行时，不被卷入叶轮中。

5.9.6.2　搅拌器的调试

搅拌器的调试过程如下：

（1）检查旋转方向，接通搅拌器，运行不超过 15 s。

（2）将搅拌器悬在升降导杆上，接通电源，从叶轮向电机方向看，叶轮应为逆时针方向。如旋转方向不正确，应更换电源电缆的两端。

（3）试运转正常后，切断电源，将搅拌器沿导杆放入水下，并确保搅拌器安装到位，接通电源进行运转，并检查是否正常。

（4）搅拌试车，试车前检查叶片与底座标高是否正确，轴是否垂直，对中心检查，减速箱底座平行及底脚垫铁是否焊好，检查油标，点动启动，看电机转向，检查轴的振动有无杂音，连续运转 2 h，看是否正常。

5.9.7　曝气器的安装调试

曝气器是整个鼓风曝气系统的关键部件，是将空气分散成气泡，增大空气和混合液的接触界面，把空气中的氧溶解于水中。曝气器通常分为管式微孔曝气器和盘式微孔曝气器（见图 5.66），地埋厂多用盘式曝气器。

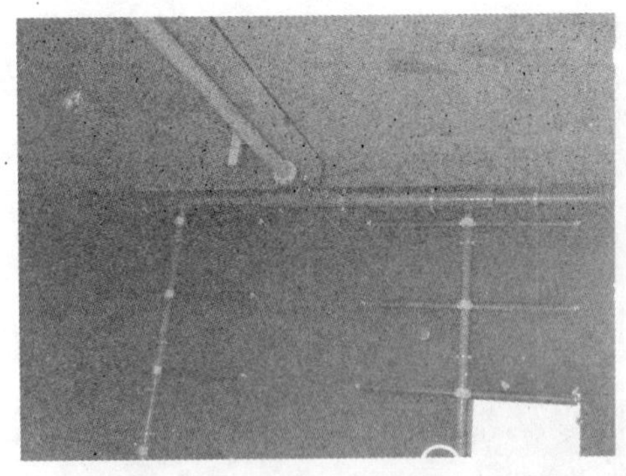

图 5.66　管式曝气器和盘式曝气器

曝气盘主要由底座、上螺旋压盖、空气均流板、合成橡胶膜片等组成。

曝气盘的性能指标有曝气盘直径、材质、有效空气流量、空气阻力损失、氧转移率、充氧能力、曝气效率、氧利用率。

5.9.7.1　曝气盘的安装注意事项

曝气盘的安装注意事项如下：

（1）曝气盘及管路系统的安装，必须按设计图纸的要求分组敷设。

（2）布气支管底部距池底距离、容许平面高差应符合设计图纸要求，支架安装平整牢固，支架与布气管之间应留有间隙。

（3）立管安装垂直度偏差应符合设计要求。

（4）鼓风机出气管与池内进气干管连接前，用鼓风机吹扫 30 min，吹除空气管中的杂质，吹扫干净结束后才能连接。管道系统安装完毕，以清洁的压缩空气吹扫后方可安装曝气盘。

（5）池内适当高度建立水平线，作为安装曝气盘水平调整基准线。底盘与布气干管连接后，其底盘面与管轴线垂直方向误差应符合设计要求。

（6）空气支管牢固支架应可调，调整后曝气盘表面偏差应符合设计要求。

（7）曝气盘空气支管牢固支架应有充足的锚固力，在任何情况下保证布气管路稳定无上浮，在污水中避免管路因不同的热胀冷缩而损坏，因此，固定支架在垂直度方向设为可调，保证池内所有曝气盘都保持在同一水平面上。

（8）安装完成后，必须进行清水调平，通气检查，如有曝气盘出现漏气应及时拧紧或更换，合格后方可放水运行。

5.9.7.2　曝气盘的调试

曝气盘的调试过程如下：

（1）为防止管道和连接部位漏气，需要对曝气盘进行调试，放水超过曝气盘 100～200 mm 深度试漏，鼓风机通气，通气如发现有管道连接部位漏气应及时排除，然后正式投运。

（2）在放水至吞没大部分曝气盘时，查看曝气盘高度能否在一个平面上，并进行调整（见图 5.67）。

图 5.67　曝气盘高度测试

（3）检查全部管道接口及曝气盘衔接处的密封性，看是否有漏气现象。

（4）在计划通气量的条件下，检查曝气布气是否平均，每个曝气盘透气面积应大于 80%（见图 5.68）。

图 5.68　曝气盘曝气测试

5.9.8 刮泥机的安装调试

刮泥机是利用机械传动收集池底污泥的专用排泥机械，刮泥机主要用于初沉池、二沉池、浓缩池中排泥。地埋厂受平面布置限制，工艺池体均为方形，因此，通常采用往复式链板刮泥机（见图5.69）。

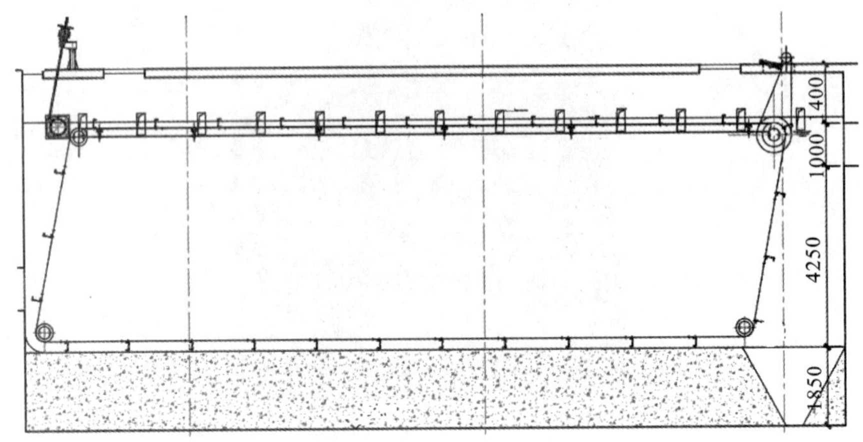

图5.69 往复式链板刮泥机

链板刮泥机由驱动装置、传动链条与链轮、牵引轮与链轮、刮板、导向轮、张紧装置、导轨支架等组成。

刮泥机的主要技术参数有尺寸、材质、功率。

5.9.8.1 往复式刮泥机的安装注意事项

往复式刮泥机的安装注意事项如下：

(1) 导轨安装。池壁的中心线作为该侧轨道中心线，也是安装完成后该侧行走轮的中心线，以此中心线为基准，根据设计尺寸和桥架驱动梁的实际距离，准确定出另一侧轨道中心线，核实轨道中心线高程，处理混凝土基面，准确放出螺栓孔位置，将支架底板（主要由底板、螺栓、托板、压板、紧固件组成）与安装线上的预埋钢板焊接，焊接时应保证各底板中心在一条线上，两线跨距的偏差符合设计要求。敷设导轨，调整导轨使其直顺度、平整度和两条导轨间的距离符合要求，将固定螺栓拧紧，焊接压板，完成轨道安装。

(2) 确定沉淀池地面纵向中心线，地面纵向中心线作为刮泥机设备后续布置和安装的基准。

(3) 安装榫轴。确定榫轴中心线以便主动轴、下惰轮、尾轴上惰轮和下惰轮的安装。在沉淀池两侧分别确定榫轴中心线，安装地脚螺栓，放置榫轴并用水平调节螺栓调节榫轴水平。

(4) 装配主轴。将从动链轮键嵌入大端管中的键槽中，装配拼合式从动链轮，拼合式从动链轮绕主轴，用螺栓连接此两半从动链轮但不要完全紧固，紧固件稍微松开一点，确认链轮链齿中心线与池壁的偏距正确。接着，紧固所有的紧固件，使两半从动链轮紧贴在一起。

（5）安装主轴链轮。通过测量地面与沉淀池中心线的距离来确定驱动链轮的链齿中心线，绕主动轴装配链轮，装配时不要完全紧固紧固件，让紧固件稍微松开一点。在对应的轴键上滑动每个链轮，检查一下每个驱动链轮是否垂直，紧固所有紧固件，确认主轴链轮是否与下方链轮对准。

（6）量出沉淀池中心线与沉淀池地面之间的距离并作标记，在沉淀池两端测量该距离，根据这些基准划线。从沉淀池的集泥槽开始划线，在线上放一条耐磨衬条，钻孔，插入地脚螺栓（地脚螺栓长度不应小于 20 cm），更换耐磨衬条并用不锈钢紧固件紧固直至耐磨衬条被紧固（见图 5.70）。

图 5.70　耐磨衬条及导轨安装

（7）安装回程轨道系统。用地脚螺栓固定好池壁支架，然后用不锈钢螺钉和垫圈将拼接支承桥架安装在每一池壁支架端部，拼接支承桥架也称作运行导轨。将玻璃纤维结构角撑置于拼接支承桥架上，玻璃纤维结构角撑也称作回程导轨，用不锈钢紧固件将轨道固定在拼接支承桥架上。

（8）安装刮泥板只需安装简单的装配夹具，该装配夹具可以保证安装的刮泥板装置的尺寸精度和位置重复性。

刮泥板的连接金属紧固件不得过紧，施加于紧固件上的扭矩要恰到好处。这样，开口锁紧垫圈被压扁，如果施加的扭矩过大，则会损坏刮泥板。

（9）安装刮泥机链条。将刮泥板组件置于回程导轨上，耐磨靴放在耐磨衬条上，确保刮泥板方向正确，将预先装配好的刮泥机链条置于沉淀池中心线两侧的池底平面上。

计算链条上跨中心线的互接链条节数是十分重要的，这样才能确保每根链条上的链条节数相等（见图 5.71），确保链条运动方向正确一致。

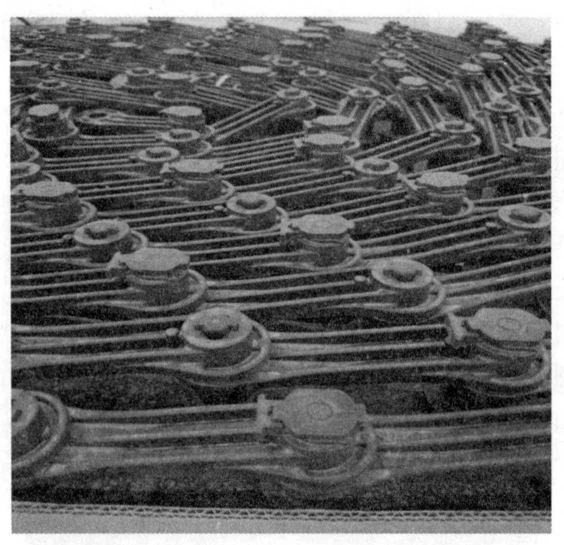

图 5.71　刮泥机链条

合适的刮泥机链条悬链度对刮泥机设备保持最佳性能是十分重要的。初始启动后，有可能要对刮泥机张力进行调节。

(10) 安装驱动装置。根据总布置图和安装程序安装地脚螺栓、安装板和驱动装置(电机和减速机)。

(11) 安装限位系统。先测量放线，定出防撞挡和限位挡的位置，安装时先装限位挡，再根据实际尺寸安装防撞挡。

5.9.8.2　往复式刮泥机的调试

往复式刮泥机的调试过程如下：

(1) 手动推动刮泥机在干池里来回运行 2 遍，观察吸泥板与池底的间隙是否正确，导向轮是否卡阻，行走轮是否保持在轨道轴线上行走，刮泥板与导轨的配合是否正确。观察刮泥机各部件之间、各部件与基础的配合是否良好，要小心检查碰撞点。各部位是否有异响或卡阻，观察各运动部位的油量、轴承温度、响声、振动，行走是否平稳，各限位机构是否正确可靠，如发现问题应及时处理。

(2) 检查电动机，电动机尾轴应无卡阻，各结构端连接牢固，无短接现象，接线正确。

(3) 合上控制箱电源，检查电气指示是否正确。

(4) 干式运行无误后可向池中加注清水，通电再运行几个行程，运行所有的功能。用清水运行几个行程，正常后池中可以注入污水。

(5) 池内水位达到设计标高后，启动刮泥机，观察刮泥机的运行是否平稳，启停是否灵敏，液压缸等附件工作是否可靠，来回运行 2～4 个循环，观察其是否准确，一切正常后即可投入使用。

5.9.9　鼓风机、砂水分离器、脱水机的安装调试

鼓风机、砂水分离器和脱水机基本上属于集成化设备，安装及调试过程相对简单，基本一致。

5.9.9.1　鼓风机的组成

在早期的污水处理系统中，由于处理规模不大，同时基于控制投资的考虑，一般使用罗茨鼓风机。罗茨鼓风机存在容量小、效率低、噪声大、供气不均匀、运行维护费用高等问题。在曝气、除臭工艺段中，目前广泛采用多级离心鼓风机、单机离心鼓风机或磁悬浮鼓风机等。

罗茨鼓风机具有噪声大、压力高、风量大的特点。离心式鼓风机具有噪声小、效率高、风量大、振动小的特点。磁悬浮鼓风机具有清洁无污染、噪声小、节能环保的特点。

鼓风机的主要工艺参数有风量、材质、风压、功率、工作方式。

5.9.9.2　罗茨鼓风机的安装注意事项

罗茨鼓风机的安装注意事项如下：

（1）罗茨鼓风机应安装在地面结实坚固的场所，周围应留有充分的余地，便于检查、维护、保养。

（2）罗茨鼓风机在高速运转工况下会产生振动，由于其内部空气的脉动，也加大了振动。所以罗茨鼓风机需要用预埋地脚螺栓把风机连接起来（见图 5.72），使风机底座和基础牢固地连接在一起，以减小罗茨鼓风机在运转中的振动位移，提高设备的运行安全性，从而大大延长鼓风机的使用寿命。

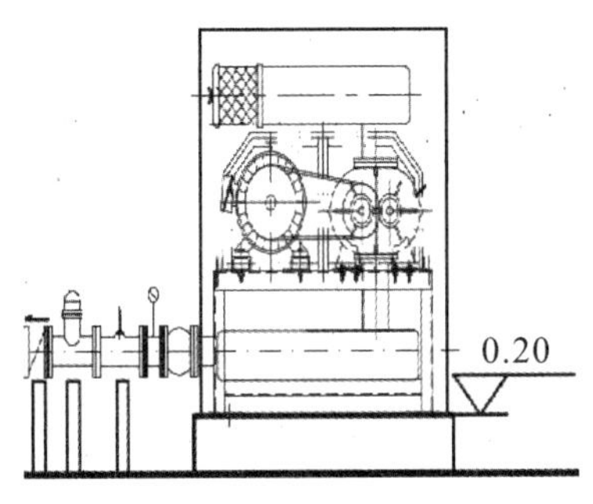

图 5.72　罗茨鼓风机安装示意

（3）底座四角处建议垫减震橡皮或用螺栓浇制安装，确保罗茨鼓风机运转平稳，振动小。

（4）罗茨鼓风机与系统的连接管道应密封可靠，并安装消音器减小罗茨鼓风机运行产生的噪声。

（5）在连接管路中，可在罗茨鼓风机进气口上方安装阀门及真空计，随时可检查罗茨鼓风机的极限压力。

(6) 电动机标牌规定连接电源，并接地线和安装合适规格的熔断器及热继电器。

5.9.9.3 罗茨鼓风机的调试

罗茨鼓风机的调试过程如下：

(1) 检查罗茨鼓风机管路中的闸阀是否全打开，并用手动盘车，感到轻松时，打开出口排气门。

(2) 在无负荷状态下接通电源，启动罗茨鼓风机核查电机运转方向。

(3) 正式启动风机，进入空载运转。在空载运转前应把出口管道里的焊渣、杂质、飞尘清除干净，同时让罗茨鼓风机在空载时吹清管道里面的杂物飞尘。罗茨鼓风机开启后应检查润滑是否正常，检查有无异常响声及急剧发热现象，如有应立即停机检查。

(4) 空载运转 0.5~1 h，无异常情况开始加载。逐渐关闭放空闸阀使罗茨鼓风机进入系统（或用变频调到正常工作状态），确保出口管道压力表指示不能超过铭牌额定压力。

(5) 观察电流表，注意电流变化，不能超过额定电流。注意机体的温度及振动情况，有异常情况应立即停机检查。

(6) 一切正常后关闭排气门使鼓风机投入系统满负荷运转。注意罗茨鼓风机在满负荷运转中的机壳、油箱、排气等部位的温度，罗茨鼓风机整体振动时电流是否稳定。

(7) 在满负荷运转 1 h 后无异常情况则将设备安全投运。

(8) 在运转中观察风管部件的情况，是否有漏气及松动现象。

(9) 停车时首先打开排气门，一直到全开状态。

5.9.9.4 离心风机的安装注意事项

离心风机的安装注意事项如下：

(1) 离心风机一般由叶轮、机壳、集流器、电机和传动件（如主轴、带轮、轴承、三角带等）组成，叶轮由轮盘、叶片、轮盖组成，机壳由蜗板、侧板、支腿组成，大型离心鼓风机通过轴联器或皮带轮与电动机连接。

(2) 离心风机通常采用整体机组的安装方式，应直接放置在基础上，用成对斜垫铁找平。

(3) 轴承座与底座应紧密接合，安装水平度应符合技术标准的要求。

(4) 风机机壳组装时，应以转子轴心线为基准找正机壳的位置，并将叶轮进气口与机壳进气口间的轴向和径向间隙调整至规定范围内，同时检查地脚螺栓是否紧固（见图5.73）。

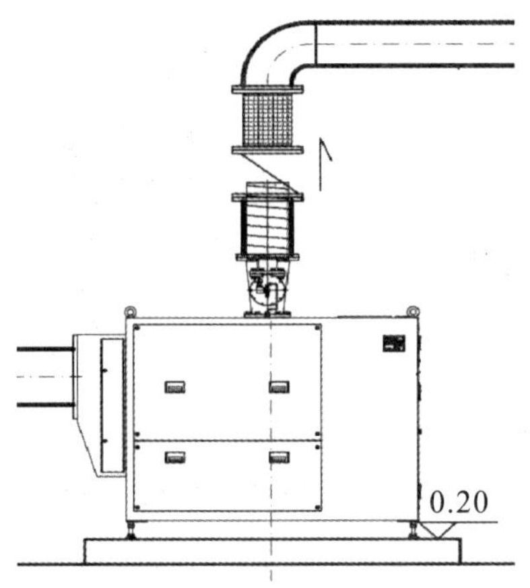

图 5.73　离心风机安装示意

(5) 风机房外应设置法兰盘，以利于运维期间检修。

5.9.9.5　离心风机的调试

离心风机的调试过程如下：

(1) 离心风机在调试时，应认真阅读产品说明书，检查接线方法是否与接线图相符；应认真检查供给风机电源的工作电压是否符合要求，电源是否缺相或同相位，所配电器元件的容量是否符合要求。

(2) 调试时人数不少于两人，一人控制电源，一人观察风机运转情况，发现异常现象立即停机检查。检查旋转方向是否正确；离心风机开始运转后，应立即检查各相运转电流是否平衡，电流是否超过额定电流；若有不正常现象，应停机检查。运转 5 min 后，停机检查风机是否有异常现象，确认无异常现象再开机运转。

(3) 离心风机达到正常转速时，应测量风机输入电流是否正常，离心风机的运行电流不能超过其额定电流。若运行电流超过其额定电流，应检查供给的电压是否正常。

(4) 在风机的开机、停机或运转过程中，如发现不正常现象时，应停机立即进行检查。对检查发现的故障，应及时查明原因，设法消除或处理。

5.9.10　紫外线消毒设备的安装调试

地埋厂通常采用明渠式紫外线消毒模块，它包括紫外线排架模块、控制箱、气泵、清洗机构、光强检测、液位检测、专用插头、气管、套管灯管等。

5.9.10.1　紫外线模块的安装注意事项

紫外线模块的安装注意事项如下：

(1) 紫外线模块安装于混凝土基础面上，利用地脚螺栓进行固定，在安装前应按照设备说明书所示的安装尺寸来检查基础预留螺栓（见图 5.74）。

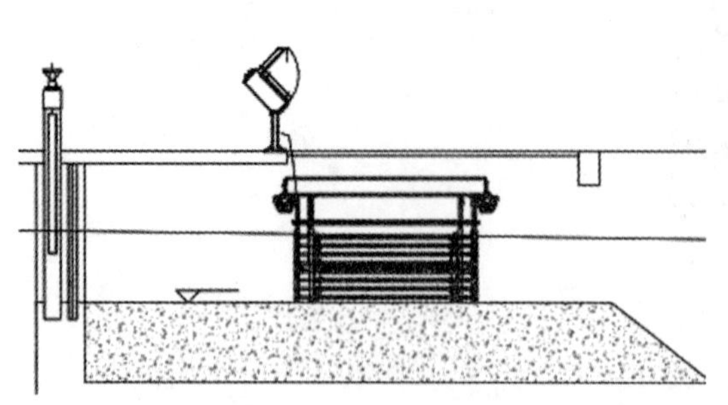

图 5.74 明渠式紫外线消毒设备

(2) 检查沟渠，各项尺寸应符合设计要求，分清进出水口，以及设备安装位置、方向。

(3) 按照紫外线模块定位图进行基础放线和对安装基础面进行处理，利用水平尺检查处理后的水平度。

(4) 水渠支架安装后，要调整水平度，满足设计和规范要求。

5.9.10.2 紫外线模块的调试

紫外线模块的调试过程如下：

(1) 手动模式测试。接通电源，测试电压相序正常，合上控制电源，打开触摸屏界面，选择手动模式，依次测试每个紫外线消毒排架模块，看灯管是否正常，无异常则进行手动清洗。

(2) 使用 HSC 和擦拭器组，手动开启一个电磁阀，观察清洗机构是否运行正常，是否有卡顿，关闭电磁阀，开启下一个电磁阀。

(3) 自动模式测试。设定自动模式参数，点击自动运行，自动指示灯变绿，设备开始自动运行。30 min 后无异常，观察记录电压、电流、辐射强度、温度正常，关闭设备。

5.9.11 起重设备的安装调试

除了搅拌器自带有吊装支架，潜污泵、脱水机、格栅机等较重的设备须设置检修用吊装设备，常用双轨起重设备或单轨起重设备。

5.9.11.1 起重设备的安装注意事项

起重设备的安装注意事项如下：

(1) 如果吊装净空小于拟吊设备的高度，起重设备将不能满足使用功能。因此安装前要仔细计算净空尺寸，看吊钩（见图 5.75）至池体上口间的净空尺寸是否大于拟吊设备的高度，调整轨道或吊钩的起吊高度（见图 5.76）。

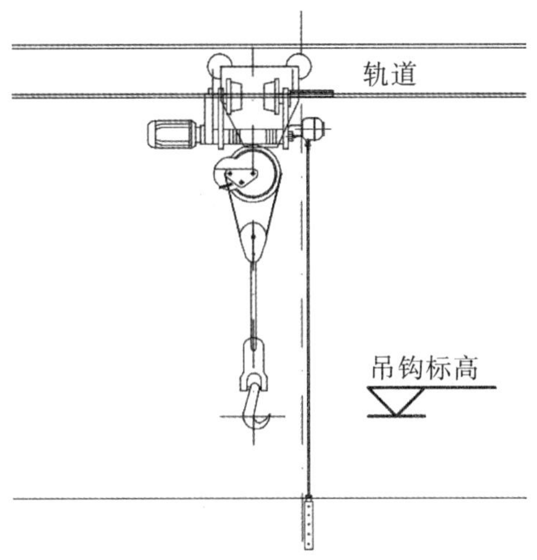

图 5.75　起重设备吊钩标高

图 5.76　起重设备净空

(2) 起重设备的基础梁下口标高应一致，否则需要用连接件调平。

(3) 组装完起重机的大梁、电动葫芦，检查大梁的水平度、平行度（双轨），电动葫芦的起吊点是否与起吊设备位置一致。

(4) 检查起重机主梁及电动葫芦行走是否顺滑。

(5) 安装上起升限位和小车运行限位开关，使起升或运行碰撞限位开关后，能自动断电。

(6) 按照安装图位置尺寸，安装剩余部分车挡及行车的行程限位开关。

5.9.11.2　起重设备的调试

起重设备的调试过程如下：

(1) 调试前，检查电气系统、安全联锁装置、制动器、照明和信号系统等的安装是否符合要求，其动作应灵活准确。

(2) 钢丝绳端的固定及其在吊钩、取物装置、滑轮组和卷筒上的缠绕应正确、可靠。

(3) 无负荷试运转：升降吊钩3次，小车在全行程上往返3次，检查终端开关、缓冲器、制动器是否灵敏可靠。各电气控制器、限位开关和联锁装置的工作是否正常。

(4) 静负荷试运转：直接进行静负荷试运转。除下挠度和上挠度必须符合规定外，还必须达到下列要求：车轮与轨道顶面必须接触良好，钢丝绳在绳槽中的缠绕位置正确不乱，制动器工作正常。

(5) 动负荷试运转：

①在额定负荷下，检查小车、吊钩的运行、升降速度是否符合设备技术文件的要求。

②在超过额定负荷10%的情况下，升降3次，并将小车行至起重机的一端，起重机行至轨道的一端，分别检验终端开关和缓冲器的灵敏可靠性。

③负荷试验时，一般要求制造厂对起重机结构刚度和强度提出保证，仅以一组钢丝绳吊起试块，对起升机构进行负荷试验，以简化试验工作。

5.9.12 反硝化滤池的安装调试

地埋厂出水标准要达到地表Ⅳ类，反硝化深床滤池是非常重要的工艺段。反硝化滤池主要是通过粗石英砂进行过滤，以去除SS、TP、TN等。反硝化滤池运行中会出现4个不同的过程，即气洗、气水同时反冲、水洗、过滤，其处理工艺原理见图5.77。

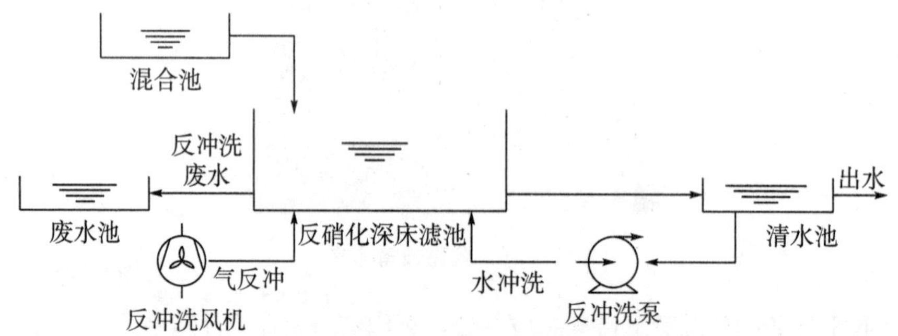

图5.77 反硝化深床滤池工艺原理

反硝化滤池系统为整体系统包，选用设备在满足工程使用要求及技术要求的前提下，可根据供货设备参数做二次设计，主要参数有进水水质、出水水质、流量、尺寸、滤料深度、水冲洗强度、空气冲洗强度、反冲洗水量、反冲洗周期等。

反硝化深床滤池内所有工艺设备供货范围包括滤池进水堰板、石英砂滤料（或陶粒）、卵石承托层、气水分布滤砖（见图5.78）、布气管道、反冲洗罗茨鼓风机、反冲洗泵、滤池配套阀门、闸门、驱氮装置、空压机系统、滤池配套仪表、滤池工艺控制软件和滤池系统主控柜等（见图5.79）。

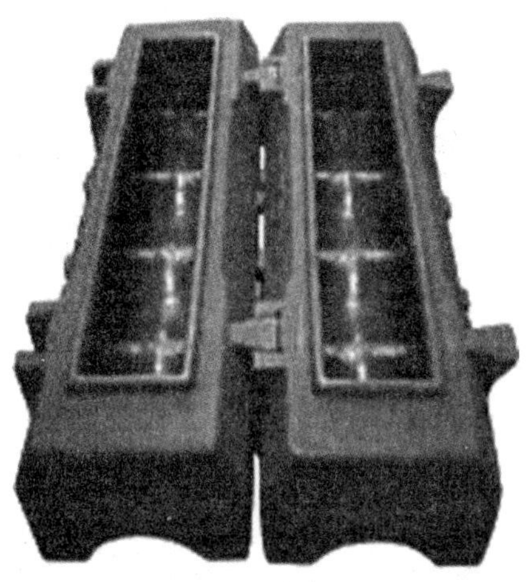

图 5.78　T 形滤砖

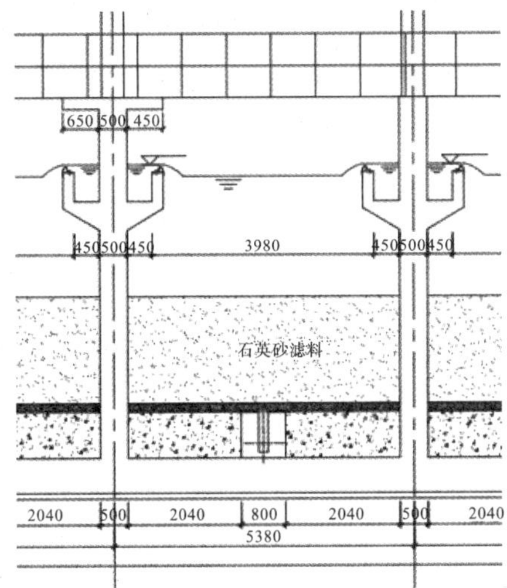

图 5.79　反硝化滤池构造示意

5.9.12.1　反硝化滤池的安装注意事项

（1）滤池底部清理。

对滤池底部及集水渠内的垃圾和杂物进行清理，以防止堵塞管道或气动阀门，造成阀门无法关严等。

（2）集水渠盖板铺装。

盖板间距要均匀，以确保滤池过滤出水的均匀。将盖板的两端点焊在集水渠预埋角铁上。

（3）曝气管安装。

曝气管一侧尽量紧贴池壁，立管带出气支管一侧与地面垂直，防止支管安装时高低不平甚至无法安装。立管与支管固定后，用化学螺栓将立管分别与池壁和池底固定。

进气立管安装时注意气动阀门的安装位置，阀门手轮的位置要便于操作，兼顾与其他组阀门的协调一致。

（4）铺装滤砖。

①安装时要注意池体内滤砖的平整度，安装完成的滤砖水平误差控制在 5 mm 之内，对于曝气管法兰处的滤砖，需要将滤砖切豁口后再进行铺装。

②滤砖的排列应整齐紧密（见图 5.80），滤砖为卯榫结构，前后滤砖应相互卡住，保证滤砖之间紧贴对齐，滤砖骑在支管的中间位置。

图 5.80 T 形滤砖安装

③滤砖铺好后，滤砖与池壁之间会留有缝隙，用混凝土进行密封。

（5）铺级配砾石。

①为保证砾石承托层的平整度，在装填砾石前，根据每层级配砾石的设计厚度，在池壁上进行弹线。

②按设计要求将每种砾石吊入，对照池壁的弹线，将其在整格池体内完全铺平，然后进行下一种砾石的铺设。

（6）铺设石英砂。

①吊入石英砂，在池体内摊平（见图 5.81）。

图 5.81 滤池滤料铺设

②注意每层骨料的种类和厚度，不得混合，否则会影响过滤效果。

(7) 安装布水堰板。

①出水堰板（见图 5.82）安装需保证整条堰板的水平及滤池内所有堰板的等高，以保证配水均匀。

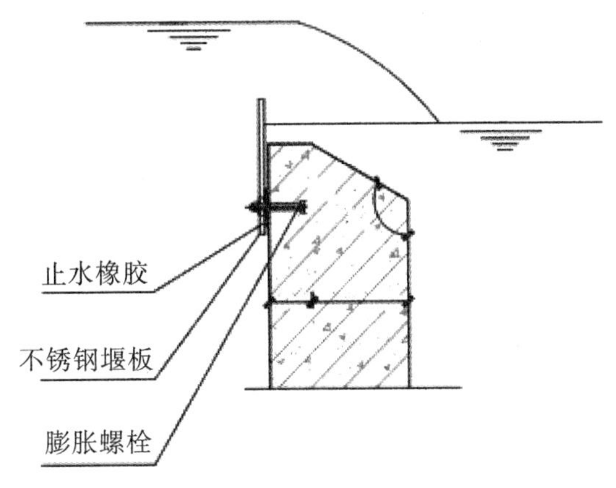

图 5.82　出水堰板安装示意

②堰板与混凝土过水堰之间的结合要紧密，其间垫止水橡胶垫片进行止水。

③堰板比过水堰要短一些，堰板端头与池壁之间的缝隙用水泥砂浆抹平，堰板高出过水堰约 80 mm，高度不同会导致配水不均匀。

5.9.12.2　反硝化滤池的调试

(1) 进水预曝气。

①滤砖安装完成后，向滤池内抽水没过滤砖约 40 cm 后，将反冲洗风机打开，检验曝气的均匀程度，如曝气不均匀应及时整改（见图 5.83）。

图 5.83　曝气不均匀

②在滤料安装完成后，向滤池内抽水，当水面没过滤料约 40 cm 后，将反冲洗风机打开，检验曝气的均匀程度，如曝气不均匀应及时整改。

（2）碳源投加。

①为了使滤池出水中BOD不超标，应逐步投加碳源，在投加碳源初期，不能进行反冲洗。

②根据出水NO_3—N效果将碳源投加量依次提高到50%、75%和100%。反硝化效果较好时，需定时驱氮，这时关闭进水阀门，开启反冲洗水泵1～2 min。

③当反硝化除氮达到设计目标时，可适当调节碳源投加量，在确保TN<5 mg/L的前提下节省碳源运行费用。

（3）滤池的反冲。

①关闭进出水阀门，开启反冲洗风机和反冲洗阀门，进行气冲3 min。开启反冲洗水泵，进行气水反冲15 min。关闭反冲洗风机，进行单水冲洗5 min。

②驱氮：关闭进出水阀门，开启反冲洗进水阀和反冲洗出水阀，开启反冲洗水泵1～2 min。

（4）在出水指标稳定后，才能正式运行。

5.9.13 自控系统的安装调试

5.9.13.1 电气设备的安装注意事项

电气设备的安装注意事项如下：

（1）将屏、柜按图纸排列就位，调整柜、屏顶的平直度和柜缝，屏、柜与基础槽钢间用地脚螺栓牢固固定。

（2）所有二次接线必须按图施工、接线正确、牢固可靠，所配导线的端部应标明回路编号。

（3）电缆接头应规范、美观，铠装电缆的钢带不应进入盘、柜、箱内，电缆头上应绑扎电缆标牌。

（4）盘、柜、箱的电缆穿线孔洞应封堵严实。

（5）按施工图及接地装置安装施工规范的要求，做好接地极的安装和接地电阻的测试及记录。

5.9.13.2 自控系统的安装注意事项

自控系统的安装注意事项如下：

（1）自控设备的安装一般在工艺设备安装完成75%后开始。

（2）在仪表设备安装前做好准备工作，如配备电缆保护管、制作安装仪表支架、安装仪表保护箱等。

（3）接地工程应做好施工及测试记录，接地体埋置深度和接地电阻值必须严格遵从设计要求，接地线连接紧密、焊缝平整、防腐良好。

（4）计算机和PLC的安装，应由专业人员实施，采取防静电措施，严格执行操作规程。PLC模块安装后，离线检查所有电源是否正常。离线检查PLC程序，逐一检查模块功能与通信总线、站号设定及其他控制功能。

(5) 检查各种接口，各类各路信号是否正确传输，特别要注意高电压的串入，以免损坏模块。

(6) 上位机安装到位后，检查网络连接情况、上下位机之间的通信情况、网络总线的安装及保护情况。

5.9.13.3　自控系统的调试

(1) 调试工作内容。

PLC 控制柜的电气调试，对各受控设备的信号校验，PLC 控制柜与各独立工艺设备系统通信调试，PLC 控制逻辑编程软件组态调试，厂区光纤以太网通信联网调试，中控室上位机监控操作软件调试，数据服务器、WEB 服务器调试等，仪表、设备及脱水机、鼓风机、消毒池 PLC 系统通信联调。

(2) 主要设备调试目标。

①闸门启闭机。可以实现在中控室的监控画面上手动开启、关闭闸门。

②粗细格栅。可以在中控室监控画面上手动启停粗细格栅设备。在自动状态下，格栅依据其前、后超声波液位计测得的水位差进行控制。水位差超过阈值时自动运行或停机。

③泵类设备。可在中控室手动启停泵（见图 5.84)，可以根据回流污泥泵的开启台数、泥水分离池和好氧池污泥浓度设定变频器频率值，调节变频器的频率，低于阈值时报警停泵。

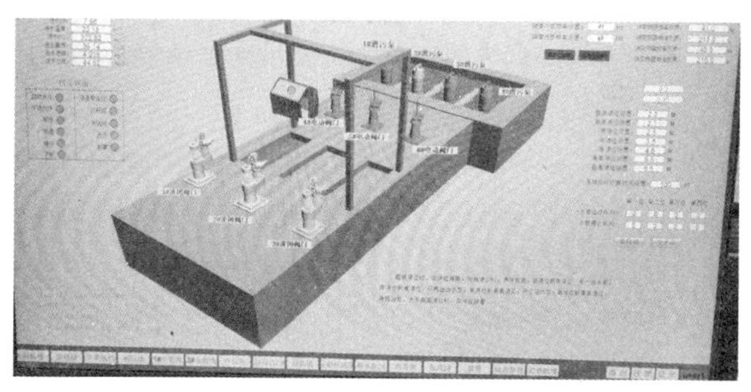

图 5.84　泵类启停控制

④搅拌器。可以在中控室监控画面上启停搅拌器。

⑤阀门。中控室可以手动开启、关闭阀门，并且显示阀门的开度。

⑥刮泥机。在中控室可以启停，可以根据设定的时间控制刮泥机运转。

⑦PLC。在中控室可以监视设备的运行状态及其他参数，可以监视设备电网的数据。

待所有设备调试完成后，将设备投入自动运行，密切观察运行状态，然后根据实际运行状态修改相应的联锁条件，并做好运行记录，直到工艺稳定运行 72 h。

(3) 计算机控制系统调试前，必须会同其他专业技术人员共同制订详细的联调方案，报业主和监理工程师批准。

(4) 调试前检查安装接线是否正确，电源是否符合要求。对所有检测参数和控制回路要以图纸为依据，结合生产工艺实际要求，现场一一核对，认真调试，特别是对有关的控制逻辑关系。联锁保护等将给予格外重视，注重检测信号或对象是否与其控制命令相对应。调试时要充分应用中断控制技术，对某一设备发出控制指令时，及时检测其反馈信号，如等待几秒钟后仍收不到反馈信号，则立即发出报警信号，且使控制指令复位，保护设备，确保生产过程按预定方式正常进行。

(5) 在一般回路调试和各个电气控制回路调试完毕后，进行工段调试。之后再进行仪表自控系统联调。系统联调是整个工程中最关键、最重要的一个环节，联调成功是整个地埋厂投入正常运行的重要标志。在联调过程中，将启动系统相关程序，逐一检查各回路、状态及控制是否与现场实际工况一致。根据现场反馈信号，及时检查现场仪表的运行状况，调整控制参数。特别是对于模拟量回路调试，其信号的稳定与准确至关重要，直接影响控制效果，因此，对该类信号，要重点检查其安装、接线、运行条件、工艺条件等方面的情况，保证各环节各回路正确无误，并提高抗干扰能力。为防止产生静电感应而破坏模块，安装调试时需带腕式静电抑制器进行操作，并将模块及人体上的静电完全放掉，确保模板安全可靠地运行。

(6) 通过上位机监控系统，观察其各种动态画面和报警是否正确，报表打印功能是否正常，各工艺参数见图 5.85。观察设备状况等数据是否正确显示，控制命令、修改参数命令及各种工况的报警和联锁保护是否正常，能否按生产实际要求打印各种管理报表。检查模拟屏所显示的内容是否与现场工况一致，确定模拟屏工作是否稳定可靠。

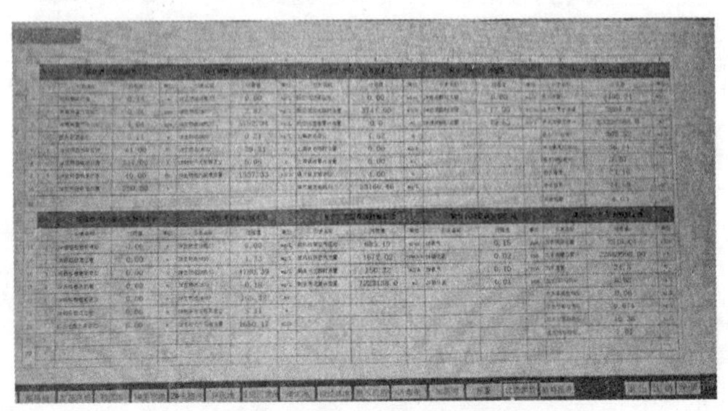

图 5.85　中控室界面各工艺参数

(7) 检查是否实现了所有的设计软件功能，如趋势图、报警一览表、生产工艺流程图、柱状图，自动键控切换等方面是否正常。

(8) 通过系统联调，发现问题，修正程序。必要时将扩展或完善原设计的程序控制功能，达到自控系统功能满足设计要求，并使仪表自控系统能正常连续运行的目的。

(9) 调试期间按业主和监理工程师的书面指令要求和相关建议进行，并将完整的调试记录移交给业主，便于地埋厂今后的日常维护。

5.10　地埋厂施工安全风险点及防控

5.10.1　地埋厂施工特点

地埋厂的施工同其他工程相比，具有明显不同的特点：

（1）施工点多线长，有大量露天作业，受环境、气候的影响较大，工作条件差，安全管理难度较大。

（2）为多工种立体作业，人员多，工种复杂。施工人员多为季节工、临时工等，没有受过专业培训，技术水平低，安全观念淡薄，施工中由于违反操作规程而引发的安全事故较多。

（3）箱体内预留洞口多，四临边条件差，竖井、吊装井口都是危险区域。高处及交叉作业多，场地窄，现场有大量材料管线、设备。

（4）地埋厂设备安装调试过程中，施工单位多、人员流动性大。各施工单位赶工突出、交叉作业非常频繁。箱体内施工场地狭窄、环境潮湿，临时用电线路多，安全性能差，容易漏电短路。

（5）施工装备杂、交叉作业多。由于各类施工机械增多，交叉作业也随之大量增加，相互间干扰大。安装涉及各类工程机械、机电设备、起重吊装、物件运输、工程材料、土木制品加工和防火、防毒等多工种、多专业，组织安全技术培训难度较大。

（6）由于工程施工复杂，特别是生产高峰抢工期时更容易发生事故；再加上流动分散，各分包队伍之间的配合性差，未采取可靠的安全防护措施，存在侥幸心理，给施工安全带来了不少隐患，伤亡事故往往会频繁发生。

5.10.2　地埋厂施工安全风险点

由工程特点决定，地埋厂的施工人员处于分散、临时性、流动作业中，对事故隐患不能及时发现，安全管理困难。在日常的生产过程中，事故的发生多由人的不安全行为、物的不安全状态及不安全的环境条件所造成。

地埋厂施工现场安全防范的重点是高处坠落、触电、物体打击、机械伤害、坍塌、有害气体中毒等。

5.10.2.1　高处坠落

（1）洞口无防护或防护不规范（见图 5.86）。如洞口无盖板、防护栏杆；用层板随意遮盖；防护栏杆的高度低于 1.2 m，横杆不足两道等。洞口规范防护见图 5.87。

图 5.86　洞口防护不规范

图 5.87　洞口规范防护

（2）洞口防护不牢靠，洞口虽有盖板，但无防止盖板移位的措施。

（3）脚手架搭设不规范，架体外侧无防护网，架体内侧与构筑物之间的空隙无防护或防护不严，脚手板未满铺或铺设不严、不稳等。

（4）在安装或拆除脚手架、模板支架等高处作业时的作业人员，没有系安全带，也无其他防护设施或作业时用力过猛，身体失稳而坠落。

（5）无登高安全梯道，随意攀爬脚手架、井架；登高斜道面板或梯挡破损、断裂；登高斜道无防滑措施。

（6）梯子未放稳，人字梯未系好安全绳带；梯子在光滑的地面上放置时，其梯脚无防滑措施，梯子上部未系牢，作业人员站在梯子上作业时发生坠落。

5.10.2.2 触电

（1）施工作业面与外电架空线之间没有达到规定的最小安全距离，也没有按规范要求增设屏障、遮拦、围栏或保护网，在外电线路难以停电的情况下，进行违章冒险施工。特别是在搭、拆钢管脚手架，或在高处绑扎钢筋、支搭模板等作业时发生此类事故较多。

（2）降水井、支护桩、挖掘、起重机械在架空高压线下方作业时，与架空高压线电线间的距离小于规定的安全距离，作业时触碰裸线或集聚静电荷而造成触电事故。

（3）施工机械在多个施工现场使用，不停地移动，环境条件较差（泥浆、锯屑污染等），带水作业多，如果保养不好，机械往往易漏电。

（4）施工现场的临时用电工程没有按照规范要求做到“三级配电，三级保护”。施工机具任意拉接，用电保护混乱造成安全事故多发。

（5）手持电动工具没有按照《施工现场临时用电安全技术规范》（JGJ 46—2005）要求进行有效的安全用电，电动工具操作者没有戴绝缘手套、穿绝缘鞋。

（6）电线电缆的绝缘保护层老化、破损及接线混乱造成的漏电。如乱拉、乱接线路，接线头不用绝缘胶布绑扎；露天作业电气开关放在木板上，不用电箱，特别是移动电箱无门，任意随地放置；电箱的进、出线任意走向，接线处“带电体裸露”，不用接线端子板。“一闸多机”、多根导线接头任意绞、挂在漏电开关或保险丝上；移动机具在插座接线时不用插头，使用小木条将电线头插入插座等。这些现象造成的触电事故是较普遍的。

（7）移动照明特别是在潮湿环境中作业，其照明不使用安全用电。另外，使用灯泡烘衣、袜或取暖等违章用电时会造成事故。

5.10.2.3 物体打击

（1）高处落物伤害。在高处堆放材料超高、堆放不稳，造成散落；作业人员在作业时将材料、废料等随手往地面扔掷；拆脚手架、支模架时，拆下的构件、扣件不通过垂直运输设备往地面运，而是随拆随往下扔；在同一垂直面、立体交叉作业时，上、下层间没有设置安全隔离层；起重吊装时材料散落，造成落物伤害事故。

（2）飞蹦物击伤害。如使用有柄工具时没有认真检查，作业时手柄断裂，工具头飞出击伤人等。

（3）滚物伤害。主要是在基坑边堆物不符合要求，如砖、石、管材等滚落到基坑内造成基坑、桩洞内作业人员受到伤害。

（4）从物料堆上取物料时，物料散落、倒塌造成伤害。物料堆放不符合安全要求，取料者也图方便不注意安全。比如，长杆件材料竖直堆放，受振动不稳倒下砸伤人；抬放物品时抬杆断裂等造成物击、砸伤事故；物料自卸车卸料时，作业人员受到栏板撞击等。

5.10.2.4 机械伤害

(1) 违章指挥。主要是指派未经安全教育和技能培训合格的人员从事机械操作，为赶进度不执行机械保养制度和定机定人责任制度，使用报废机械。

(2) 违章作业。主要是操作人员为图方便，违章作业。比如，擅自变更配电箱内电器装置；机械运转中进行擦洗、修理，非机械工擅自启动机械操作。

(3) 没有使用和不正确使用个人劳动保护用品。如电焊时不使用防护面罩，电工作业时不穿绝缘鞋等。

(4) 没有安全防护及保险装置不符合要求。如机械外露的转（传）动部位（如齿轮、传送带等）没有安全防护罩（见图 5.88）、无分料器、无防护挡板，吊机的限位、保险不齐全或虽有却失效。

图 5.88 木工机械无防护罩

(5) 机械不安全状态。如机械带病作业，机械超负荷使用，使用不合格机械或报废机械。

5.10.2.5 坍塌

(1) 基坑、基槽开挖施工过程中的土方坍塌。主要是坑槽开挖没有按规定放坡，基坑支护没有经过设计或施工时没有按设计要求支护；支护材料质量差而造成支护变形、断裂；边坡顶部荷载大（如在基坑边沿堆土、管材等，土方机械在边沿处停靠）；排水措施不当，造成坡面受水浸泡产生滑动而塌方。

(2) 模板坍塌。模板坍塌是指因支撑杆件刚性不够、强度低，在浇筑混凝土时失稳造成模板上的钢筋和混凝土的塌落事故；底板直接支撑在土层上，因沉降变形造成坍塌（见图 5.89）。模板支撑失稳的主要原因是没有进行有效正确的设计计算，不编写专项施工方案，施工前也未进行安全交底。特别是混凝土输送管路往往附着在模板上，输送混凝土时产生的冲击和振动更加速了支撑的失稳。

图 5.89　支模架无牢固的底座

（3）脚手架倒塌。主要是没有认真按规定编制施工专项方案，没有执行安全技术措施和验收制度。架子工属特殊作业人员，必须持证上岗。但目前，架子工普遍文化水平低，安全技术素质不高，专业性施工队伍少。脚手架所用的管材有效直径普遍达不到要求，造成脚手架失稳倒塌。

5.10.2.6　有害气体中毒

污水中的有毒物质主要是甲烷（沼气）、硫化氢、一氧化碳等。在调试、试运行和正式运营阶段，污水中产生的有毒有害气体在通风不畅时，就会积聚起来，有毒有害气体的浓度会不断增大造成作业人员中毒甚至身亡。同时，管道堵塞使管道处于全封闭状态，厌氧反应会加速发生，毒气会大量积聚，使毫无防备的作业人员发生急性中毒。

5.10.3　施工阶段安全管理

为了防止事故的发生，落实安全第一、预防为主的安全生产方针，根据地埋厂土建、机电、设备安装工程施工特点，必须成立安全领导小组，有针对性地狠抓易发生和可能发生事故的各种潜在的不安全因素，对可能发生的突发事件及危险源作业进行分析、评价、监控，预先制订一套完整的事故应急处理预案。万一当事故不可避免发生时，救援队能有条不紊地开展应急救援工作，抑制事故蔓延，减少人员伤亡和财产损失，使事故的影响降低到最小程度。

5.10.3.1　建立安全管理组织

（1）业主必须建立健全安全管理机构，并对安全管理机构的构成、职责及工作模式做出规定。

（2）总承包方要根据国家及行业有关安全生产的政策、法规和标准，建立一整套符合项目工程特点的安全生产管理制度，包括安全生产责任制度、安全生产教育制度、电气安全管理制度、防火防爆安全管理制度、高处作业安全管理制度、劳动卫生安全管理制度等。用制度约束施工人员的行为，达到安全生产的目的。

（3）总承包方要严格按照国家及行业的有关规定，按各工种操作规程及工作条例的要求规范施工人员的行为，发放劳动安全防护用品。坚持贯彻执行各项安全管理制度，杜绝由于违反操作规程而引发的工伤事故。

（4）为了防止和消除伤亡事故，保障职工的安全，总承包方应根据国家和行业的有关规定，针对工程特点、施工现场环境、使用机械以及施工中可能使用的有毒有害材料，提出安全技术和防护措施。施工前必须以书面形式对施工人员进行安全技术交底，对不同工程特点和可能造成的安全事故，从技术上采取措施，消除危险，保证施工安全。施工中对各项安全技术措施要认真组织实施，经常进行监督检查。

(5) 事故现场安全管理应根据国家《建筑法》《安全生产管理条例》和现行《建筑施工安全检查标准》(JGJ 59—2011)、《施工企业安全生产管理规范》(GB 50656—2011)、《施工企业安全生产评价标准》(JGJ/T 77—2010)、《施工现场临时用电安全技术规范》(JGJ 46—2005)、《建筑施工现场环境与卫生标准》(JGJ 146—2004)、《建设工程施工现场消防安全技术规范》(GB 50720—2011) 等法规，以及各地方政府的要求，做好工程现场安全生产和文明施工。

5.10.3.2 编制应急预案

(1) 应急预案应立足于安全事故的救援，立足于地埋厂设备安装调试自援、自救，立足于工程所在地政府和当地社会资源的救助。

(2) 组建应急管理机构，明确其职责。

(3) 配备应急救援器材、药品。

①器材：绝缘手套、绝缘棒、电工绝缘钳、空压机、安全救援带、药箱、水袋、纱布、木夹板、橡皮管、三角巾、毛巾、带状布条、帆布担架、设备（汽车吊、小车、切割机、气焊机、电焊机、潜水泵）、人力工具（手锯、铁锹、斧头、千斤顶）、对讲机、话筒、照明应急灯。

②药品：创可贴、紫药水、碘酊、酒精、红花油、软膏、红药水、清凉油、棉垫、绷带、止血胶带。

(4) 编制应急预案及应对措施。

①吊装安全事故应急措施。

②坠落事故应急措施。

③触电事故应急措施。

④火灾事故应急措施。

⑤机械伤害事故应急措施。

⑥交通事故应急措施。

⑦中暑救护、食物、有害气体中毒急救措施。

⑧自然灾害应急措施。

⑨支架或平台坍塌事故应急措施。

⑩防洪度汛应急措施。

⑪电力中断应急措施。

⑫供水中断应急措施。

5.10.3.3 施工安全组织措施

(1) 依据施工安全技术标准组织施工。

各级住建部门先后出台了多项建筑与市政施工安全技术方面的标准和规范，从各自专业的角度，对安全技术提出了要求，并做出了明确的规定，使安全生产由定性管理达到了定量管理。在施工过程中只要按照这些要求去做，即可预防、消除大量的伤亡事故。为了预防安全事故的发生，施工企业在施工现场必须按照安全技术标准、规范的要求组织施工，以避免或遏制高处坠落、触电、物体打击、机械伤害、坍塌、中毒及其他类别事故的发生。

（2）认真执行安全技术管理制度。

《建筑法》规定，建筑施工企业在编制施工组织设计时，应当根据建筑工程的特点制定相应的安全技术措施；对危险性较大的分部分项工程，应当编制专项安全施工组织设计并采取安全技术措施。施工安全技术措施是对每项工程施工中存在的不安全因素进行预先分析，从技术上和管理上采取措施，从而控制和消除施工中的隐患，防止发生伤亡事故。因此，它是工程施工中实现安全生产的纲领性文件，必须认真执行。

（3）建立、健全安全生产责任制，做到人人管生产，人人管安全。

《建筑法》明确了业主、设计、监理和施工方的安全生产责任。消除伤亡事故，施工企业和施工项目都负有直接责任，施工企业的法定代表人是安全生产的第一责任人，必须处理好安全与生产、安全与效益的关系，制定安全防范措施，并且组织实施。要做到这一点，就要在企业中建立健全以第一责任人为核心的各类人员的安全生产责任制。

安全生产贯穿于施工生产的全过程，存在于施工现场的各种事务中，凡与施工现场有关的人员，都要负起与自己有关的安全生产责任。为了安全生产责任制能够落到实处，业主和施工方还应制定责任制落实的考核办法，这样才能给落实安全生产责任制打下基础。责任落实了，在施工中的安全生产工作就能做到“人人管生产，人人管安全”，也就实现了责任制要“纵向到底，横向到边”的要求。

（4）做好安全教育培训。

安全教育培训是实现安全生产的一项重要基础工作，只有通过安全教育培训才能提高各级领导、管理人员和广大工人的安全意识，搞好安全生产责任制的自觉性，使操作工人掌握安全生产法规和安全生产知识，提高各级领导和管理人员对安全生产的管理水平，提高工人安全操作技能，增强自我保护能力，减少伤亡事故。为此，《建筑法》第 46 条规定：“建筑施工企业应当建立健全劳动安全生产教育培训制度，加强对职工安全生产的教育培训；未经安全生产教育培训的人员，不得上岗作业。”

5.10.3.4　施工安全技术措施

（1）预防高处坠落。

①地埋厂箱体内洞口非常多，洞口应设置符合要求的防护栏杆，加强专人管理，施工中如需拆除，应专人看护，及时恢复。

②洞口设置有盖板的，要设置防止盖板移位的措施。

③脚手架按规范和专项设计方案搭设，按要求布置防护网、脚手板等。

④高处作业人员，按要求系安全带。

⑤高处安装作业时使用专用架体或叉剪式高空专业平台。

（2）预防触电。

①确保施工区域和高压电线等的距离符合安全距离要求。

②各危险部位警告标志齐全。

③现场临时用电，要求电缆架空铺设，且保证绝缘性能良好，严禁电缆在雨水中浸泡。各种电气设备，符合一机一箱、一闸一保的用电要求。

④雨季期间注意开关箱、电焊机棚及工具棚的用电设备必须按规定接地、接零，开关箱、电焊机棚及工具棚的电源线出入口加设绝缘胶皮，所有用电设备必须有良好的接地、接零保护并安装有漏电保护器。

⑤所有避雷及其他接地的设备在雨季来临前，进行接地电阻测试。

⑥现场设置照明时，凡危险场所及潮湿环境应使用安全电压，灯应安装在工作时触碰不到的地方，保持一灯一开关并有防雨装置。

⑦各种电气设备的检查维修，一般应停电，并挂上警示标志牌，严禁在施工现场使用其他金属体代替保险丝。

⑧施工现场，应有自备电源，以免电网停电造成停工损失和出现安全事故。自备发动机的排烟管道必须伸出室外，且必须带保护罩，其位置设置应尽量考虑减少噪声和污染，室内不应存贮油桶和其他易燃易爆物品，发电机组和电网之间要有联锁保护，严禁并列运行。

（3）预防物体打击。

①起重安装作业前须严格检查起重设备各部位的可靠性和安全性，并进行试运行，检查钢丝绳的安全系数应符合规定。

吊车作业地面应坚实平整，支脚支垫牢靠，作业时严禁回转半径范围内及吊臂下站人，严禁起吊的重物自由下落。

②在基坑周边、洞口周边和脚手架上不得违规堆放物料。

③在传递扣件、工具等小型物件时，不得随意扔掷。

（4）预防机械伤害。

①所有机械操作工应经安全教育和技能培训，合格后才能上岗作业。

②所有机械设备必须按照操作规程进行操作，不得违章作业。

③正确使用防护面罩、绝缘鞋等个人劳动保护用品。

④有安全隐患的带有传动部位的设备必须设置安全防护和保险装置。

⑤不合格机械或报废机械禁止使用。

（5）预防坍塌。

①施工道路布置通畅、排水良好。

②按施工平面图布置施工机械和堆放材料。

③施工的材料堆放场地、库房、工棚、电焊机棚及办公室周围设置排水沟，使雨水及时排出，确保雨后施工及现场文明。

④采用盘扣式脚手架，并严格按照脚手架专项施工方案搭设和拆除。

（6）预防有害气体中毒。

①减少有毒有害气体的产生。

地埋厂处理过程中产生的臭气主要有硫化氢、沼气（主要成分为甲烷）、氨气、甲硫醇、甲硫醚、三甲胺等。

减少有毒有害气体的产生实际应为减少有毒有害气体从污水向空气中挥发。故应尽可能将所有池体及设备密封，减少污水与空气的接触面。此外，各处理单元（尤其是预处理单元和污泥处理单元）的布置应不留死角，防止污水中有机物分解发酵。

除降低各工艺单元的有毒有害气体产生量外，还应对格栅区域、渣水分离区域、脱水机房的料斗区域、污泥料仓的落泥区域、管廊间的排水泵坑等重点控制，防止渣、砂、泥、污水等长时间存放引起有毒有害气体产生。

②加强有毒有害气体的收集处理。

有毒有害气体主要通过臭气处理系统进行收集并进行生物化学降解，一般经处理后的臭气均通过排气管道排至箱体以外。

臭气收集系统应保证各产生臭气的构筑物单体保持负压状态，防止臭气外逸。臭气收集点的设计应进行综合比较，地埋厂各处理单元产生的臭气成分不同，对臭气密度高于空气的区域，臭气收集点应设置在构筑物底部，反之则设置在构筑物顶部。

③防止有毒有害气体的扩散。

有毒有害气体的扩散主要是指在操作人员活动的区域应加强通风措施，保证产生的有毒有害气体及时排出。地埋厂需要完善箱体的排风设计。地埋厂需设置完备的机械排风设施，此外，排风的设计除考虑将室内空气快速排出外，还应根据污染物的特性及污染源的变化，优化气流组织设计；不应该使含有大量热、蒸汽或有害物质的空气流入没有或仅有少量热、蒸汽或有害物质的人员活动区，且不应破坏局部排风系统的正常工作。

④完善有毒有害气体的报警及排出措施。

由于地埋厂的特殊性，在预处理区、脱水机房、管廊间应设置有毒有害气体监测报警装置、氧气测量仪和湿度温度测量仪，保证操作人员处于安全的环境中。同时，中央控制室也应配备相应的警示、报警、报警确认、报警记录等安全功能设置，以保证在有毒有害气体超过设计标准时及时发出警报，并自动启动排风机将气体外排。特殊区域应单独设置按时间启动的排风设施。

此外，设计应配备足够的便携式有毒有害气体检测仪等，方便施工人员、运行人员和管理人员在操作时及时发现问题，防止出现意外事故。

（7）雨季施工措施。

①雨季施工时，应排除施工现场的积水。脚手架、走道板上应采取防滑措施。加强脚手架的检查，防止倾倒。

②长时间在雨季作业的，应根据条件设置挡雨棚，施工中遇暴雨应暂停施工。

③暴雨期施工应注意气象预报，做好防暴雨工作。

④处于暴雨可能浸没地带的机械设备、材料应做好防范措施。

⑤检查工地临设的牢固情况，对认为在暴雨中有危险的脚手架、高空设施做好加固措施。

⑥露天作业下雨时严禁施焊，如在下雨天必须焊接时，应设置防水棚，并在施焊前

于焊口附近进行烘烤，使施焊周围空气的相对湿度小于90%。

（8）夜间作业。

①按规范要求设置齐全的安全宣传标语牌、操作规程牌。包括警告与危险标志、安全与控制标志、指路标志与标准的道路标志、夜间自动发光的警告标志装置。

②注意安排好工作计划劳逸结合，避免夜间作业。

③夜间施工时，施工现场必须有足够的照明，施工驻地（包括生活区）要设置路灯。

④在箱体内施工作业必须有足够的照明灯具。

（9）调试期间安全管理。

①调试期间，如池体内安排工人做清理、修补等工作，应有专职安全人员对闸阀门进行管理，在工人操作期间，不得打开闸门，以免有水进入导致溺水事故。

②调试期间，除臭系统尚不能完全发挥功能，如有污水进入池体，操作人员进入箱体应随身携带有毒气体测量仪器，遇有毒气体超标发出警报时，操作人员应立即撤离箱体。

③因地埋厂负二层工艺池体均属密闭空间，在安排操作人员进入池体之前，应设置足够的临时通风设备，保证池体内空气流通。

（10）其他安全措施。

由于地埋厂的集中化布置，导致人员疏散相对困难，意外事故发生时，往往不能迅速撤离到室外，且参观人员或外来人员进入时，由于对疏散通道不熟悉，也容易产生安全事故。故设计中应注意交通规划，建议大规模地埋式管廊层内只设置横纵的主通道，保证人员撤离方向正确。操作层内应在地面或隔墙上绘制项目的撤离路径。

此外，地埋厂一般通信信号较差，施工及运营时应配备对讲机，并在管廊间内每隔一定距离配备固定电话机。建议地埋厂地下部分应配备移动、联通、电信的信号发生器，以满足员工及外来人员通信需求。

5.10.4 文明施工管理

5.10.4.1 施工现场空气污染的防治措施

（1）施工现场垃圾渣土要及时清理外运。

（2）高大建构筑物清理施工垃圾时，要使用封闭式的容器或者采取其他措施处理高空废弃物，严禁凌空随意抛洒。

（3）施工现场道路应指定专人定期洒水清扫、形成制度，防止道路扬尘。

（4）对于细颗粒散体材料（如水泥、粉煤灰、黄沙等）的运输，要注意遮盖、密封，防止和减少飞扬。

（5）车辆开出工地要做到不带泥沙，基本做到不洒土、不扬尘，减少对周围环境的污染。

（6）除有符合规定的除尘减排装置外，禁止在施工现场焚烧油毡、橡胶、塑料、皮革、树叶、枯草、各种包装物等废弃物品以及其他会产生有毒、有害烟尘和恶臭气体的物质。

（7）拆除旧建筑物时，应适当洒水，防止扬尘。

5.10.4.2　施工过程中水污染的防治措施

（1）禁止将有毒有害废弃物作土方回填。

（2）施工现场各种车辆、机械冲洗污水必须经沉淀池沉淀合格后再排放，最好将沉淀水用于工地洒水降尘和采取措施回收利用。排入污水管网前，按污水综合排放标准规定进行处理，根据排水管网的走向和承载能力，按规定选择合适的排放口位置和排放方式，做到现场无积水、排水不外溢、不阻塞、水质达标。

（3）现场存放油料，必须对库房地面进行防渗处理，如采用防渗混凝土地面、铺油毡等措施。要采取防止油料跑、冒、滴、漏的措施，以免污染水体。

（4）施工现场的临时食堂，可设置简易有效隔油池，定期清理，防止污染。办公场区、生活区的布置综合考虑排水系统，以防止生活污水污染施工现场，生产、生活污水必须经三级沉淀处理后，方能排入污水管网。

（5）工地临时厕所的化粪池应采取防渗措施。中心城市施工现场的临时厕所可采用水冲式洁具，并有防蝇、灭蚊措施，防止污染水体和环境。

（6）化学用品、外加剂等要妥善保管，库内存放，防止污染环境。

5.10.4.3　施工现场噪声的控制措施

（1）从声源上降低噪声，这是防止噪声污染最根本的措施。

（2）尽量采用低噪声设备和工艺，如低噪声振捣器、风机、电动空压机、电锯等。

（3）在声源处安装消声器消声，即在通风机、鼓风机、压缩机、燃气机、内燃机及各类排气放空装置等进出风管的适当位置设置消声器。

（4）传播途径的控制。采用吸声、隔声、消声、减振降噪材料和设施。

（5）严格控制人为噪声。进入施工现场不得高声喊叫、无故摔打模板，限制高音喇叭的使用，最大限度地减少噪声扰民。施工场地合理布置，优化作业方案和运输方案，尽量减少安装施工对附近居民生活的影响，减少噪声的强度，减少敏感点受噪声干扰的时间。若安装施工机械生产噪声超标时，其作业时间应合理安排。

（6）控制强噪声作业的时间。凡在人口稠密区进行强噪声作业时，须严格控制作业时间，一般晚 9 点到次日早 6 点时间内应停止强噪声作业。确系特殊情况必须昼夜施工时，应获得当地环保部门书面批准，采取降低噪声措施。同时，主动找当地社区、居民协调，出安民告示，求得群众谅解和配合。

5.10.4.4　施工现场的粉尘、废气污染控制措施

（1）施工机械应做好检修工作，尤其是废气的排放，必须符合废气排放检测标准，将废气污染降到最低。

（2）在容易扬尘地段洒水保持湿润，砂石水泥等的运输按散体物料运输规定执行。

（3）产生粉尘、扬尘的作业面和装卸、运输过程，采取洒水降尘措施。

（4）在扬尘的地点作业、运输应避开敏感点和敏感时段。

5.10.4.5 管理措施

（1）安排专职的清扫人员，对办公、生活区的环境卫生进行清扫，保持环境卫生，垃圾按环保要求进行处理，现场整齐清洁，无积水。对生产、生活区的垃圾，按可回收、不可回收、化学品等进行分类处理。

（2）室内清洁整齐、窗明几净，宿舍、更衣室清洁，床铺上下整齐卫生。

（3）生活区周围不随意泼污水、倒污物，生活垃圾按指定地点集中，及时清理。厕所按文明施工管理办法修建，粪便经过化粪池净化后才能就近排入地下污水管网，厕所卫生每天打扫冲洗，并定期喷洒药水灭蚊蝇。

5.10.4.6 卫生措施

（1）遵守渣土管理条例及城市市容卫生管理规定。

（2）选择对环境影响较小的出土口、运输路线和运输时间。

（3）废弃物、各类垃圾应及时清运。保护现场内无废弃砂浆和混凝土、道路和操作面落地灰应及时清理，砂浆、混凝土倒运时采用防洒落措施。

（4）培养员工养成良好的卫生习惯，不乱倒、乱卸，保持施工环境整洁。

（5）设专人每天打扫施工段路面，时间安排在清晨、中午、夜晚，打扫垃圾及时运走。

第 6 章　设备调试及试运行管理

6.1　设备调试及试运行流程

工艺设备是地埋厂处理工艺最核心的部分，设备的性能将直接影响污水的的处理效果，关系到污水处理工艺能否正常运转、运转的效率高低、运转的费用等各个环节。设备的成功调试是保证其在工作中持续发挥作用的关键，设备调试及试运行流程见图 6.1。

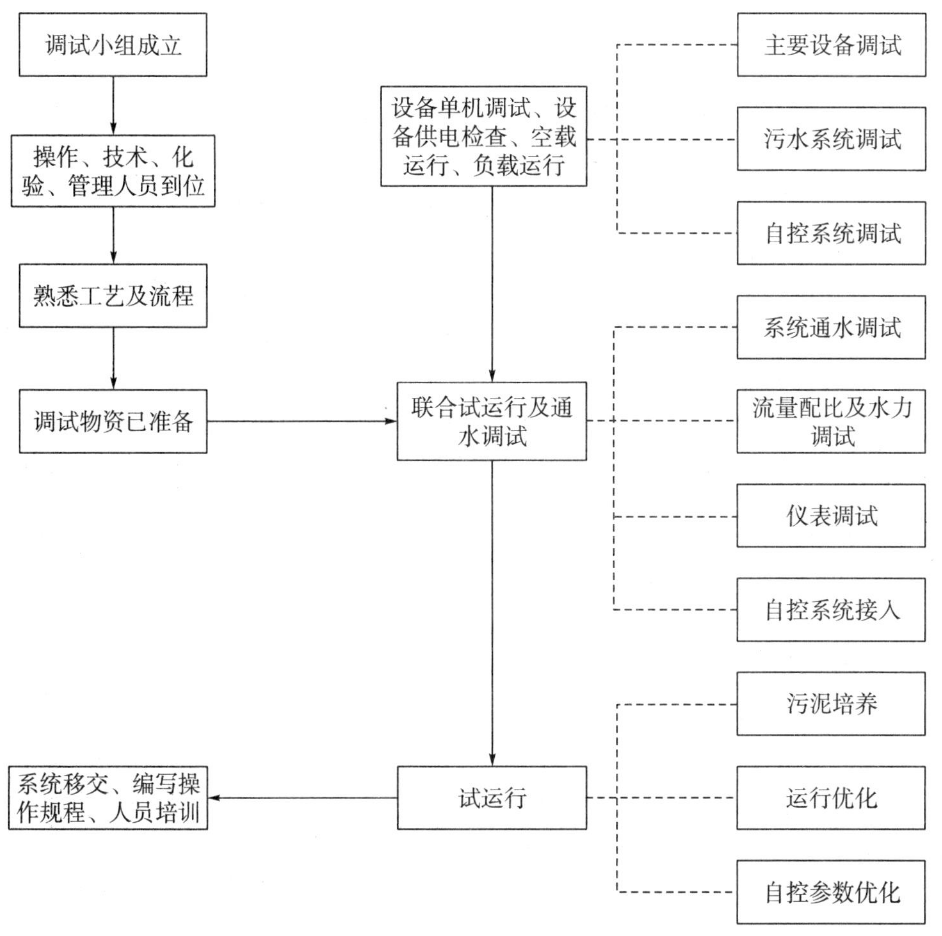

图 6.1　地埋厂设备调试及试运行流程

6.2 设备调试

6.2.1 设备调试节点

污水处理工艺设备是地埋厂最重要的组成部分，是地埋厂的核心内容。污水处理工艺流程中每一种类设备的安装、调试都关系到以后地埋厂的正常运营、功能的满足和实现，是地埋厂能否获得良好经济效益的关键。

在地埋厂工艺设备按图纸、技术要求安装完毕后，必须完成单机调试（单机无负荷调试）、联动无负荷调试后，才能进行联动有负荷调试（投料试车）。

（1）设备安装完成。指合同设备安装完毕后，由监理人组织买方、卖方等进行的验收，验收合格后签署《设备安装工作完毕证书》。

（2）设备单机（或单系统）调试。指单机（或单系统）安装完成后，按照合同规定及国家相关规范，进行单机（或单系统）调试，单机（或单系统）调试合格后办理设备单机试运转记录。卖方配合买方指定单位进行单机调试，配合费用已包含在合同价款中。

（3）系统性能测试（联动无负荷调试）。是指初步验收前，卖方对系统性能指标等进行测试，卖方不具备相关测试资质的，由卖方委托买方认可的第三方机构进行测试，并出具相关报告，费用由卖方承担。

（4）系统带负荷调试。指系统从带负荷开始至达到设计技术标准和要求的设备性能参数后，设备应运行正常、性能指标符合技术文件的要求。

（5）联合试运转（联动有负荷调试）。为验证系统安全可靠，系统处理设施、设备带负荷联动试车的运转试验过程，试运转持续时间应不小于 72 h，设备应运行正常、性能指标符合技术文件的要求。

（6）初步验收。指合同设备安装调试完成，满足本合同《技术标准和要求》的性能验收，通过 7 个日历天联合试运转，由买方组织工程设计人、监理人、卖方、设备安装单位等进行的验收，验收合格后签署《初步验收合格证书》。

（7）试运行。是指初步验收合格后，项目进行带料试运行，运行指标达到设计要求，原则上在 3 个月内完成，最长不超过 6 个月。

6.2.2 调试准备工作

6.2.2.1 满水试验

（1）单机调试前，检查清理池内杂物，将各构筑物、管道注满水，检查构筑物和管道是否渗漏、畅通。若有渗漏和管道不畅通情况出现，应停止进水。

（2）在地埋厂的设备安装和调试阶段，需要根据设备的设计工艺，按照科学的顺序向各个功能单元进行注水试验。中小型地埋厂可以使用自然水源或轻微的污水，大型地埋厂需要节约水资源，可以使用 60％自然水源或者轻度污水，剩下的补充污水。

（3）满水试验。

①池体混凝土的缺陷修补。局部蜂窝、麻面、螺栓孔、预埋筋需在满水前作修补、剔除处理。

②池体结构检查。观察有无开裂，变形缝嵌缝处理是否合格。如有开裂和不均匀沉降等情况发生，应经设计等有关部门鉴定后再作处理。

③临时封堵管口。检查闸阀，不得渗漏，清扫池内杂物。

④注入的水应采用清水，并做好注水和排空管路系统的准备工作。

⑤水池顶部的通气孔、人孔盖应准备完毕。必要的安全防护设施和照明等标志应配备齐全。

⑥设置水位观测标尺，标定水池最高水位，安装水位测针。

⑦向池内注水分 3 次进行，每次注入为设计水深的 1/3。水位上升速度不宜超过 2 m/d，相邻两次注水的间隔时间不少于 24 h，以便混凝土吸收水分后，有利于混凝土微裂缝的愈合。

⑧每次注水后宜测读 24 h 的水位下降值，同时应仔细检查池体外部结构混凝土和穿墙管道有无渗漏情况。

⑨如果池体外壁混凝土表面和管道填塞有渗漏的情况，同时水位下降的速度较大时，应停止注水。经过检查、分析、处理后，再继续注水。

⑩即使水位降（渗水量）符合标准要求，但池壁外表面出现渗漏的迹象，也被认为结构混凝土不符合规范要求。

6.2.2.2　单机调试和联动调试准备

（1）准备好试验需要的所有有关的操作及维护手册、备件和专用工具、临时材料和设备。

（2）检查和清洁设备，清除管道和构筑物中的杂物。

（3）彻底清理所有放空阀、溢流阀、排渣阀、排泥阀，打开所有池体的进水阀、出水阀、鼓风机房和生物反应池的所有空气阀。

（4）调试前填好所有设备的参数表格，并制定好所有设备的单机绝缘测试、空载试车、符合试车表格。

（5）由安装单位组织、业主和监理参加，共同进行设备的单机调试和联动调试工作，填好所有的试车表格，并做到三方签证，主要检查内容如下：

①进线总电流是否符合要求，变配电设备工作是否正常，各种设备工作情况是否正常以及能否满足设计要求，仪器仪表工作是否正常、能否满足设计要求，自控系统是否满足设计要求。

②校核进出水流量计计量是否准确。

③及时解决试车过程中发现的设备问题。

6.2.2.3　人员培训

对操作人员进行污水处理基础理论、主要设备性能、主要构筑物功能等内容培训，现场熟悉工艺流程、各单体构筑物的功能，并对培训内容进行考核，确认运行人员对工艺、设备有所了解。

对操作人员进行安全教育；熟悉现场，掌握各构筑物功能及相关尺寸；掌握各构筑物间连接管道、阀门及各配电子站；掌握各构筑物功能及工艺检测指标；了解各构筑物中设备、仪表的功能和操作维护；熟悉污水处理工艺的特点、工艺指标和要求；熟悉深度处理配药、加药的基本操作和注意事项；掌握进出水指标、检测方法和原理。

组织安排相关人员参与设备单机试车、联动试车等，使厂内运行人员能够掌握设备的第一手资料，便于今后的运行、维护和保养。

6.2.2.4 化验、试验准备

联动试车前，化验室和化验设备应准备齐备，化验人员培训到位。化验人员均能独立完成各项化验指标，并满足试验的准确性。

6.2.2.5 物料准备

（1）污水处理药剂准备。污水处理药剂包括 PAC、PAM、HCl 和 $NaClO_2$ 等。

（2）维修机具准备。准备机修工具一套，包括活动扳手 2 副、榔头、电工工具、绝缘电阻测试仪、钳形电流表等。

（3）菌种的准备。菌种添加到 AAO 反应池的活性污泥中。

6.2.3 单机调试

（1）单机无负荷调试的目的是检验单机设备和动力装置的安装质量是否可以满足正常启动运行。单机无负荷调试以整个工艺流程中的关键设备或划分几个可以独立动作的单元，分别进行调试。

（2）具备单机无负荷调试条件，承包人组织调试，并在调试前 48 h 书面通知监理人，通知中应载明调试内容、时间、地点。承包人准备调试记录，业主根据承包人要求为调试提供必要条件。调试合格的，监理人在调试记录上签字。

（3）设备或系统符合功能试验要求后，在业主、监理工程师都出席的情况下进行荷载调试，开始单机调试。

（4）技术人员需要认真学习和了解单机设备运行说明书，检查安装是否符合要求，机座是否固定牢固。技术人员需要了解单机启动的工作方式，启动前应先手动盘车，灵活、没有阻梗、没有异响后才能启动。设备启动后，技术人员应检查设备的电机转向，确认设备转向正确后才可以第二次启动。阀门调试时，在手动位置操作阀门全开全闭，检查并设定限位开关位置是否有阻碍情况，检查用电设备的供电电压是否正常，检查所有设备的控制回路。

（5）地埋厂设备启动完成无误后，2～4 min 运转试验完成后，若设备运转正常再进行 1～3 h 的持续运转，持续完成后技术人员需要检查设备温度上升的情况并记录数据，设备工作的温度不能高于 60℃～70℃，除非设备说明书特殊规定。设备温升异常时，技术人员应该检查设备工作电流是否在正常的要求范围内，当温升超出设备限定范围内

时应该立即停止工作，并仔细进行检查找出故障原因，问题解决后才能继续进行。设备单机持续运行不能低于 2 h。负荷调试直到每台设备正常连续运转规定时间且达到生产厂商关于设备及调试的要求为止。

（6）设备单机调试完成后，断开电源和其他动力源。消除压力和负荷，例如放水、放气，检查设备有无异常变化，检查各处紧固件，安装好因调试而预留未装的或调试时拆下的部件和附属装置。技术人员需要填写设备的运行调试清理简报并存档。

6.2.4　联动无负荷调试

（1）联动无负荷调试可理解为单元调试或者系统调试，需依赖仪表和程序系统来实现。业主或监理单位可以先检验某个构筑物所有设备的联动，继而验证整厂设备的联动运行情况，按照相关规范要求需满足 72 h 连续运转（闸门等小电机不允许连续运行，以免烧毁）。经过单机调试和联动调试后，对发现的问题整改无误后，才能进行投料试车。

（2）联动无负荷调试的目的是检验和考核整个生产工艺的每一个单元设备在无负荷情况下能否按照电气联动、自动控制的要求同步正常进行联动运行，从而检验设备的质量、安装质量以及整个工艺布局是否合理，运行是否稳定。联动无负荷调试是全工艺流程系统的整体联动试车调试，如果工艺流程长、技术复杂，也有分段联动，最终整体关联联动的。

（3）具备无负荷联动调试条件，业主组织调试，并在调试前 48 h 以书面形式通知承包人。通知中应载明调试内容、时间、地点和对承包人的要求，承包人按要求做好准备工作。调试合格，合同当事人在调试记录上签字。承包人无正当理由不参加调试的，视为认可调试记录。

（4）功能试验（空载试验）。

①在业主、监理工程师都出席的情况下进行功能试验，直到每个独立的系统都能按规定的时间连续正常运行，达到生产厂家关于设备安装及调试的要求为止，并以书面形式表明所有的设备系统都可以正常运转使用，系统及子系统都能实现其预定的功能。

②空载试验首先保证电气设备的正常运行，并对设备的振动、响声、工作电流、电压、转速、温度、润滑冷却系统进行监视和测量，做好记录。

（5）单元调试是按水处理设计的每个工艺单元进行的，如格栅单元、调节池单元、好氧单元、二沉池单元、污泥浓缩单元、污泥脱水单元、污泥回流单元，需要在设备单元内单机调试的基础上进行。每个功能单元会有不同的设备和装置组成，检查单元设备联动运行的情况需要进行单元调试，并保证地埋厂设备单元能够正常工作。

单元调试仅能解决设备的联动和协调，不能确保设备功能单元是否达到设计去除率，因为关系到设备的条件和作业环境等较多的限制因素，并需要在设备的试运行中解决出现的问题。不同的工艺单元需要不同的试验方法，技术人员需要按照设备设计详细的作业规程。

6.2.5 联动有负荷调试

（1）有负荷调试的目的是检验和考核单机设备（或单元）或整个运营工艺流程，在投入一定数量的运营物料或模拟物料时，能否按照工序要求正常运行，考验单元设备或整个工艺流程在有负荷情况下，能否正常运行，各种仪器仪表运转是否正常。

（2）有负荷调试的特点是间歇式投入物料，一般是单机、分段调试通过后，再进行全工艺流程联运。有时要反复进行多次，以利于发现问题、解决问题。投料调试要严格按照操作手册和安全规程进行，不得逾越程序；要坚持稳定操作、循序渐进、打通流程。调试以业主为主，相关单位配合。双方应做好各种记录、调试总结，建立调试档案。

（3）通水试验。完成联动有负荷调试后，开展通水试验，检查池体是否漏水，若有渗漏应停止进水，采取措施解决渗漏。逐个池体进水，先进 1 m 深，试验水下设备的运转情况，设备运行正常则继续进水，若设备运转不正常，存在问题，则由设备厂家负责解决设备故障。逐个单元进行通水试验，直到通水试验完成。

6.2.6 联合试运转

（1）预处理、生化段、深度处理、除臭、污泥和消毒等主要工艺单元调试基本成功后，进行所有工艺段全线贯通调试，针对存在的问题，加强化验分析，判定各工艺段是否满足设计的污染物去除率。

（2）根据以上工艺单元调试完成后，地埋厂设备的全线已经贯通，当设备系统在正常工作条件下，技术人员即可进行全线设备的联动和联调，技术人员根据设备工艺顺序，从初始单元来检测每个功能单元的 pH 值、技术人员的目测、专业仪器的检测，及时检测设备影响的问题并科学处理。当某个功能单元不能达到设备设计要求时，就需要重新进行全线的检测调试，直到设备达到工作要求为止，当所有单元均能正常工作后，设备的全线联调完成。

6.3 试运行管理

6.3.1 试运行的目的

试运行的目的是对土建、设备、电气、仪表工程的功能和工程质量进行综合测试。通过试运行，能够及时发现地埋厂工艺系统存在的问题。检查各工艺设备在带负荷运行状态下的工作状况，全面检验系统的运行能否达到设计要求，为地埋厂投产做好充分的准备。

（1）检验地埋厂系统设计是否合理，施工质量是否达到设计要求，检验工艺流程的使用功能。

（2）检验机电设备的工作情况，通过污水处理设备的带负荷运转，测试其能力是否达到铭牌值或设计值。

（3）在单机带负荷试运行的基础上，连续进水打通整个工艺流程，在参照同类型地埋厂运行经验的条件下，经过调整各个工艺环节的参照数据，使污水处理尽早达标排放。

（4）检验仪表及自控系统监测和控制情况，检验电气负荷能否满足使用要求，运行时必须达到全厂电力负荷的 75%。由于清水试运行水的回路问题，可在污水运行时检验全厂的电力负荷，此时仅需检验电力设备，不影响构筑物及其设备。

（5）摸索并确定最佳的运行条件，主要是各工艺参数的确定，如水泵最佳运行水位、污泥回流比、混合液回流比、剩余污泥排放量等。

（6）发现地埋厂存在的问题，分析工程中的不足，提出建议。

（7）为地埋厂日后运行管理积累经验数据。

6.3.2　试运行具备的条件

6.3.2.1　初步完工

（1）业主组织设计、施工、监理、运营等单位，通过预验收，各构筑物确认达到设计要求和使用条件，并已完成所有设备的空载及负荷调试要求，各工艺管线通过水力核验，保证管线通畅，无阻塞，管线及各构筑物上各种闸门启闭灵活，关闭严密，配合良好。

（2）污水处理流程已进行了清水或污水的联动调试，达到工艺、水力设计参数要求。

（3）污水处理设备自动控制已进行了调试，各种仪器仪表运行正常，基本具备稳定条件。

（4）设备电源供电稳定，可正常工作。

（5）主要设备操作规程已编制完成，操作人员已熟练掌握操作方法。

（6）安全防护措施已落实，保证设备的正常运行和确保操作人员的人身安全。

（7）运行调试生产用料、耗材、工器具已配备，运行设备检测仪器仪表已准备。

6.3.2.2　试运行组织机构已建立

在试运行前，总承包正式成立试运行领导小组，其组织机构（见图 6.2）及相应的人员配备的主要职责如下。

（1）领导小组组长：由总承包单位技术负责人担任，主要负责试运行的全面工作，处理试运行中的重大问题。

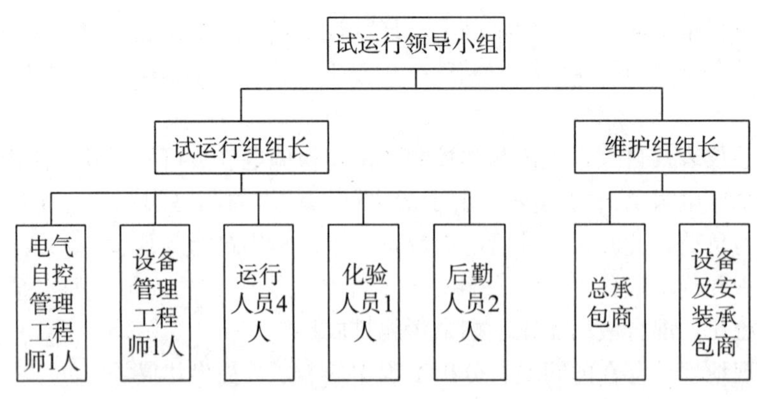

图 6.2 地埋厂试运行管理机构

（2）试运行组：包括电气自控管理工程师、设备管理工程师、运行人员、化验人员和后勤人员，全面负责中控、现场操作及巡检、脱水及加药间的加药、试运行中取样、分析记录检测数据、物资供应和内部事务等。

（3）维护组：包括总承包商和设备及安装承包商，主要负责试运行中设备的正常运行，处理试运行中的技术问题。

6.3.2.3 相关规章已制定

（1）编制岗位职责、设备操作规程和工艺控制规程。在试运行前，岗位职责由组长和各组在规定的主要职责基础上完善，操作规程、工艺控制规程由相关运行组编制完成后，在试运行阶段修改、完善。岗位职责和操作规程经组长批准后，所有参加联合试运行的人员必须严格遵照执行。

（2）制订应急预案。应急预案应在试运行前编制完成，经组长批准后，参与联合试运行的人员遵照执行。应急预案包括火灾事故应急预案、中毒事故应急预案、工艺异常处理应急预案等。

（3）完善安全措施。

①制定安全措施，确保运行设备的安全及参与运行人员的人身安全。

②试运行领导小组指挥整个试运行工作，并对试运行安全工作负责。

③参加试运行的各设备、电气、仪表安装单位负责人要认真组织操作人员进行运行方案的学习、安全教育和组织技术交底，全体操作人员听从统一指挥，发现问题及时上报。

④各设备由专业人员操作，未经授权不得擅自操作。

⑤对现场施工临时设施及管线构筑物内进行清理，池上不得有与试运行无关的物品。

⑥操作人员必须配备整齐安全防护用具。

⑦遇到突发情况由领导小组负责协调解决，严禁私自决定，擅自处理。

6.3.3　试运行的范围和内容

6.3.3.1　试运行的范围

（1）污水处理系统的联动试运行：地下工艺管道系统、提升泵房系统、沉砂池系统、生物反应池系统、鼓风系统、线路仪表、中控室、自动化控制等设备联机运行。

（2）污泥处理系统的联动试运行：包括污泥调节池、污泥蓄泥池系统、进泥系统、加药间、脱水机、脱水污泥输送泵等设备的联机运行，该项工作在污水处理系统正常后进行。

（3）主厂动力系统的检测、调试和操作管理。

6.3.3.2　预处理段的试运行

（1）进水闸门。

①闸门启闭过程中应检查转动部位运行情况，闸门升降过程应无卡阻，启闭设备左右两个吊点应同步，止水拍门缓冲垫应无损伤。

②对速闭闸门的关闭速度进行试验，其关闭时间应满足机组的保护要求。

③闸门在承受设计水头压力时，其漏水量不得超过规范和设计要求。

（2）粗格栅。

①格栅应定时清除栅筛所截污物，否则将造成栅筛的阻塞。此时，不仅齿耙不易插入栅隙，使清污困难，减少水泵出水量，而且使水位差超过允许范围，造成超载，导致污水外溢、栅筛倒塌。

②格栅的齿耙发生倾斜或不与栅筛啮合，钢丝绳错位、链条等传动部位出现故障或电气限位开关失灵等现象，应停机进行检修，不得强行开机。

③栅筛所截污物中，存在一定量的有机污染物，不及时处理或处置，将影响环境卫生及人身健康。它可与沉砂池的浮渣一起处理，输送至污泥处理系统与污泥一起进行硝化。

④格栅的操作因除污机的类别而异，运行中操作人员应认真执行除污机操作规程。

⑤因磨损或其他原因使链条断裂、轴磨损严重时，应立即更换，否则将造成设备的严重损坏。

（3）污水泵的运行。

①运行前检查供电系统、水泵体、附属设备及执行机构是否状态正常或处于备用位置。

②运行过程中检查各检测仪表、水泵扬程、流量、耗电量是否正常。

③运行过程中检查各台设备是否出现过热、过流、噪声异常等现象。

（4）细格栅及沉砂池。

①格栅启动后检查格栅链有无刮边，电机减速机有无振动，声音有否异常，电动机表面温度是否正常，并记录电机等设备运转情况。

②检查栅渣输送机输送标高中心是否与细格栅出口对应，检查底脚垫铁是否焊好，

观察电机转向是否正确，启动时是否有噪声，减速油箱有无振动，记录电机等设备的运转情况。

③沉砂池应通过调节进水渠道与配水闸阀，使各个池的配水均匀，按设计流速和停留时间运行。

④沉砂池进水量加大时，应增加空气量，反之应减少空气量。汽水比不大于 0.2 时，大部分砂粒恰好呈现上浮状态，且在前进中互相碰撞、摩擦，承受曝气剪力。如果曝气强度过大，砂粒将无法下沉并随水出流，造成不好的沉砂效果；如果曝气强度过小，砂粒上的有机物就得不到有效分离。

⑤除砂机运行时，操作人员不得离开现场，发现设备故障，应采取相应的措施予以解决，除砂泵或除砂机如较长时间不运行，池内的积砂将阻碍除砂机机械的启动和运行，影响除砂效果。

6.3.3.3 生化处理段的试运行

（1）生化池运行及控制。

①通过调节进水闸阀使并联运行的曝气池进水量均匀、负荷相等。阶段曝气法要求沿池长分段均匀进水，使微生物充分发挥分解有机物的能力。

②在活性污泥法系统中，根据处理效率和出水水质的要求，无论采用哪种运行方式，进行工艺控制时都需要考虑污泥负荷、污泥龄及污泥浓度等几项重要的参数。

③活性污泥处理污水，水温在 20℃～30℃时，净化效果最好。如水温能维持在 26℃～27℃时，可采取提高污泥浓度和降低污泥负荷等措施保证二级出水水质。除磷脱氮的工艺系统，可以用延长曝气时间或其他提高水温的措施来弥补水温低所造成的影响。

④曝气池的回流量是在试运行时，根据闸阀的开启度和叶轮转速做试验确定的，运行时可参考该数据来控制，也可用沉淀区的稳定性来控制，只要回流量不冲击沉淀区即可。

⑤经鼓风后的压缩空气温度与外界气温温差较大时（特别是在冬季），空气管内容易产生冷凝水，使空气流动受阻，影响正常曝气，所以应经常排放冷凝水和湿气，排放完毕立即关闭闸阀，防止空气流失。

⑥曝气池长期运行后，应清除掉死角部分的积泥。另外，各类曝气头都有被污泥堵塞和损坏的可能，所以应定期清除、检修和更换曝气头。对池内一般钢部件，应进行防腐处理，同时做好空气管路的防漏和检修工作，防止空气流失和供氧不足，以及造成能源浪费。

⑦生化池试运行应严格在运行技术人员的指导下进行。

（2）鼓风机运行及控制。

①为满足曝气池中一定量的溶解氧，可根据风机类型及性能调节风量，通过改变转速、调节进气导向叶片的旋转角度及调整出风管闸阀的开启等方式达到目的。

②鼓风机在运行中，操作人员除每小时对其进行巡视时应注意风机有无异常的噪声、振动、温升外，还应观察风机及电机的油温、油压、风量、电流、电压等仪表显示

的数值，发现不正常情况，采取调整或停机措施，并做好记录。

③鼓风机的连接管路及闸阀必须严密，不得有漏气现象，否则，不仅影响风机的正常工作，而且有危险。操作人员应经常检查、巡视，发现问题及时处理。

④鼓风机冷却系统的正常运行对风机的正常工作起着很重要的作用。循环系统必须畅通无阻。水温、水压、水量应满足使用要求。夏季水温较高时，应做好循环水的冷却或采用合格的地下水作冷却水。

⑤要及时清洗、更换过滤装置，否则，过滤装置堵塞将减少出风量并形成负压。

⑥各种类型的曝气头装置，不经过滤或过滤效果不好时，空气中的尘埃将对风机造成磨损、堵塞曝气孔，进而影响供气量。特别是微孔曝气器，它的气孔只有几十至数百微米，尘埃一旦堵住气孔，将增加维修工作量。所以，空气一定要经过充分过滤。

（3）二沉池运行及控制。

①二沉池要完成泥水分离并回收活性污泥，关键是获得较高的沉淀效率，均匀配水是其中的首要条件，使各池的进水负荷相等，并在允许的表面负荷和升流速内运行，以得到理想的出水效果及回流污泥。

②曝气池连续运行需要二沉池提供一定量活性好的生物污泥。二沉池污泥不连续排放，不仅影响沉淀池本身的处理效果，而且曝气池也会因污泥浓度低、生物活性差、污泥负荷高而降低有机物的分解。

③在二沉池运行时，操作人员必须检查巡视刮泥机是否正常工作，避免因故障不能及时排放污泥，产生厌氧发酵，使大块污泥上浮。另外还要经常调整回流污泥装置，使池内各处均匀排泥。

④气提作用发挥好时，可将池内大块杂物通过吸泥管收集到集泥槽内。由于槽内水流为重力流，此类杂物在槽内越积越多，不能随水排出。长时间不清除，会增加刮泥机的负荷，而且还影响回流污泥的畅通。

6.3.3.4 深度处理段的试运行

（1）在深床滤池内，随着过滤的进行，由于填料层内生物膜逐渐增厚，SS 不断积累，过滤水头损失逐步加大，在一定进水压力下，设计流量将得不到保证，此时应进入反冲洗阶段以去除滤池内过量的生物膜及 SS，恢复滤池的处理能力。依据不同的处理情况，滤池出水指标也可通过自控系统成为反冲洗的控制条件。

（2）反冲洗采用气、水交替反冲，反冲洗水即为贮存在滤池顶部的达标排放水，反冲洗所需空气来自滤池底部的反冲洗管。

（3）反冲洗水自上而下，填料层受下向水流作用发生膨胀，单独水冲或气冲过程中，不断膨胀和被压缩，同时，在水、气对填料的流体冲刷和填料颗粒间相互摩擦的双重作用下，生物膜、被截留吸附的 SS 与填料分离，并在漂洗中被冲出滤池。反冲洗污泥回流至滤池预处理部分的沉淀系统。再生后的滤池进入下一周期运行。由于正常过滤与反冲洗时水量方向相反，因此填料层底部的高浓度污泥不经过整个滤床，而是以最快的速度通过池底排泥管离开滤池。

（4）深床滤池试运行应严格在厂商技术人员的指导下进行。

6.3.3.5 消毒处理段的试运行

通常情况下，紫外线消毒系统在调试完成后，即可正常进入试运行。

6.3.3.6 污泥处理段的试运行

(1) 在污水处理系统投入正常运行前，启动生物池污泥泵，当污泥调节池和贮存池已经存有一定量的浓缩污泥后，可开始污泥处理系统的联动试运行。

(2) 打开污泥调节池和贮存池的出泥阀，按使用要求配药和稀释絮凝剂，启动螺旋输送机系统和脱水机，向脱水机内注入清水，把转速调整至启动转速差。

(3) 脱水机稳定后，启动污泥注入泵和絮凝剂注入泵，按正常负荷的1/2向脱水机注入污泥和絮凝剂。调整转速差，使脱水机能正常出泥。

(4) 在脱水机稳定产泥后，逐步提高其负荷至额定负荷，同时要调整转速差，使脱水机正常出泥。污泥斗存放了一定量的污泥后，打开污泥斗启动污泥输送泵，把脱水污泥输送出去。

(5) 试运行期间每天1次检测浓缩污泥含水率、脱水污泥含水率、溢流液固含量等。

第 7 章　竣工阶段的管理

7.1　商业运营及竣工验收

7.1.1　商业运营及竣工验收程序

地埋厂在完成试运行后，需要完成商业运行确认和竣工验收。商业运行一般由项目发起人（通常是当地水务局等行业主管部门）确认，竣工验收由项目业主（通常是投资人）组织项目建设五方责任主体参加，其流程见图 7.1。

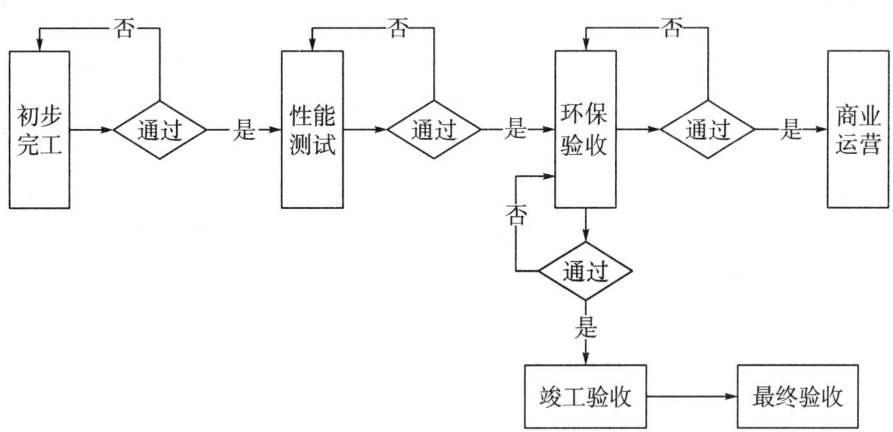

图 7.1　商业运营确认流程

7.1.2　商业运营的节点工作

（1）初步性能测试。

通常地埋厂 PPP、BOT 协议中会约定，项目投资人应提前通知项目发起人参加初步性能测试。

设备安装完成后，项目发起人组织投资人、总承包、运营单位对设施、设备、仪表、管路、操作检修空间、吊装空间等进行性能测试，初步性能测试包括管道的闭水实验、通畅检验、满水试验、设备单机空载试车、设备单机负载试车、设备负载联动试车等。性能测试也可以和试运行同步开展。

（2）初步完工。

对于项目发起人确认项目已通过初步性能测试的地埋厂，项目发起人以书面形式确认已通过初步性能测试的地埋厂初步完工。

初步完工确认后，投资人书面向项目发起人申报已具备开始试运行条件的书面材料。

（3）环保验收。

在完成不超过3个月的试运行后，水质达到项目出水标准，视为试运行合格，待进水水量满足环保验收要求后，投资人组织环保验收，项目环保验收后进入商业运营期。投资人按照当地环保部门相关规定及其他法律法规要求，确认项目达到竣工环保要求并按要求进行公示（备案）。

（4）商业运营。

投资人环保验收合格并备案后，立即书面通知项目发起人，申请开始商业运营。由于项目发起人原因导致无法环保验收备案，由投资人提出申请，经项目发起人认可后可申请开始商业运营。

从开始商业运营或视为开始商业运营当日，项目发起人应按约定向投资人支付污水处理服务费。

7.1.3 竣工验收的节点工作

（1）竣工验收：指通过初步完工确认后，系统试运行不超过3个月，总承包方按约定提交竣工验收申请报告、竣工资料，由业主组织设计、地勘、监理、总承包对工程进行全面检验后，取得竣工合格资料、数据和凭证的过程。

（2）最终验收：指从取得《设备试运行合格记录》之日起，合同设备按合同要求通过了24个月的质量保证期，合同双方对合同设备进行一次全面检查，由买方签署《设备最终验收合格单》。

7.1.4 竣工验收的准备

7.1.4.1 竣工验收的作用

（1）全面、综合考核工程项目质量。竣工阶段通过对已竣工工程的设计、施工、安装和设备等进行全面检查和试验，可以考核设计方、施工方和设备供应方等的产品质量成果是否达到了规范的要求，是否形成了生产能力或使用功能，允许正式转入运行；可以及时发现和解决影响生产和使用方面存在的问题，以保证工程项目按照设计要求的各项技术经济指标正常投入生产。

（2）明确责任，及时结算。能否顺利通过工程竣工验收，是判断勘察、设计、总承包是否按合同约定的责任范围完成勘察设计、施工任务的标志；完满地通过竣工验收后，勘察、设计、总承包可以根据合同，与业主办理竣工结算手续，将工程移交业主使用和照管。

（3）总结工程项目管理经验教训。项目竣工验收是全面考核项目建设成果，检验项目决策、设计、施工水平，总结项目管理经验的重要环节，从而吸取有益的经验和教训，有利于提高今后项目决策和项目管理水平。

(4) 促进项目及时投产，尽快发挥投资效益。项目完成建设内容后，业主应及时组织竣工验收，项目尽快转入运营阶段，发挥投资效益。

7.1.4.2　竣工验收的依据

(1) 批准的设计文件、施工图及说明书。包括上级批准的设计任务书或可行性研究报告，用地、征地、拆迁文件，地质勘察报告，设计施工图及有关说明等。

(2) 签订的施工合同。建设工程施工合同是业主和承包商为完成约定的工程内容，明确相互权利、义务的协议。工程竣工验收时，对照合同约定的主要内容，检查业主和承包商的履约情况，有无违约责任等。

(3) 设备技术说明书。设备技术说明书是进行设备安装、检验、调试试车、验收和处理设备质量、技术等问题的重要依据。若由承包商采购的设备，应符合设计和有关标准的要求，按规定提供相关的技术说明书，并对采购的设备质量负责。

(4) 设计变更通知书。设计变更通知书是施工图补充和修改的记录。设计变更原则上是由设计单位技术负责人签发，业主认可签章后由承包商执行。

(5) 施工验收规范及质量验收标准。项目实施中要遵循工程建设规范和标准，包括勘察、设计、施工及验收规范、工程质量检验评定标准等。我国建设工程施工质量验收统一标准、规范体系由《建筑工程施工质量验收统一标准》和各专业验收规范共同组成。

对不按强制性标准施工，实力达不到合格标准的，不得进行竣工验收。

7.1.4.3　竣工验收的条件

(1) 设计文件和合同约定的各项施工内容已经完毕。

①工程完工后，承包商按照施工及验收规范和质量检验标准进行自检，不合格品已自行返修或整改，达到验收标准。水、电、气、设备、智能化、电梯经过试验，符合使用要求。

②辅助设施及生活设施，按合同约定全部施工完毕，室内工程和室外工程全部完成，建筑物、构筑物周围 2 m 以内的场地平整，障碍物已清除，给水排水、动力、照明、通信畅通，达到竣工条件。

③其他专业工程按照合同的约定和施工图规定的工程内容，全部施工完毕，已达到相关专业技术标准，质量验收合格，达到了交工的条件。

(2) 有完整的工程竣工资料，符合验收规定。

项目竣工资料应符合《建设工程文件归档整理规范》的规定，分类组卷应符合规定的要求，并将竣工档案资料装订成册，达到归档范围的要求。

(3) 有工程的主要建筑材料、构配件、设备进场的证明及试验报告。

①现场使用的主要建筑材料（水泥、钢材、砂、砖、沥青等）应具有材质合格证，必须有符合国家标准、规范要求的抽样试验报告。

②混凝土、砂浆等施工试验报告，应按结构部位和楼层依次填写清楚，取样组数应符合施工及验收规范，并列表注明。

③设备进场必须开箱检验，并有出厂质量合格证，检验完毕要如实做好各种进场设备的检查验收记录。

(4) 有勘察、设计、施工、监理等单位签署确认的工程质量合格文件。

工程施工完毕后，勘察、设计、施工、监理单位按照《建设工程质量管理条例》的规定，并按各自的质量责任和义务，签署工程质量合格文件。

按照合同要求，提交的竣工资料应经监理工程师审查，确认无误后，由总监理工程师签署认可意见。

(5) 有施工单位签署的工程保修书。

7.1.4.4 竣工验收的标准

工程建设属于复杂的系统工程，涉及多部门、多行业、多专业，而各部门、各行业、各专业的要求又有所不同，质量验收标准很难以一概全。因此，对各类工程的检查、验收和评定，都有相应的技术标准。竣工验收必须按工程建设强制性标准、设计文件和施工合同的规定进行。

7.1.5 竣工验收的程序

7.1.5.1 竣工验收与备案的程序

(1) 竣工验收流程。项目竣工验收是国家通过立法规范工程建设活动行为的一项基本制度。项目竣工验收制是对项目竣工预验、竣工验收报验、竣工验收、竣工验收备案等程序的总称。项目竣工验收阶段的工作流程见图 7.2。

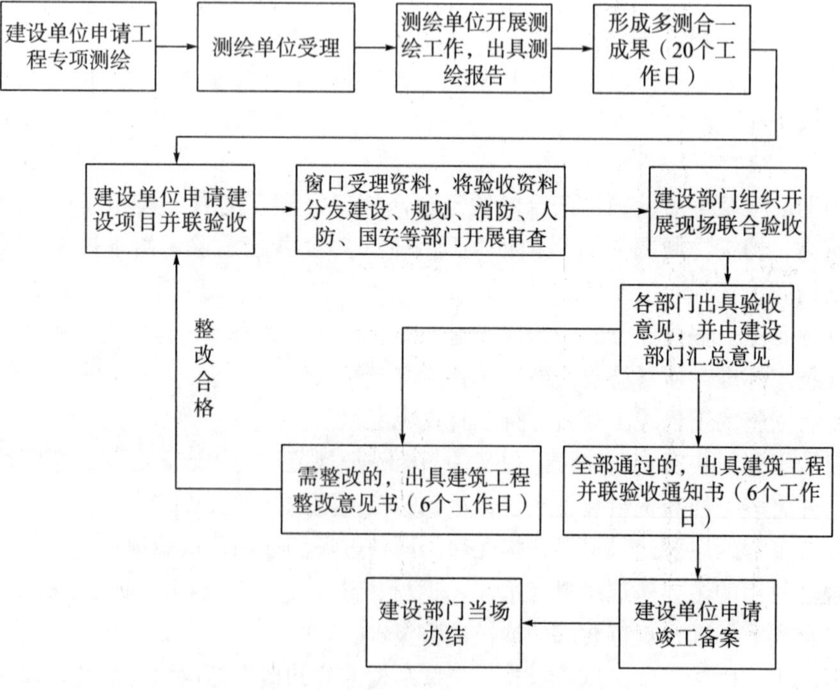

图 7.2 项目竣工验收阶段的工作流程

（2）技术审查。竣工验收阶段涉及的技术审查见图7.3。

多测合一
竣工规划测绘图及测绘成果报告
房屋建筑面积测绘成果报告
土地核实测绘
人防测绘
不动产测绘（界线与权籍测绘）

市政公用服务设施验收并网

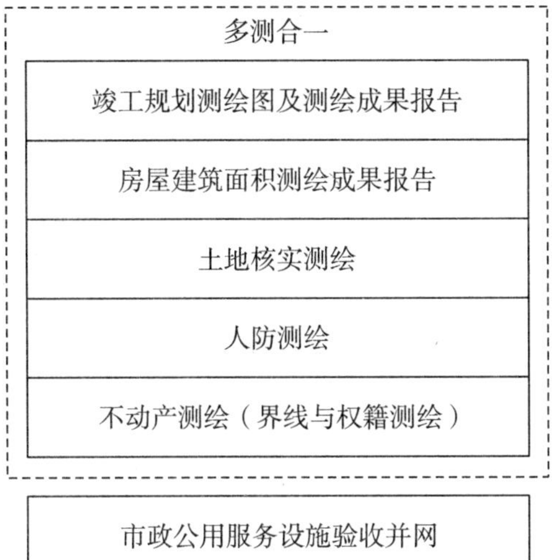

图7.3　项目竣工阶段的技术审查

（3）项目竣工验收阶段的审批主线及辅线见图7.4。

竣工验收阶段审批主线	竣工验收阶段并联办理事项
规自：工程竣工规划土地核实“多验合一”	住建：城镇排水与污水处理设施竣工验收备案
人防：人防工程竣工验收备案	住建：燃气设施工程竣工验收备案
住建：工程消防验收	住建：工程竣工结算备案
住建：工程竣工档案验收	住建：环卫设施项目档案备案
住建：工程竣工验收备案	人防：项目人防工程竣工验收

图7.4　项目竣工验收阶段的审批事项

7.1.5.2　承包商的竣工报验

（1）承包商完成施工图设计文件和施工合同约定的各项内容后，首先应进行自检、复检。

（2）当存在分包单位时，分包单位负责对所承包的工程项目按规定的验收标准进行检查，总包单位应派人参加。

（3）承包商递交《工程竣工报验单》，附件应齐全，足以证明工程已按合同约定完成并符合竣工验收要求。

（4）总监理工程师组织专业监理工程师对总承包报送的竣工资料进行审查，并对工程质量进行检查。对存在的问题应要求承包单位及时进行整改。整改完毕，总监理工程师应签署工程竣工报验单，提出工程质量评估报告。

(5) 总承包根据工程监理单位签署认可的《工程竣工报验单》及质量评估结论，向业主递交验收通知函件，具体约定工程交付竣工验收的时间、会议地点等。

7.1.5.3 项目竣工验收

业主收到总承包递交的预约竣工验收的通知后，应及时研究竣工验收程序和约定的时间，成立竣工验收组织，严格履行竣工验收职责。当地建设主管部门通常会委托工程质量监督机构对工程竣工验收的组织形式、验收程序、执行准备等情况实施监督。

(1) 竣工验收组织的成立。

成立竣工验收组织要根据工程的重要性、规模大小、隶属关系、承发包关系、项目管理方式等具体情况而定。重点工程、大型项目、技术较复杂的工程应组成验收委员会，一般小型工程项目，组成验收小组即可。

业主组织竣工验收工作，参加单位应包括勘察、设计、施工、监理及相关单位，参加验收的主要人员如下：

①主持竣工验收的业主代表。

②勘察单位的负责人。

③设计单位的设计负责人。

④总承包单位和分包单位的负责人、项目经理、技术负责人等。

⑤监理单位的总监理工程师和专业监理工程师。

⑥工程质量监督机构的人员。

(2) 竣工验收组织的职责。

经竣工验收组织检查，确认工程达到竣工验收的各项条件，应形成竣工验收会议纪要和《工程竣工验收报告》。参加验收的各单位负责人应在竣工验收报告上签字并加盖公章，竣工验收组织的具体职责如下：

①听取各单位的情况报告。

②审查各种竣工资料。

③对工程质量进行评估、鉴定。

④形成工程竣工验收会议纪要。

⑤签署工程竣工验收报告。

⑥对遗漏问题做出处理决定。

7.1.5.4 竣工验收报告

根据专业特点和工程类别不同，各地采用的工程竣工验收报告的格式也不尽相同。按照国家对工程竣工验收条件的规定，工程竣工报告应包括以下主要内容：

(1) 工程概况。

(2) 竣工验收组织情况。

(3) 质量验收情况。

(4) 竣工验收程序。

(5) 竣工验收意见。

(6) 签字盖章确认。

(7) 竣工验收报告附件等。

7.1.5.5 竣工验收备案

根据《建设工程质量管理条例》的规定，建设部颁发了《房屋建筑工程市政基础设施竣工验收备案办法》，规定业主应当自工程竣工验收合格之日起 15 日内，向工程所在地县级以上主管部门备案，备案提交的文件包括：

(1) 工程竣工验收备案表。

(2) 工程竣工验收报告，包括施工许可证、施工图审查意见、质量合格文件及竣工验收原始文件、有关质量检测和功能性试验资料，以及备案机关认为需要提供的有关资料。

(3) 法律、行政法规规定应由规划、公安消防、环保部等部门出具的认可文件或者准许使用文件。

(4) 施工单位签署的工程质量保修书。

(5) 法规、规章规定必须提供的其他文件。

7.2 竣工结算管理

7.2.1 项目竣工结算

7.2.1.1 竣工结算的内容

(1) 竣工结算书封面。封面形式与施工图预算书封面相同，要求填写工程名称、结构类型、建筑面积、造价等内容。

(2) 编制说明。主要说明施工合同有关规定、变更内容和有关文件等。

(3) 结算造价汇总计算表。竣工结算表形式与施工图预算表相同。

(4) 汇总表的附表。包括工程增减变更表，材料价差表，业主供应材料表等。

(5) 工程竣工资料。包括竣工图、各类签证、核定单、工程量增补单、设计变更通知等。

7.2.1.2 竣工结算的审核原则

(1) 以施工合同约定为基础，对工程量清单报价的主要内容，包括项目名称、工程量、单价及计算结果，进行认真的检查和核对，若是根据中标价订立合同的应对原报价单的主要内容进行检查和核对。

(2) 在检查和核对中若发现有不符合有关规定，单位工程结算书与单项工程综合结算书有不相符的地方，有多算、漏算或计算误差等情况时，均应及时进行纠正调整。

（3）建设项目由多个单项、工程构成的，应按建设项目划分标准的规定，将各单位工程竣工结算书汇总，编制单项工程竣工综合结算书。

（4）若建设工程是由多个单项工程构成的项目，实现分段结算并办理了分段验收计价手续的，应与单项工程竣工综合结算书汇总编制建设项目总结算书，并撰写编制说明。

7.2.1.3 竣工结算的审查依据

（1）工程施工合同文件。施工合同中约定了有关结算价款的，应按约定的内容执行。承发包双方约定完整的结算资料的具体内容，但还可能涉及竣工结算的其他内容。如合同价采用固定价的，合同总价或单价在合同约定的风险范围内不可调整。

（2）中标书的报价表。中标书的报价表是订立合同及竣工结算的重要依据。报价表的内容一般包括：

①报价汇总表，包括工程总价表、单项工程费、单位工程费汇总表。

②工程量清单计价表、其他项目清单计价表、零星工作项目计价表。

③措施项目清单及材料价差表或价差报价表。

④材料清单及材料价差表或价差报价表。

⑤设备清单及报价表。

⑥现场因素、施工技术措施及赶工措施费用报价表等。

（3）竣工图纸和工程变更文件。

①发包人提出的工程变更，承包人办理的技术经济签证。

②施工中发生的设计变更，设计单位提供的设计变更通知单。

③因施工条件、施工工艺、材料规格、品种数量不能完全满足设计要求，以及合理化建议等原因，发生的施工变更记录。

（4）工程计价文件、工程量清单、取费标准及有关调价规定。

（5）双方确认的有关签证和工程索赔资料。

（6）其他有关资料，如商品混凝土供应记录、隐蔽工程记录、竣工验收变更等。

7.2.1.4 竣工结算的审查内容

对竣工结算的审查是业主在施工阶段投资控制的最后一个环节，竣工结算一旦审定，即是该项目资金支付的依据，业主对竣工结算的审查内容如下：

（1）审查竣工结算与承包合同是否一致。首先审查工程是否按照承包合同要求全部完成并经验收合格；其次按照承包合同约定的结算方式、计价定额、取费标准、材料价格和优惠条款等进行审查。

（2）分部、分项工程按图逐一核实工程量。竣工结算的工程量应依据竣工图、设计变更和现场签证等逐项进行核查，并按国家统一规定的工程量计算规则进行计算，不得遗漏。特别应指出的是钢筋含量应按图计算。

（3）审查单价。分部、分项工程逐项审查单价，按承包合同约定的单价条款或承包合同规定的计价定额与计价原则执行，特别是应注意经换算的原定额中缺项而增补的，按市场材料价更新的单价计算。

（4）审查材料价格取费。按照承包合同约定各类材料的计价方法，核对相关材料单价。另外，加强对非标准规定的材料费用的审查，如果承包合同中有所规定，按合同计取费用，如果承包合同中未涉及，就要审核其签批手续是否严格按程序进行。

（5）检查所有隐蔽工程的验收记录、资料。凡隐蔽工程必须经监理工程师签证确认，应验证隐蔽工程的验收手续是否完整，其工程量与竣工图是否一致等。

（6）检查设计变更的资料。由设计单位出具设计变更通知单和修改图纸，设计单位需要签字并加盖公章，经业主和监理工程师同意；重大设计变更应经原审批部门再审批，监理工程师应审查所有设计变更资料并签证，承包人方能将设计变更后所调整的工程量、费用列入结算。

（7）审查施工过程中签证。在施工过程中必然会发生许多合同及预算以外的任务，该任务事先必须由监理工程师、业主审批、签证，施工单位方能将其费用列入结算。

7.2.2　项目审计

7.2.2.1　项目审计的含义和作用

（1）项目审计的含义。项目审计是指审计机构依据国家的法规和财务制度、企业的经营方针、管理标准和规章制度，对项目的活动用科学的方法和程序进行审核检查，判断其是否合法、合理和有效，借以发现错误，纠正弊端，防止舞弊，改善管理，保证项目目标顺利实现的一种活动。项目审计包括工程施工前期审计、工程施工阶段审计和工程竣工结算审计。

（2）项目审计的作用。

①通过审计，可以发现不合理的经济活动，促使项目管理者最大限度地实现对人、财、物使用的综合优化，提高项目效益。项目效益包括项目建成后的效益和项目建设期间的效益。

②通过审计，防止盲目投资和建设决策中的重大失误，保证投资决策和项目建设期间的重大决策正确可行。

③通过审计，可以揭露错误和舞弊，制止违法违纪行为，维护投资者的权益。

④通过审计，可以交流经验，吸取教训，帮助管理者改善管理状况，避免或减少出现类似单位错误，提高项目管理水平。

⑤通过审计，对管理状况和建设现状进行评价和鉴证，可以激励管理者恪尽职守，激发项目管理者的积极性和创造性。

⑥项目审计是高层管理者调控项目的重要手段。

7.2.2.2　项目审计的内容

项目审计的主要内容如下：

（1）建设项目规模以及总投资控制情况，概（预）算审批、执行、调整的真实性、合法性。

(2) 建设项目竣工决算报表和说明书，以及工程决算报表编制的真实性、合法性。

(3) 建设资金到位情况和资金管理、使用的合规性、合法性。

(4) 合同签订以及合同履行的合规性、合法性。

(5) 建设项目成本的真实性、合法性。

(6) 工程价款结算的真实性、合法性。

(7) 与项目有关的其他财务收支的真实性、合法性。

(8) 未完工程投资的真实性、合法性。

(9) 建设项目绩效。

(10) 法律、法规、规章规定的需要审计监督的其他事项。

在项目投资活动过程中，全过程的审计工作可以有效前移审计接入的时间点，在项目正式开展之前进行审计工作，以保证达到事前预防、事中监督和事后控制的目的，在项目建设过程中针对立项审批、工程设计、招投标制度和合同签订、施工工艺、竣工决算等工作的不同需要进行审计监督和控制工作。需要注意的是，在开展跟踪审计的过程中，要对传统事后审计中涉及的控制工程成本，以及工程开展过程中涉及的管理制度有效性等进行严格审查，从而及时发现工程投资项目中的问题，及时排查、及时纠正，做到将生产成本的控制趋于动态化，从而有效提高工程建设项目的投资效率和建设质量。

7.2.2.3 项目审计的组织

(1) 对国家建设项目的审计，采取审计机关直接审计和业主上级部门的内部审计机构参与审计的方式实施。

(2) 业主在建设项目基本完工、竣工决算报表编制完成后，应及时向审计机关申请进行竣工决算审计。审计机关应在 30 日内确定审计组织方式，并告知业主。

(3) 由审计机关直接审计的建设项目，根据工作需要，可以聘请与审计事项相关的专业人员参与审计工作。

(4) 不由审计机关直接审计的建设项目，业主可以委托社会中介机构或者由业主上级部门的内部审计机构进行审计；审计结束后 30 日内应将审计结果报送审计机关备案。

7.2.2.4 项目审计与结算审核

(1) 项目审计与结算审核的相同点是，两者均依据现行国家或地方的法律法规、工程承发包合同以及工程实际完成情况。

(2) 项目审计与结算审核的不同点如下：

①依据不同。项目审计的依据是国家、地方颁发的各种财经制度、规章、工程规范与定额、工程建设文件及资料等。结算审核的依据主要是工程结算的法律法规、工程承包合同、承包合同履行中的有关情况，如工程变更、工程索赔等。

②法律效力不同。结算审核单位做出的竣工结算审核可作为总承包合同双方结算的依据。结算审计的结果是督促业主切实履行职责，对结算审计发现的结算不实等问题，责令业主整改，对审计发现的违规违法、损失浪费等问题线索，会依法移送有关部门处理。

③方式不同。项目审计一般是事后审计，在项目竣工验收后进行，但是近年来，国家推行跟踪审计或过程审计，即在项目实施过程中进行事前、事中、事后的审计；结算审核涵盖了项目从承包合同生效开始，直到项目竣工验收甚至保修阶段结束为止。

7.2.2.5　项目审计的效力

在 2017 年以前，项目总承包合同中都会约定“以国家审计作为工程竣工结算依据”。

2017 年 2 月 22 日，全国人大法工委印发《对地方性法规中以审计结果作为政府投资建设项目竣工结算依据有关规定的研究意见》，要求各省、自治区、直辖市人大常委会对所制定或者批准的与审计相关的地方性法规开展自查，对有关条款进行清理纠正。

此后，各地陆续对不符合要求的地方性法规或规范性文件进行了清理、废止，不再允许在施工合同中约定“以国家审计作为工程竣工结算依据”。明确要求：规范工程价款结算，政府和国有投资工程不得以审计机关的审计结论作为工程结算依据，业主不得以未完成决算审计为由，拒绝或拖延办理。

7.3　竣工档案管理

7.3.1　竣工档案管理概述

7.3.1.1　基本概念

建设工程文件档案资料包括建设工程文件和档案。

(1) 建设工程文件，是指在工程建设过程中形成的各种形式的信息记录，包括：

①工程准备阶段文件，是指项目开工前，在立项、审批、征地、勘察、设计、招投标等工程准备阶段形成的文件。

②监理文件，是指施工单位在工程施工过程中形成的文件。

③竣工图，是指项目竣工验收后，真实反映建设工程项目施工结果的文件。

④竣工验收文件，是指项目竣工验收活动中形成的文件。

(2) 建设工程档案，是指在工程建设活动中直接形成的具有归档保存价值的文字、图表、声像等各种形式的历史记录。

7.3.1.2　归档范围

(1) 对与工程建设有关的重要活动、记载工程建设主要工程和现状、具有保存价值的各种载体的文件，均应收集齐全，整理立卷后归档。

(2) 工程文件的具体归档范围按照现行《建设工程文件归档整理规范》中“建设工程文件归档范围和保管期限表”共 5 大类执行。保管期限分为永久、长期、短期三种。

7.3.1.3 归档资料管理职责

建设工程归档资料的管理涉及建设单位、监理单位、施工单位等以及地方城建档案管理部门。

（1）建设单位职责。

①在工程招标及与勘察、设计、监理等单位签订协议、合同时，应对工程文件的套数、费用、质量、移交时间等提出明确要求。

②收集和整理工程准备阶段、竣工阶段形成的文件，进行立卷归档。

③负责组织、监督和检查勘察、设计、施工、监理等单位的工程文件的形成和立卷归档工作，也可委托监理单位监督、检查。

④收集和汇总勘察、设计、施工、监理等单位立卷归档的工程档案。

⑤在组织工程竣工验收前，应提请当地城建档案管理部门对工程档案进行预验收；未取得工程档案验收认可的文件，不得组织工程竣工验收。

⑥对列入当地档案管理部门接收范围的工程，工程竣工验收 3 个月内，向当地档案管理部门移交一套符合规定的工程文件。

⑦必须向参与工程建设的勘察、设计、施工、监理等单位提供与建设工程有关的原始资料。原始资料必须真实、准确、安全。

⑧可委托承包方、监理单位组织工程档案的编制工作；负责组织竣工图的绘制工作，也可委托承包方、监理单位、设计单位完成。

（2）监理单位职责。

①应设专人负责监理资料的收集、整理和归档工作，监理资料的管理应由总监理工程师负责，并指定专人具体实施，监理资料应在各阶段监理工作结束后及时整理归档。

②监理资料必须及时整理、真实完整、分类有序。在设计阶段，对勘察、设计、测绘单位的工程文件的形成和立卷归档进行监督、检查；在施工阶段，对施工单位的工程文件的形成和立卷归档进行监督、检查。

③可以按照委托监理合同的约定，接受建设单位的委托，监督、检查工程文件的形成和立卷归档工作。

④编制的监理文件的套数、提交内容、提交时间，应按档案管理部门的要求，编制移交清单，双方签字、盖章后，及时移交建设单位，由建设单位收集和汇总。

（3）施工单位职责。

①配备专职档案管理员，负责施工资料的管理工作。

②建设工程实行总承包的，总承包单位负责收集、汇总各分包单位形成的工程档案，各分包单位应将工程文件整理、立卷后及时移交总承包单位。建设项目由几个单位承包的，各承包单位负责收集、整理、立卷其承包项目的工程文件，并应及时向业主移交，各承包单位应保证归档文件的完整、准确、系统，能够全面反映工程建设活动的全过程。

③可以按照施工合同的约定，接受业主的委托进行工程档案的组织、编制工作。

④负责编制的施工文件的套数不得少于城建档案管理部门的要求，但应有完整的施

工文件移交业主及自行保存，保存期限根据工程性质及档案管理有关要求确定。

7.3.2　工程档案的编制要求和组卷

对工程档案编制质量要求与组卷方法，应该按照《建设工程文件归档规范》《科学技术档案卷构成的一般要求》《技术制图复制图的折叠方法》《城市建设档案案卷质量规定》等规范性文件的规定，以及各省、市、地方的规范执行。

7.3.3　工程档案的验收及移交

（1）工程档案的验收。

工程档案的移交验收应当符合国家《建设工程档案验收办法》和国家标准《建设工程文件归档整理规范》的规定和各地档案管理部门的规定。

列入城建档案管理部门档案接受范围的工程，业主在组织工程竣工验收前，应提请城建档案管理部门对工程档案进行预验收，预验收包含以下内容：

①工程档案分类齐全、系统完整。

②工程档案已整理立卷，立卷符合现行《建设工程文件归档规范》的规定。

③工程档案的内容真实，能准确反映工程建设活动和工程实际情况。

④竣工图绘制方法、图式及规格等符合专业技术要求，图面整洁，盖有竣工图章。

⑤文件的形成、来源符合实际，要求单位或个人签章的文件，其签章手续完备。

⑥文件材质、幅面、书写、绘图、用墨、托裱等符合要求。

（2）工程档案的移交。

①列入城建档案管理部门接收范围的工程，业主在工程竣工验收后 3 个月内向城建档案部门移交一套符合规定的工程档案。

②停建、缓建工程的工程档案，暂由业主保管。

③对改建、扩建和维修工程的档案，业主应当组织设计、监理、施工据实修改、补充和完善。对改变的部位，应当重新编写工程档案，并在工程竣工验收后 3 个月内向城建档案部门移交。

④业主向城建档案部门移交工程档案时，应办理移交手续，填写移交目录，双方签字、盖章后交接。

⑤施工单位、监理单位等有关单位应在工程竣工验收前将工程档案按合同或协议规定的时间、套数移交给业主，办理移交手续。

第 8 章　项目后评价

8.1　项目后评价

8.1.1　项目后评价的概念

项目后评价是指对已完成项目的目的、执行过程、效益、作用和影响所进行的系统的、客观的分析。通过对项目活动的检查总结，确定项目预期的目标是否达到，项目或规划是否合理有效，项目的主要效益指标是否实现。

项目后评价是在项目投资活动过程中，通过对项目的全面系统分析和及时有效的信息反馈，总结正反两方面的经验教训，为未来项目的决策和提高管理水平提出建议，同时也为被评价项目运营中出现的问题提出改进建议，达到提高投资效益的目的，使项目的管理者提高决策、管理水平。由于后评价的透明性和公开性特点，通过对投资活动成绩和失误的主客观原因分析，可以比较公正客观地确定投资者和管理者在工作中实际存在的问题，从而进一步提高他们的责任心和工作水平。

8.1.2　项目后评价的分类

（1）综合后评价。综合后评价是指在项目转入商业运营后的某一时点，对项目所进行的全面评价。它是以项目的投资效益为中心，以项目决策和建设实施效果以及运营状况为评价重点。

（2）中间跟踪评价。中间跟踪评价是指在项目从开工到竣工验收前的某一时点，对项目建设实际状况所进行的阶段性评价。它是以项目实施过程中出现的有可能影响项目建设和预期目标实现的因素为评价重点。

8.1.3　项目后评价的任务

项目后评价一般由项目投资决策者、主要投资人提出并组织，项目发起人根据需要也可组织进行项目后评价。项目后评价应由独立的咨询单位或专家完成，也可由投资人组织独立专家共同完成。

项目后评价要完成的任务如下：

（1）对项目全过程的回顾和总结，即从项目的前期准备阶段，直到竣工验收阶段、试运营阶段，全面系统地总结各个阶段的实施过程、问题及原因。

（2）对项目的效果和效益进行分析评价，即分析项目的过程技术成果、财务经济效益、环境效益、社会效益和管理效果等，对照可行性项目评估的结论和主要指标，找出变化和差别。

（3）对项目目标和可持续性进行评价，即对项目目标的实现程度及其适应性、项目的持续发展能力及问题、项目的成功度进行分析评价，得出项目后评价的结论。

（4）总结经验教训，提出对策建议。

8.1.4　项目后评价的范围

项目后评价包括项目前期阶段直到后评价时点前的运营阶段，进一步分为四个阶段：前期阶段、准备阶段、实施阶段、运营阶段（后评价时点前的运营阶段）。项目后评价的内容可分为项目建设过程评价、项目效益评价、项目目标和可持续评价、总结经验教训及提出建议对策。

8.1.5　项目后评价的依据

（1）有关项目决策、建设实施和运营的主要文件。

①项目建议书、可行性研究报告、评估报告、环境影响评价报告。

②工程设计文件及概（预）算、开工报告、概算调整报告、招标投标文件、各种合同、竣工验收报告及其相关的批复文件，项目建设实施过程中发生重大变更的相关资料。

③项目运营情况，以及企业生产经营、财务报表和相关资料。

（2）业主为项目后评价准备的文件。业主在后评价开始前，应进行全面系统的回顾和总结，并提供项目总结评价报告（或业主的自我评价报告）。中间跟踪评价的项目，业主也应提供阶段性的项目总结评价报告。因此，业主应从项目开始就要做好项目资料的收集、归档和保存，以便今后为项目后评价提供完整、真实的基础资料。

（3）政府投资和以政府投资为主的项目还应有与项目有关的审计资料、稽查报告等。

8.2　项目各阶段的后评价

8.2.1　前期阶段的后评价

（1）可行性研究的后评价。项目可行性研究的总结与评价的内容包括：市场和需求预测、建设内容和规模、工艺技术和装备、原材料等供应、项目的配套设施、项目的投资估算和资金筹集、项目财务分析和规模经济评价等。其重点是：项目的目的和目标是否明确、合理；项目是否进行了多方案比较，是否选择了正确的方案；项目的效果和效益是否可能实现；项目是否可能产生预期的作用和影响。在发生问题的基础上分析原因，得出评价结论。

（2）项目评估的后评价。项目评估报告的后评价的重点是：对项目评估报告目标责任制的分析评价，对项目评估报告效益指标的分析评价，对项目评估报告风险分析的评价。

（3）项目决策的后评价。项目决策的后评价包括项目决策程序、投资决策内容和决策方法的分析与评价。

8.2.2 准备阶段的后评价

（1）项目融资方案的后评价。项目融资方案的后评价主要应分析评价项目的投资结构、融资模式、资金选择、项目担保和风险管理等内容。其评价的重点：根据项目准备阶段所确定的投融资方案，对照实际的融资方案，找出差别和问题，分析利弊；分析实际融资方案对项目原定的目标和效益指标的作用和影响，特别是融资成本的变化，评价融资与项目的债务关系和今后的影响；在可能的条件下，还应分析项目是否可以采取更加经济合理的投融资方案。

（2）项目勘察设计的后评价。项目勘察设计的后评价包括：对勘察设计单位的选定方式和程序、能力和资信情况以及效果进行分析评价；对项目勘测工作质量进行评价，结合工程实际分析工程测绘和勘测深度及资料，对工程设计和建设的满足程度和原因进行评价；对项目设计方案的评价，如设计指导思想、方案比选、设计更改等各方面的情况及原因分析；对项目设计水平的评价，如总体技术水平、主要设计技术指标的先进性及实用性、新技术装备的采用、设计工作质量和设计服务质量等。

（3）采购招标工作的后评价。包括对招标公开性、公平性和公正性的评价，对工程、设备物资、咨询服务、采购招投标的资格、程序、法规、规范等事项的评价，项目采购招标是否有更加经济合理的方法。

（4）开工准备的后评价。包括项目组织结构（项目法人）的建立，通过招标选择的代理机构，通过招标选择的项目施工单位和监理单位，土地征购及拆迁安置工作，施工项目的三通一平，工程进度计划和资金使用计划的编制，施工许可证或开工报告等。

8.2.3 建设阶段的后评价

（1）合同执行的后评价。合同执行是项目建设实施阶段的核心工作。项目建设实施阶段的合同包括勘察、设计、货物采购、施工、监理、其他咨询服务等。合同执行的后评价包括评价合同签订的法规依据、规范程序，分析合同的履行情况和违约责任及原因，评价业主采取的合同管理措施与各阶段合同管理办法及效果。

（2）工程管理的后评价。指管理者对工程三项目标（投资、质量和进度）的控制能力及结果的分析，包括工程投资控制的分析评价，工程质量控制的评价，工程进度控制的评价。

（3）项目资金管理的后评价。包括资金来源的对比和分析，资金来源是否适当、资金供应是否及时适度，项目所需流动资金的供应及使用状况。

（4）项目竣工及竣工验收的后评价。包括项目完工评价、投产运营前准备工作的评价。

8.2.4　运营阶段的后评价

(1) 项目运营状况的后评价。是指到项目后评价的时点之时，项目投产、运行以来的生产、运行、销售和盈利情况，项目运营状况的后评价指标反映出设计能力、生产变化、财务状况等。

(2) 项目效益预测。一是对项目评价时点以前已经完成的部分进行总结，二是对项目评价时点以后的工作进行预测。

预测，就是以评价时点为起点，通过对已经发生的内容的分析和项目发展的趋势，预测项目未来的前景。在项目投入运营后，项目效益预测内容包括：达到设计能力状况及预测，市场需求状况及未来预测，项目竞争能力现状及预测，项目运营外部条件现状及预测等。

8.3　项目效果和效益评价

8.3.1　项目效果评价

项目后评价通过调查、了解项目实施的最终成果和影响，对照已批准的可行性研究报告所确定的目的和指标进行评价，并通过对项目实施过程中各个阶段实现目标和指标及其变化的分析，进行经验与教训的总结。

(1) 项目的技术效果后评价。

项目的技术效果后评价是对已采用技术与装备水平的评价，主要包括技术的先进性、适用性、经济性、安全性。其中，对工艺技术和设备的评价包括检验工艺的可靠性，检验工艺流程是否合理，检验工艺对产品质量的保证程度等。

评价项目的技术先进性，应从设计规范、工程标准、工艺路线、装备水平、工程质量等方面分析项目所采用的技术可以达到的水平，包括国际水平、国内先进水平、国内一般水平等。

评价项目的技术适用性，应从技术难度、当地技术水平及配套条件、人员素质和技术掌握程度分析项目所采用技术的适用性，特别是维护保养技术和装备的配套情况。

评价项目的技术经济性，应根据行业的主要技术经济指标，如单位投资、单位运营成本、能耗及其他主要消耗指标、环境和社会代价等，说明项目技术经济指标处于国内行业的水平、是否达到经济规模，以及处于项目所在地的技术进步水平等。

评价项目的技术安全性，应通过项目实际运营数据，分析所采用技术的可靠性，主要技术风险，安全运营水平等。

(2) 项目的管理效果后评价。

项目的管理效果后评价的重点是评价项目建设和运营过程中，组织机构及能力。项目组织机构设计完成并投入运营后，应对其自身结构及其所具备的能力进行适时监测和评价，以分析项目组织机构选择的合理性，并及时进行调整。项目管理效果评价包括以下几个方面：

①组织机构形式的评价。

②组织机构人员的评价。

③组织内部沟通、协调、交流机制的评价。

④激励机制及员工满意度的评价。

⑤组织内部利益冲突调停能力的评价。

⑥组织机构的环境适应性评价等。

8.3.2 项目效益评价

(1) 项目的财务效益、经济效益后评价。

项目的财务效益后评价与项目评估中的财务分析在内容上基本是相同的，都要进行项目的盈利性分析、清偿能力分析和外汇平衡分析。但在后评价中采用的数据不能简单地使用实际数据，应将实际数据中包含的物价指数扣除，并使之与项目评估中的各项评价指标在评价时点和计算效益的范围上具有可比性。

在盈利性分析中要通过项目投资现金流量表和项目资本金现金流量表，计算项目投资税前内部收益率、净现值，项目资本金税后内部收益率等指标，通过编制损益表，计算资金利润表、资金利税率、资本金利润表等指标，以反映项目和投资者的获利能力。

清偿能力分析主要通过编制资产负债表、借款还本付息计划表，计算资产负债率、流动比率、速动比率、偿债准备率等指标，以反映项目的清偿能力。

项目的经济效益后评价的内容主要是通过编制项目投资经济费用效益流量表、经济费用效益分析投资费用调整表、经济费用效益分析经营费用调整表等，计算经济费用效益分析指标，以及经济净现值、经济内部收益率、经济效益费用比等指标。此外，还应分析项目的建设对当地经济发展、所在行业和社会经济发展的影响，对收益公平分配、当地人口就业、本地区及本行业技术进步等的影响。经济评价结果同样要与项目评估指标对比。

(2) 项目的环境效益后评价。

项目的环境效益后评价，是指对照项目评估时批准的环评报告，重新审查项目环境影响的实际结果，审核项目环境管理的决策、规定、规范、参数的可靠性和实际效果。环境影响的后评价应遵照环保法规，根据国家和地方环境质量标准、污染物排放标准以及相关产业部门的环保规定，分析评价已实施的环评报告和环境影响现状，同时，要对未来进行预测。

项目的环境效益后评价一般包括项目的污染控制、区域的环境质量、自然资源的利用、区域的生态平衡和环境管理能力。

(3) 项目的社会效益后评价。

项目的社会效益后评价包括就业影响，地区收入分配影响，居民的生活条件和生活质量，受益者范围及其反映，各方面的参与状况，地方社区的发展，妇女、民族、宗教信仰问题等。

8.4　项目目标评价和可持续分析

8.4.1　项目目标评价

（1）目标评价的层次。

投资项目的目标一般有两个层次：一是宏观目标层次，即对国家、地区、行业可能产生的影响，表现在技术、经济、社会、环境等方面；二是微观目标层次，即项目直接的建设目标，表现在项目产生的直接作用和效果。

①项目宏观目标的内容。

满足国民经济或当地经济发展对项目建成后所产生的产品或提供服务的需要，推动国民经济或地区经济中相关产业的发展，从而达到促进全国和当地 GDP 增长的目的。

项目建成后预期能推动国民经济或地区经济产业结构调整，提高现有类似产品服务的功能、质量，增加高附加值产品的比例，增加对外出口商品的国民经济效益。

项目建成后预期能增加人民收入，改善居民的生活质量，提高人民的健康、教育和生活水平，增加就业，改善环境质量，减少环境污染，提高职工生产安全程度，防止和减少事故发生的可能性，扶贫和扶持少数民族和边远地区经济发展，稳定社会政治和经济秩序等。

②项目微观目标的内容。

提高企业产品或服务的数量和质量，增加产品品种，改善企业的产品结构，扩大企业规模；降低原材料和能源消耗，降低产品成本，为企业降低产品或服务价格创造条件；通过改善企业产品质量、性能，合理的价格政策以及良好的售后服务等，创立企业产品在市场上的知名度，达到企业的市场竞争力和市场占有率，提高企业的获利能力等；通过较高的财务或经济效益，满足资源投入的回报要求，合理配置资源。

（2）项目的目标评价内容。

项目的目标评价一般要根据项目的投入产出关系，分析各层次目标实现的合理性和可能性，以定性和定量相结合的方法，用量化指标来进行表述。

项目的目标评价需要分析项目实施中或实施后，是否达到在项目评估中预定的目标，达到预定目标的程度，分析与预定的目标产生偏离的主观与客观原因，在项目以后的实施或运行中，有哪些变化，应采取哪些措施和对策，以保证达到或接近达到预定的目标和目的。必要时，还要对一些项目预定的目标和目的进行分析和评价，确定其合理性、明确性和可操作性，提出调整或修改目标和目的的意见和建议。

（3）项目目标实现程度及适应性分析。

项目目标实现程度评价主要是对项目的投入产出目标进行分析，其评价要点如下：

①项目投入，如资金、物质、人力、资源、时间、技术的投入情况。

②项目产出，如项目建设内容，投入的产出物。

③项目直接目的，即项目建成后的直接效果和作用，主要是作用于社会和环境的直接效果。

④项目宏观目标，即项目产生的间接效果和影响，主要是对地区、行业、国家等的经济、社会和环境的影响。

项目目标的适应性是指项目原定目标是否正确，是否符合全局和宏观利益，是否得到政府政策的支持，是否符合项目的性质，是否符合项目当地的条件等。

8.4.2　项目可持续分析

项目的持续性是指在项目的建设资金投入完成后，项目的既定目标是否还能继续，项目是否可以持续地发展下去，接受投资的项目业主是否愿意并可能依靠自己的力量继续去实现既定目标。

项目可持续分析要素包括财务、技术、环保、管理、政策等。对项目可持续发展的主要条件的分析，应针对可持续的主要制约因素及其原因，区分内部与外部的条件，提出合理的建议和要求。

第9章　风险管理

9.1　风险管理概述

地埋厂建设是在复杂的、变化着的环境中进行的，受众多内在和外在因素的影响。对于这些内外因素，项目建设的各方参与者往往认识不足或没有足够的力量加以控制。项目建设同其他经济活动一样会面临风险，要避免和减少损失，将威胁化为机会，项目建设各参与方就要了解和掌握项目风险的来源、性质和规律，进而对风险进行有效的防控。

9.1.1　风险与风险管理

风险是指在一定条件下、一定时期内，某一事件其预期结果与实际结果间的变动程度。变动程度越大，风险越大；反之，风险越小。

风险管理是为了达到一个组织的既定目标而对组织所承担的各种风险进行管理的系统过程，是人们对潜在的意外损失进行识别、评估、预防和控制的过程。

9.1.2　项目风险识别

风险识别是科学、公平、合理的风险分担的前提，因此，风险识别显得尤其重要。为了全面系统地识别工程项目风险，可将工程项目风险按风险产生的原因进行分类，即从项目参与方引起的风险、工程项目自身引起的风险、工程项目的外部环境引起的风险三个方面进行风险识别。

（1）项目参与方引起的风险。项目建设参与方包括业主、勘察、设计、施工、供应商、管理咨询单位（包括监理单位）等，他们都可能对项目引起风险。

（2）项目的风险。项目风险包括工程项目的自然风险、技术风险、决策风险、组织与管理风险等。

①自然风险，是指大自然的影响导致的风险，包括恶劣的天气情况（台风、严寒、暴雨、雷电等）、不明的工程水文地质条件等。自然风险一旦发生，往往会造成难以估计的损失，甚至是巨大的灾难，令业主难以承受。

②技术风险，是指项目在实施过程中遇到的各种技术问题，如规划技术问题、设计技术问题、施工技术问题等。

③决策风险，是指在项目前期的投资决策，以及项目实施阶段中的规划方案、设计

方案、施工方案、融资方案、营销方案、运营准备方案等的决策，若决策出现偏差，将对工程产生决定性的影响。

④组织风险，是指项目有关各方关系不协调以及其他不确定性而引起的风险，进一步可分为组织内部风险和组织外部风险。

⑤管理风险，是指由于项目管理机构管理能力不足、知识经验不足、未按合同履行，以及管理机构不能充分发挥作用等造成的影响。

【案例】政府提前收回水务或固废项目的特许经营权

西安市鄠邑区水务局指出，西安户县桑德水务有限公司未按照特许经营协议约定，在2020年12月底完成一污提标改造及扩建工程，且擅自将西安户县桑德水务有限公司特许经营权项下的收费权分别质押给哈银金融租赁有限责任公司、民生金融租赁股份有限公司，未按照特许经营协议约定履行义务，损害公共利益，构成严重违约行为。

2021年6月，西安市鄠邑区水务局发布《关于依法取消西安户县桑德水务有限公司第一污水处理厂特许经营权的公告》（鄠水发〔2021〕87号），为确保一污提标工作顺利推进和正常安全稳定的管理运行，西安市鄠邑区水务局决定依法取消西安户县桑德水务有限公司污水处理特许经营权，由西安市鄠邑区水务局对鄠邑区第一污水处理厂实施接管。

此案例是典型的管理不善，导致未能履行合同义务，给自身造成风险。

（3）项目的外部环境风险。项目的外部环境风险包括政治风险、经济风险和社会风险。

①政治风险，是指由于国家政局和政策、法律变化、罢工、战争、动乱、经济制裁等因素引起社会动乱，导致财产损失、人员伤亡的风险。

②经济风险，是指由于汇率变动、价格波动、通货膨胀或紧缩，以及供求关系改变等因素造成的经济损失的风险。

③社会风险，是指由于个人或团体的行为（如过失行为、不当行为、故意行为）对社会生产及人们生活造成损失的风险；或指发生了某一不确定事件后给社会带来的危害。社会风险涉及宗教信仰、社会治安、文化素质、公众态度等。

9.2 地埋厂的风险与应对

9.2.1 地埋厂的风险

地埋厂从决策、立项、规划、建设到运营，时间跨度长达30年，期间不可预见因素太多。业主通常作为PPP、BOT投资商的身份参与建设、运营管理，在各个阶段所面临的风险也各不相同。

9.2.1.1　前期风险

（1）投资环境风险。

①投资金额的风险：PPP、BOT 招标人（通常是水务主管部门）给定的投资估算如果偏低，将导致建设业主承担超出的部分。

②选址的风险：PPP、BOT 招标人选址如果不合理，将会造成重新选址或增加地基处理、地灾处理方面的费用。

③工艺选择的风险：PPP、BOT 招标人选择的污水处理工艺如果不满足环评要求，未来将会造成工艺变更而导致投资增加。

（2）市场风险。如果前期投资预算不足，对于市政公益类的污水厂项目，政府调解难度大，额外增加的投资则可能由投资方自行承担，而无法计入项目总投资并进入水价。PPP、BOT 合同中应该约定建设投资的合理调价机制，否则建设过程中材料、人工等价格的上涨会增加投资而造成项目收益减少。

（3）融资风险。建成的地埋厂由于各种原因无法按期办理土地使用权，土地使用权和房产证的缺失所造成的法律隐患会给项目融资带来不利影响。在后续操作中，由于项目建设阶段土地使用权未转入，会影响项目公司的正常运营及获得融资。土地使用权也是目前许多 PPP、BOT 项目遭遇的共同问题，亟须相关法令的完善来加以保障。

（4）其他风险。

①在 PPP、BOT 合同中，建设期和运营期通常是合并计算，如果项目建设无法按预定时间完成，将变相减少项目运营期，导致项目收益减少。

②技术风险：如果由于进水、出水水质变化导致工艺改变而增加投资，会导致项目收益减少。

③土地拆迁风险：如果拆迁成本增加，会导致项目收益减少。

9.2.1.2　建设期风险

（1）建设期风险来源于工程施工进度风险和采购风险。地埋厂项目靠近城镇，施工场地狭小，人、材、机的投入无足够施展空间，影响施工进度。工期延误会造成利息的额外支出，也会使投资额增加，进而影响项目收益。

（2）采购风险来源于供货风险，尤其是国外采购设备，供货周期长，会影响施工进度。

（3）通货膨胀。生产要素价格升高，同时货币贬值，使实际的报酬率降低，最后影响项目收益。

（4）利率、汇率变化。利率的设定有很多种形式，大致包括固定利率和浮动利率。地埋厂项目的投资大部分为贷款，利率的变化会导致投资额的变化，当采用浮动利率时，利率的上涨会导致成本上升。当项目融资中有外资时，还会涉及汇率的变化，汇率也会影响成本，最终影响项目收益。

9.2.1.3 运营期风险

(1) 地埋厂运营期间，运营方和政府及其他相关部门（如市政管理部门、环保部门等）在涉及相关利益时（如排污管网或进水水质是否正常），可能出现纠纷和扯皮现象。污水厂作为市政公用设施，其正常运营必须依靠政府（如污水处理费的收取），但由于投资方运营时间长，难免在长时间的运营过程中，为了各自的利益产生纠纷和扯皮的现象。

(2) 污水进水量不足，会使污水处理厂的处理量达不到盈亏平衡点，从而以原有的价格不能保证利润的实现，这样就会影响收益。

(3) 污水进水水质超标，会增加地埋厂的处理难度，使经营成本上升，从而影响收益。

(4) 管网铺设不匹配。污水是通过污水管网从排污源输送到地埋厂的，没有污水管网系统的建设，污水就不会得到处理。通常政府负责管网的建设，只是把地埋厂包装成 PPP、BOT 项目交由投资商运作，由于两个密切相关的项目由不同的主体负责，便会产生项目和管网之间在建成使用时间上的矛盾。管网如果不能在地埋厂投入运营前建好，就会导致地埋厂不能正常投运，在特许经营期内不能产生现金流，从而影响项目收益。

(5) 生产要素价格变化。生产要素会因不同的工艺而不同，但大都包括能源（主要是电力）、药剂、人工费等，生产要素市场风险主要是指由于市场的供求关系造成的产品价格变化，这一点不同于通货膨胀造成的价格上涨。由于市场的风险，产品的价格可能会升高或降低，使处理污水的经营成本发生变化，进而收益发生变化。

(6) 污水处理设备质量差，会影响设备的维护成本，进而影响经营成本，最终影响项目收益。

(7) 不可抗力风险。不可抗力是指气候变化、暴雨、洪水灾害、台风、山体滑坡、地震、火山爆发、火灾、海潮、瘟疫或流行疾病等自然灾害。自然灾害将会使地埋厂停产，甚至会带来灾难性的打击。通常可通过购买保险的方式转移风险。

(8) 税收优惠变化。污水处理行业享受优惠的税收。但是，关于税收仍有不确定性，当税收发生变化时，就会影响经营成本，进而影响项目收益。

(9) 环境标准提高。随着社会的发展，对环境要求的提高，政府往往要制定出更高的污水处理标准。为了达到新标准，在产的地埋厂往往要增加投资，更新设备，从而有新的投资额形成，还伴随有新的经营成本。当成本发生重大变化时，会影响项目收益。

9.2.1.4 移交期风险

我国目前还没有一座采用 PPP、BOT 模式建设的污水厂移交，而且由于近几年才开始运作项目，所以未来十年也不会有污水厂移交（除了合作失败，政府无奈接手，比如长春汇津污水厂；或严重违约，政府主动接管，如西安鄠邑区第一污水处理厂）。污水厂在移交中的风险，存在的问题暂时还没有显现，但可以肯定移交的过程并不会顺利。

政府在污水厂PPP、BOT合同的拟定中，关于移交环节没有任何经验或教训可以借鉴，这样协议中关于移交的规定难免会有缺漏。同时，污水厂在经过漫长的20多年后，投资者内部和政府的主管领导一般会发生较大的变化，当初参与签订PPP、BOT协议的当事人不一定会参与项目的移交。这样，在项目移交时政府和投资者可能出现争议和纠纷。

9.2.2 业主的风险管控

9.2.2.1 前期风险管控

(1) 项目一旦有投资计划，可行性研究阶段就需要深入研究，做好前期介入并督促细化可行性研究。首先，确保项目总投资满足项目建设的需要，避免后期各参与方变更索赔，超过可研估算或者设计概算，面临最后项目审计变更索赔无法计入总投资的问题，该类风险可能最终由投资方承担。其次，充分考虑污水纳污范围水量，以及管网渗漏情况，合理预测近远期处理水量，从而更加准确地测算运行期水价，进而签订特许经营协议。再次，准确掌握以往年度、近期和远期水质变化情况，准确掌握进水水质规律及后期变化规律，进而测算运营期成本。如果水量达不到预期，可在特许经营协议中约定由政府对水量进行兜底，兜底的目的既避免了投资方损失，又可以促进地方政府加大纳污范围内截污纳管和管网修复的力度。

(2) 由于项目前期可行性研究等阶段的推进通常由政府负责，投资方在与政府对接项目投资意向、签署项目特许经营协议之前，需要掌握项目整体情况，做好风险应对措施。

①项目总投资情况。项目的总投资直接关系到项目建设质量的好坏、项目建成后的效果，并关系到设备采购的预算，从而影响整体运行效果。

②项目财务指标。具体有项目投资收益率、项目资金比例、贷款利率等，该类指标直接关系到项目的财务风险承受能力。

③项目运营期成本。项目运营期成本重点关注电费成本和药剂成本，在项目可行性研究阶段，存在对管网纳污范围进水水质分析不准，水量分析不合理等问题。可能在满负荷前，纳污范围水量不足，但是所有设备都得运转，相应电力成本是同等发生，在水价测算或者保底谈判时需要予以考虑。此外，纳污范围水质分析不准、进水水质变差等，会导致药剂投加成本增加、出水水质难以保障等。

9.2.2.2 建设期风险管控

建设期投资方应做好风险转移，协调政府和金融服务机构，并充分利用总承包方的建设过程风险承担能力。地埋厂项目作为市政公用设备，需要满足项目所在地生产生活需要，具有社会公益性质，该类项目各级政府和社会关注度比较高，工期要求比较紧，同时因为污水处理按照“使用者付费”的原则，最终投资转移到排污居民和企业，因此投资方在建设期要加强设计管理，做到精细化设计，避免施工过程中出现较多的变更和索赔，在施工过程中加强项目建设管理，合理安排人、材、机的投入，控制成本，实现按质量、按工期要求完成建设任务的目的。在与政府部门对接的过程中，投资方要争取最大力度的支持，保障项目建设用地和建设期手续，并在完成建设任务后尽快组织进行竣工验收，以确保项目进入商业运行取得相应的收益。在建设期间要争取金融服务机构适当宽松的放款条件，避免出现资金跟不上工程进度的情况。

9.2.2.3 运营期风险管控

运营期的费用有燃料动力费用、药剂费用、材料费用、工资福利、维修费用、流动资金及其他，除前两项外其他运营成本可变动幅度有限，对运营成本整体影响不大。投资方在运营期要加强运营成本控制，重点做好电力成本和药剂成本的精细化管理。根据进水水量调整设备运行数量和效率，重点是大功率电气设备如鼓风机、提升泵等，在保证污水处理质量的前提下降低电单耗。随着我国污水处理指标的提升，药剂成本反馈调整药剂投加量，既要保证出水达标，又要避免出现过量投加而造成药剂出现无谓的内耗。同时可以考虑进行药剂投加装置的智能化改造，通过计算机根据出水反馈自动控制药剂投加，从而最大限度降低药剂成本。

【案例】

作为国内首家合资公用事业项目，长春市排水公司于2000年初与香港汇津公司合资成立汇津（长春）污水处理有限公司，合同期限为20年。同年7月，市政府制定了《长春汇津污水处理专营管理办法》（以下简称《专营办法》）。2000年底，项目投产并正常运行。然而从2002年开始，排水公司就拖欠汇津长春污水处理费，而从2003年3月起停止付费。为解决争议，汇津公司邀请吉林省外经贸厅出面调解，在调解会上汇津公司得知市政府已于2003年2月废止了《专营办法》。汇津公司认为《专营办法》是政府为支持项目而做出的行政许可和行政授权，废除《专营办法》等于推翻了项目运营的基础。在多次调解无果的情况下，汇津公司于2003年8月向长春市中院起诉长春市政府，而长春市政府认为汇津公司与排水公司签订的《合作经营合同书》是一份不平等合约，废止《专营办法》是为了贯彻《国务院办公厅关于妥善处理现有保证外方投资固定回报项目有关问题的通知》，属于依法行政。败诉后汇津又上诉至吉林省高院，期间汇津长春停产，数百万吨污水直接排入松花江，成为轰动一时的汇津事件，经过近两年的法律纠纷，最终长春市政府将汇津长春回购。

9.2.2.4 移交期风险管控

地埋厂在签订PPP、BOT合同时，都对移交约定了相关条款，对移交时保证建构筑物、水处理设备的完好程度都有专门描述，但是完好程度的评价标准却没有明确。因此在移交时极有可能发生不能确认完好程度而无法顺利完成移交的现象。

9.2.3 业主的风险应对

按照工程项目风险管理的程序，在风险识别、分析与评估后，风险管理者应制定风险应对的措施、方案，以控制风险。风险应对一般包括风险回避、风险自留、风险抑制和风险转移。

(1) 风险回避。

风险回避是指通过风险分析与评估，发现项目的实施将面临巨大的威胁，取消风险较大或无法降低风险的事件，以避免风险的发生。如放弃某些先进但不成熟、技术难度大、风险高的工艺类项目。采取风险回避，最好是在项目活动尚未实施以前，使所受损失最小。

风险回避是一种有效的、普遍采用的方法，也是一种最为彻底的风险管理措施，因为它将风险事件出现的概率降低到了零。但是在回避一项风险的同时，也失去了潜在的获得效益的机会，它甚至会阻碍技术创新。

(2) 风险自留。

风险自留就是将风险留给管理者自己承担，包括风险事件的一切后果、损失。对风险较小或不便于采取其他控制方式的风险，或者自己不得不承担的风险（如残余风险等），可采取风险自留。风险管理者决定风险自留须符合以下条件之一：

①别无选择，当该风险无法回避、预防或转移时，只能自留。

②期望损失不严重，风险自留的费用低于保险公司所收取的费用。

③企业有短期内承受最大潜在损失的经济能力。

④投资机会很好。

⑤内部服务或非保险人的服务优良。

⑥损失可准确预测。

采取风险自留，必须对风险做出比较准确的评估，使自身具有相应的承担能力。同时，应准备风险应急费用和制定应急措施，如工程暂列金、后备工期、资源和技术等。暂列金在我国采用较多，通常在概（预）算中按照规定的比例预留一部分资金，称为不可预见费。

(3) 风险抑制。

风险抑制就是通过采取措施，降低风险事件发生的概率，减少风险事件造成的损失。风险抑制不能完全消除风险，会存在残余的风险。对风险较大、风险无法回避和转移的事件，通常采用风险抑制。

(4) 风险转移。

风险转移就是将某些风险的后果连同应对风险的权益和责任转移给他人，自己不再直接面对风险。风险转移并非风险损失转嫁，也不能认为是损人利己，有损商业道德。因为有许多风险对某一方的确可能造成损失，但转移后不一定给另一方造成损失，工程项目风险转移的方式有保险、担保、合同条件约定等。

①保险，是指将工程项目实施过程中可能会遇到的某些类型的风险转移给保险公司，由保险公司承担该风险。需要注意的是，不是工程项目中的任何风险都可以通过保险来转移，能够保险的风险，通常称为可保风险。可保风险的特点：风险是偶然的、意外的，往往损失巨大并且损失是可以较准确地计量的。

②担保，是指将工程项目风险转移给担保公司或银行。在项目招投标和合同管理中经常应用工程担保，如投标时提供的投标担保或投标保证金，在签订合同时要求投标人提供的履约保函，在支付工程预付款时，要求投标人提供预付款担保等。

③合同条件。合理的合同条件可以达到风险转移的目的。针对不同的工程项目，采用不同的合同计价方式，如总价合同、单价合同或成本加酬金合同等，在合同中约定材料超过一定涨跌幅时启动调价程序等。此外，通过合同条件还可以对风险进行合理分担。

(5) 工程合同中风险分担原则。

在工程合同中公平、合理地分担风险是必要的，但是那些经常迫使承包商承担最大风险的业主，往往要承担更高的费用。合同各方应均衡地分担风险，这样的合同将使各方的成本最低，将使各方都有收益，其结果将真正达到多赢。

①一方应为自身的恶意行为或渎职引起的风险负责。

②如果一方能很方便地对某项风险进行保险，并能将保险费用消化在其费用中，则该风险最好由该方承担。

③如果一方是管理某项风险所获得的经济利益的最大受益者，则该风险应由该方承担。

④如果一方能更好地预见和控制该风险，则该风险应由该方承担。

⑤如果风险发生后，一方为直接受害者，则该风险应由该方承担。

⑥从工程项目整体利益出发，任何一种风险都应由最适合承担该风险或最有能力进行损失控制的一方承担，这样能最大限度地发挥各方管理的积极性和履约积极性。

⑦风险责任与权利之间的平衡，即风险作为一项责任应与权利相平衡。

⑧风险都会引起一些有关而不可避免的费用，必须明确这些费用由谁来承担。

9.3 工程保险与担保

9.3.1 工程保险概述

工程保险是针对工程项目在建设过程中可能出现的因自然灾害和意外事故而造成的物质损失和依法应对第三者的人身伤亡或财产损失承担的经济赔偿责任提供相应保障的一种综合性保险。

工程保险是现代工程建设风险管理的重要保障工具之一，能够帮助项目建设参与方有效规避和减少各类风险事故带来的风险损失。

实施工程保险有利于促进建筑市场的健康发展，推进工程保险市场的发展；有利于增强项目建设各参与方的风险意识，提高参与各方自我保护意识；也有利于我国建筑市场与国际建筑市场接轨，按国际管理机制运作。

9.3.2 工程保险险种

9.3.2.1 建筑工程一切险

建筑工程一切险，简称建工险，是集财产损失险与责任险为一体的综合性保险。建筑工程一切险承保在整个施工期间因自然灾害和意外事故造成的物质损失，以及被保险人依法应承担的第三者人身伤亡或财产损失的民事损害赔偿责任，通常附加第三者责任险。

（1）保险标的。

建筑工程一切险是以建筑工程中的材料、装饰物料、设备等为保险标的的保险，包括：

①工程本身。由总承包商和分包商为履行合同而实施的全部工程及预备工程。

②施工用设施。包括临时建筑、存料库、配料棚、搅拌站、脚手架、水电供应设施等。

③施工设备。包括大型施工机械、吊车及工地用车辆（不论这些设备属于承包商还是租赁）。

④场地清理费，是指在发生灾害事故后的场地清理费用。

（2）保险人责任。

建工险承保的是除外责任以外的一切危险造成的损失。造成物质损失的风险有两大类，即自然灾害和意外事故。意外事故又包括人为风险。保险人承担的主要责任包括：

①火灾、爆炸、雷击、空中飞行物体坠毁及灭火或其他救助所造成的损失。

②海啸、洪水、潮水、水灾、地震、暴雨、雪崩、地崩、山崩、冻灾、冰雹及其他自然灾害。

③一般性盗窃和抢劫。

④由于工人和技术人员缺乏经验、疏忽、过失、故意行为或无能力等导致的经济损失。

⑤其他意外事故。

⑥建筑材料在工地范围内的运输过程中遭受的损失和破坏，以及施工设备和机具在装卸时发生的损失。

（3）投保人与被保险人。

①建筑工程一切险多数由总承包商负责投保，如果总承包商因故未办理或拒不办理投保或拒绝投保，业主可以代为投保，费用由总承包商负担。如果总承包商未曾为分包商购买保险，分包商也应为其承担的任务投保。

②被保险人是指财产或人身受保险合同保障、享有保险金请求权的人，投保人可以是被保险人。在工程保险中，除投保人外，保险公司可以在一张保险单上对所有参加该工程的有关方面都给予所需的保险，即凡在工程进行期间，对这项工程承担一定风险的有关各方均可作为被保险人。

③建筑工程一切险的被保险人可以包括业主、承包商、业主聘用的工程师、咨询公司、与工程有密切关系的单位或个人（如贷款银行或投资人等）。

（4）除外责任。

①设计错误引起的损失和费用。

工程设计通常是由业主自行委托，造成损失应视为设计方的责任，且这种错误本身具有必然性，造成损失难以预测，因此须将这种损失除外。

②自然磨损、内在或潜在缺陷、物质本身变化、自燃、自热、氧化、锈蚀、渗漏、

鼠咬、虫蛀、大气（气候或温度）变化、正常水位变化或其他渐变原因造成的保险财产自身的损失和费用。

上述情况造成的如建筑材料、机械设备的损失是一种必然损失，是不可预测的损失，因此不属于保险责任。但若造成上述情形的原因是保险承保的风险所致，例如雨后的锈蚀，则应负责。

③因原材料缺陷或工艺不善引起的保险财产本身的损失以及为换置、修理或矫正这些缺点错误所支付的费用。

上述情形的责任应为制造商或供货人，保险人不负责赔偿该部分费用，但若因此而造成其他保险财产的损失，则其他保险财产的损失由保险人负责。

④非外力引起的机械或电气装置本身的损失，或施工用机具、设备、机械装置失灵造成的本身损失。

机器设备由于自身原因出现的损失，对应的是机器损坏险，不属于建筑工程一切险的责任范围。但若因不可预测的意外原因造成机器设备损失，则仍属于一切险保险责任范围。

⑤维修保养或正常检修的费用属于被保险人应自行承担的费用。

⑥档案、文件、账簿、票据、现金、各种有价证券、图表资料及包装物料的损失。上述票证难以衡量判定其价值，容易产生道德风险，故不属于保险责任。

⑦盘点时发现的短缺。盘点时的短缺无法判定为盗窃，不属于保险责任。

⑧领有公共运输行驶执照的，或已由其他保险予以保障的车辆、船舶和飞机的损失。

领有执照的公共运输工具，活动范围不局限于工地，责任难以划分，如若投保，只能限定为没有公共行驶执照的工地用运输工具。

⑨除非另有约定，在保险工程开始以前已经存在或形成的位于工地范围内或其周围的属于被保险人的财产的损失，不属于保险合同中的承保内容。

⑩除非另有约定，在保险合同约定的保险期限终止以前，保险财产已由工程所有人签发完工验收证书或验收合格或实际占有或使用或接收的部分的损失。

根据保险条款中保险期限的规定，部分签发完工验收证书或验收合格或工程所有人员实际占有或接收该部分时，保险责任终止。虽然整个工程未完工，保险期限未终止，但对部分签发完工验收证书的自签发完工验收证书之时责任终止，以先发生者为准。

（5）第三者责任险的保险责任。

第三者责任险是指凡在保险期限内，因发生与保险合同所承保的工程直接相关的意外事故造成工地内及邻近地区的第三者人身伤亡、疾病或财产损失，依法应由被保险人承担的经济赔偿责任，包括实现经保险人书面同意的被保险人因此支付的诉讼费及其他费用，由保险人负责赔偿。

这里需要说明的是，赔偿是指被保险人在民法项下应对第三者承担的经济赔偿责任，但不包括刑事责任；诉讼费用及其他费用的支付必须是经保险人事先书面同意的，随被保险人的擅自承诺或付款等，保险人可拒绝负责赔偿。

（6）下列原因造成的损失、费用，保险人不负责赔偿：

①由于震动、移动或减弱支撑而造成的任何财产、土地、建筑物的损失及由此造成的任何人身伤害和物质损失。

②领有公共运输行驶执照的车辆、船舶、航空器造成的事故。

③本保险合同物质损失项下或本应在该项下予以负责的损失及各种费用。

④工程所有人、承包人或其他关系方或其所雇用的在工地现场从事与工程有关工作的职员、工人及上述人员的家庭成员的人身伤亡或疾病。

⑤工程所有人、承包人或其他关系方或其所雇用的职员、工人所有的或由上述人员所照管、控制的财产发生的损失。

⑥被保险人应该承担的合同责任，但无合同存在时仍然应由被保险人承担的法律责任不在此限。

（7）总的责任免除。

下列原因造成的损失、费用，保险人不负责赔偿：

①战争、敌对行为、武装冲突、恐怖活动、谋反、政变。

②行政行为或司法行为。

③罢工、暴动、民众骚乱。

④被保险人及其代表的故意行为或重大过失行为。

⑤核裂变、核聚变、核武器、核材料、核辐射、核爆炸、核污染及其他放射性污染。

⑥大气污染、土地污染、水污染及其他各种污染。

⑦工程部分停工或全部停工引起的任何损失、费用和责任。

⑧罚金、延误、丧失合同及其他后果损失。

（8）保险期限。

①自工程开工之日或在开工之前工程用料卸放于工地之日起生效，两者以先发生者为准。

②保险终止日应为工程竣工验收之日或保险单上列出的终止日，两者以先发生的为准。

③保险标的工程中有一部分先验收或投入使用。在这种情况下，自该部分验收或投入使用日起自动终止该部分的保险责任，但保险单中应注明这种部分保险责任自动终止条款。

④含安装工程项目的建筑工程一切险的保险单通常规定有试运行期（一般为 3 个月）。

⑤工程验收后通常还有一个质量保修期，在大多数情况下，建筑工程险的承保期可以包括为期 1 年的质量保证期，但需缴纳一定的保险费。保修期的保险自工程竣工验收或投入使用之日起生效，直至规定的质量保证期满之日终止。

9.3.2.2　安装工程一切险

安装工程一切险针对各种设备、装置的安装工程（包括电气、通风、给排水以及设备安装等工作内容，工业设备及管道等往往也涵盖在安装工程的范围内）。

安装工程一切险属于技术险种，其目的在于为各种机器的安装及钢结构工程的实施提供全面的专门保险。业主都要求承包商投保安装工程一切险，在很多国家和地区，这种险是强制性的。安装工程一切险主要适用于安装各种工厂用的机器、设备、储油罐、钢结构、起重机、吊车以及包含机械因素的各种建设工程。

（1）保险标的。安装工程一切险包括被安装的机器设备、装置、物料、基础工程以及工程所需的各种临时设施，如水、电、照明、通信等。其保险标的有以下三种类型：

①新建工厂、矿山或某一车间生产线安装的成套设备，包括安装工程合同内要安装的机器、设备、装置、物料、基础工程（如地基、座基等）以及安装工程所需的各种临时设施（如水电、照明、通信设备等）。

②单独的大型机械装置，如发电机、锅炉、巨型吊车、传送装置的组装工程。

③各种钢结构建筑物，如储油罐、桥梁、电视发射塔之类的安装和管道、电缆敷设等。

下列财产未经保险合同双方特别约定并在保险合同中载明应保险金额的，不属于保险合同的保险标的：

①施工用机具、设备、机械装置。

②在保险工程开始以前已经存在或形成的位于工地范围内或其周围的属于被保险人的财产。

③在保险期终止前，已经投入商业运行或业主已经接受、实际占有的财产或其中的任何一部分财产，或已经签发工程竣工证书或工程承包人已经正式提出申请验收并经业主验收合格的财产或其中任何一部分财产。

④清除残骸费用。该费用指发生保险事故后，被保险人为修复保险标的而清理施工现场所发生的必要、合理的费用。

⑤文件、账册、图表、技术资料、计算机软件、计算机数据资料等无法鉴定价值的财产。

⑥便携式通信装置、便携式计算机设备、便携式照相摄像器材以及其他便携式装置、设备。

⑦土地、海床、矿藏、水资源、动物、植物、农作物。

⑧领有公共运输行驶执照的，或已由其他保险予以保障的车辆、船舶、航空器。

⑨违章安装、危险安装、非法占用的财产。

（2）投保人与被投保人。

①安装工程一切险应由承包商投保，承包商办理了投保手续并缴纳了保险费后即为被保险人。

②被保险人除承包商外，还包括业主、制造商或供应商、技术咨询顾问、安装工程的信贷机构、工程管理咨询公司等。

（3）安装工程一切险的除外责任。安装工程一切险的除外责任与建筑工程一切险的除外责任一致。

（4）第三者责任险的保险责任。安装工程一切险的第三者责任险的保险责任与建筑工程一切险的一致。

（5）第三者责任险除外责任。安装工程一切险的第三者责任险的除外责任与建筑工程一切险的一致。

（6）总的责任免除。安装工程一切险的总的责任免除与建筑工程一切险的基本一致。

（7）安装工程一切险的保险期限。

①保险责任自保险工程在工地动工或用于保险工程的材料、设备运抵工地之时起始，至业主对部分或全部工程签发完工验收证书或验收合格，或业主实际占有或使用接收该部分或全部工程之时终止，以先发生者为准。

②不论安装的设备的有关合同中对试车和考核期如何规定，仅在保险单明细表中列明的试车和考核期限内对试车和考核所引发的损失、费用和责任负责赔偿；若被保险设备本身是在安装前已被使用过的设备或转手设备，则自其试车之时起，保险人对该项设备的保险责任即行终止。

9.3.2.3　建筑工程意外险

建筑工程意外险，也叫意外伤害保险，被保险人是建筑工人，保险责任是当被保险人在发生意外伤害导致损失时，保险人对被保险人造成的损失承担赔付责任。

建筑工程意外险一般是承包商以团体方式购买的，可采用以工程合同总造价、建筑面积、人数三种方式来计算所需的保费，通常是记名投保，人员更换操作简单便捷。

（1）保险内容可给被保者提供以下保障：

①意外伤害身故伤残保障。

被保人由于发生以意外伤害为直接原因导致的身故，保险人会承担身故保险金的赔付责任。

被保人由于意外伤害直接原因致残，保险人按保单所载被保人意外伤残保险金额及该项身体残疾所对应的给付比例承担残疾保险金的赔付责任。

②意外伤害医疗保障。

被保人在工作期间、因公外出期间或因公往返建筑工地途中发生意外，在保险合同指定的医疗机构治疗所需要支付的在保险的理赔范围内的医疗费用，可按照合同的约定获得赔偿。

（2）主要除外责任。以下原因导致的损失是不赔偿的：

①投保人、受益人对被保人故意杀害、伤害。

②被保人由于违法、故意犯罪或拒捕。

③被保人由于斗殴、醉酒、自杀、故意自伤及服用、吸食或注射毒品。

④被保人由于受酒精、毒品、管制药品的影响。

⑤被保人属于酒后驾驶、无有效驾驶证驾驶及驾驶无有效行驶证的机动交通工具或助动交通工具等导致的意外伤害、医疗费用。

（3）保险期限。建筑工程意外险的保险期限与工程施工相同，不论工期不到一年或多于一年。

①在配置产品时，选择依据施工建筑面积或依据工程合同造价的一定比例计算保费，保险期间自工程被批准正式开工之日，且交费后的次日（或约定起保日）零时起，到工程竣工之日24时止。提前竣工的，保险也会终止。

②投保时，保费选择依据人数计收的，投保者可按需选择3个月以上（包括3个月）到1年的保险期间，不过月数应为整数，保险时间的长短以保险单载明的起讫时间为准。

（4）承包商应负责的人身伤亡和财产损失赔偿的情况。承包商应赔偿以下情况造成的人身伤害和财产损失：

①承包商为履行合同所雇用的全部人员（包括分包商人员）工伤事故造成的损失。承包商可以要求其分包商自行承担分包人员的工伤事故责任。

②由于承包商的责任造成在其辖区内业主和承包商以及第三方人员的人身伤害和财产损失。

③业主和承包商的共同责任。在承包商管辖区内工作的业主人员或非承包商雇用的其他人员，由于其自身过失造成人身伤害和财产损失，若其中含有承包商的部分责任，如管理上的疏漏时，应由业主和承包商协商合理分担其赔偿费用。

（5）业主应负责的人身伤亡和财产损失赔偿的情况。业主应负责赔偿以下各种情况造成的人身伤亡和财产损失：

①业主现场机构雇用的全部人员（包括工程管理咨询人员）工伤事故造成的损失。但由于承包商的过失造成的在承包商责任区内各种业主人员的伤亡，应由承包商承担责任。

②由于业主责任造成在其辖区内业主、承包商以及第三方人员的人身伤亡和财产损失。

③工程或工程的任何部分对土地的占用所造成的第三方财产损失。

④工程施工过程中，承包商按合同要求进行工作对第三方造成的不可避免的财产损失。

【案例】

某市政工程，施工方以2.8亿元工程额投保，保费约8.5万元。因2020年8月16日发生特大暴雨，尽管做了相应的防汛措施，但暴雨仍对已施工部分造成损害，出现泥石流、山洪等次生灾害，造成构筑物冲毁、道路塌陷，受灾预计损失约190万元。后基于保险合同约定，由保险公司赔付上述损失。

9.4 工程担保

9.4.1 工程担保概述

（1）工程担保的概念。

工程担保，是指在工程建设活动中，根据法律规定或合同约定，由担保人向债权人提供的，保证债务人不履行债务时，由担保人代为履行或承担责任的法律行为。

保证人提供的保证方式为一般保证或连带责任保证。在合同中，担保方式由当事人约定，当事人对保证方式没有约定或者约定不明确的，按照连带责任承担保证责任。

（2）工程保险和工程担保的区别。

①风险对象不同。工程保险面对的是意外事故、自然灾害。而工程担保面对的是人为的违约责任。

②风险方式不同。工程保险合同是在投保人和保险人之间签订的，风险转移给了保险人。而工程担保合同的当事人涉及第三方即保证人，构成了委托人、权利人和保证人三方。权利人是享受合同保障的人，是收益方。当委托人违约使权利人受到经济损失时，权利人有权从保证人处获得补偿，这也是与工程保险的区别所在。工程保险是谁投保谁受益，而工程担保的委托人并不受益，受益的是第三方，而且最重要的是，委托人并未将风险最终转移给保证人，即最终风险承担者仍是委托人自己。

③风险责任不同。依据《担保法》，委托人对保证人为其向权利人支付的任何赔偿，有返还给保证人的义务。而依据《保险法》，保险人赔付后是不能向投标人追偿的。

④风险选择不同。同样作为委托人，保险没有选择性，只要投保人愿意，都可以被保险。担保不同，它必须通过资信审查、评估等手段选择有资格的委托人。

⑤风险预期不同。保险转移对于风险损失是有预期的，而担保在理论上不希望发生风险损失。由于保证人在出具保函前要对委托人的各种有关情况进行调查，因此一旦决定担保，基本上能确信不会发生委托人不履约行为，即保险建立在实际可计算的预期损失的基础上，而担保则建立在委托人的信用等级和履约能力的基础上。保险造就的是互动机制，而担保造就的是信用机制。

9.4.2　承包商保证担保

工程承包商采用的保证担保通常可以分为投标担保、履约担保、质量保证金担保和维修担保。

（1）投标担保。投标担保是指由担保人为投标人（工程承包商）向招标人提供的，保证投标人按照招标文件的规定参与招标活动的担保。投标人在投标有效期内撤回投标文件，或中标后不签署工程建设合同的，由担保人按照约定履行担保责任。投标担保的有关规定如下：

①投标担保可采用银行保函、保证保险或保证金担保方式，具体方式由招标人在招标文件中约定。

②投标担保金额一般可参照各地的规定设定。

③投标人采用保证金担保的，各地公共资源交易中心都对退还时间和程序有相关规定。

④投标担保有效期应当在招标文件中约定，约定的有效期截止时间为投标有效期后30～180 天，一般不宜超过 90 天。

⑤除不可抗力外，中标人在投标有效期内撤回投标文件，或者中标后在规定的时间内不与招标人签订承包合同的，招标人有权不予返还该投标人所交付的保证金。

（2）履约担保。履约担保是指由保证人为承包商向业主提供的，保证承包商履行工程建设合同约定义务的担保，其有关规定如下：

①履约担保的金额不得低于计价基数（中标价一暂列金）的10%。

②履约担保的方式可以是保证金、银行保函或保证保险。具体方式由招标人在招标文件中规定或在工程承包合同中约定。

③履约担保的有效期应当在合同中约定。承包人应保证履约担保在发包人签发竣工验收合格证书之前一直有效。

④非业主的原因，承包商不履行工程承包合同约定的义务时，由保证人履行保证责任。

⑤业主向保证人提出索赔之前，应当书面通知，说明其违约情况并提供业主的工程师（或监理工程师）对承包商违约的书面确认书。如果业主索赔的理由是建筑工程质量问题，业主还需同时提供工程质量检测机构出具的检测报告。

（3）质量保证金担保和维修担保。质量保证金是承包商为保障工程质保期（缺陷责任期）内出现质量缺陷时，承包商应当负责维修而提供的担保，规定如下：

①质量保证金在工程竣工结算审核完成后一次性扣留，为工程最终竣工结算价的3%，可以以银行保函（见索即付保函）替代质量保证金。

②保修金担保有效期由发包人与承包人在保修合同中约定，通常为土建、安装及设备2年，防水5年。

③承包商不履行保修责任时，发包人可要求保证人承担保证担保责任。

9.4.3 业主责任担保

业主责任担保，主要是指业主工程款支付担保。业主工程款支付担保是指为保证业主履行工程承包合同约定的工程款支付义务，由担保人为业主向承包商提供的，保证业主支付工程款的担保。业主工程款支付担保可以采用银行保函、保证保险，担保金额与承包商履约担保金额相等。

第 10 章　BIM 技术应用

10.1　BIM 技术概论

10.1.1　BIM 技术的概念

BIM（Building Information Modeling）是通过数字信息仿真技术模拟建筑物所具有的真实信息，在计算机中建立一座虚拟建筑，提供一个单一的、完整一致的、体现逻辑关系的建筑信息库。BIM 不仅包含设计师的设计信息，而且可以容纳从设计到建成使用，甚至是使用周期终结的全过程信息，并且各种信息始终建立在一个三维模型数据库中，可以动态实时更新。

BIM 技术以基于三维数字模型、包含其他隐含信息和支持互联互通模式的建筑信息为基础，利用专业化模块的软件开发，提高项目建设的规划、设计、施工管理以及运行和维护的效率和水平，实现建筑全生命周期信息共享，从而实现建筑全生命周期成本等方面的优化。项目管理中应用 BIM 技术可以使全过程管理流程更为科学，并能加强工程项目参与人员之间的沟通联系，实现施工项目多元化管理目标。

10.1.2　BIM 技术的特点

（1）可视化。在 BIM 技术的支持下，可以构件信息模型，实现对建筑物的立体化展现，这种近乎“所见即所得”的效果可以有效避免施工过程中的损失，细化建设工作内容，实现直观化的展示，使项目的管理更加便利准确。BIM 技术的引入，以其三维、四维甚至 n 维的可视化功能，可实现对建筑物结构和功能特性的数字化表达，使一个超乎真实的立体建筑模型得以呈现在人们的面前。更有甚者，BIM 不仅可以在建筑设计阶段实现可视化，在施工、运营的过程中同样可以达到可视化的效果。

（2）协同性。因为项目流程较为复杂，工程建设涉及的部门较多，包括施工部门、设计部门、监管部门，甚至融资部门等，虽然不同单位分别从事不同的工作，但它们之间的工作密切关联，实现各参与方信息的有效沟通以实现项目的协同性是项目顺利开展的关键环节。BIM 技术的使用可以使各参与方之间的协同合作更为融洽，更好地解决管理中因各参与方之间缺乏沟通引起的问题。

（3）模拟性。在设计阶段，BIM 会针对设计的建筑物的各个部分的性能进行模拟，包括节能模拟、突发危机的人员疏散模拟、光照模拟、热能传导模拟等。而在施工阶段，则表现为对项目的施工效果的三维模型进行4D模拟，也就是说，可以实现模拟施工过程，不仅为施工方案的确定寻求依据，更为重要的是，项目各参与方可以通过施工模拟及时发现问题，并实现过程成本的有效控制，为经济效益的提高保驾护航。

（4）关联性和一致性。在BIM技术支持下，项目信息模型的各项数据是彼此关联的，当某一数据参数发生改变时，与这一数据参数相关联的其他参数信息会随之发生变化。此外，在项目进度的不同阶段，这些数据参数无须重复输入，也不会发生改变，实现了项目信息的全生命周期的一致性。BIM技术所具有的关联性和一致性，保证了施工过程中各种数据参数的精确性，也实现了工程全生命周期管理各个阶段信息资源的无缝连接。

10.1.3 基于BIM的信息管理系统

（1）应用BIM技术建立信息管理系统，通过建立清晰的业务逻辑和明确的数据交换关系，强调项目管理的协同效应，实现业务管理、实时控制和决策支持三个维度的项目综合管理。业务管理涵盖项目管理业务，将管理数据与4D管理系统中的BIM模型双向链接，从而实现各项业务之间的关联和联动，并根据业务人员、管理人员和决策人员的不同需求量身定制相应的功能模块，为业务人员提供业务管理工具，为管理人员提供管理控制手段，为决策人员提供决策分析依据，其架构见图10.1。

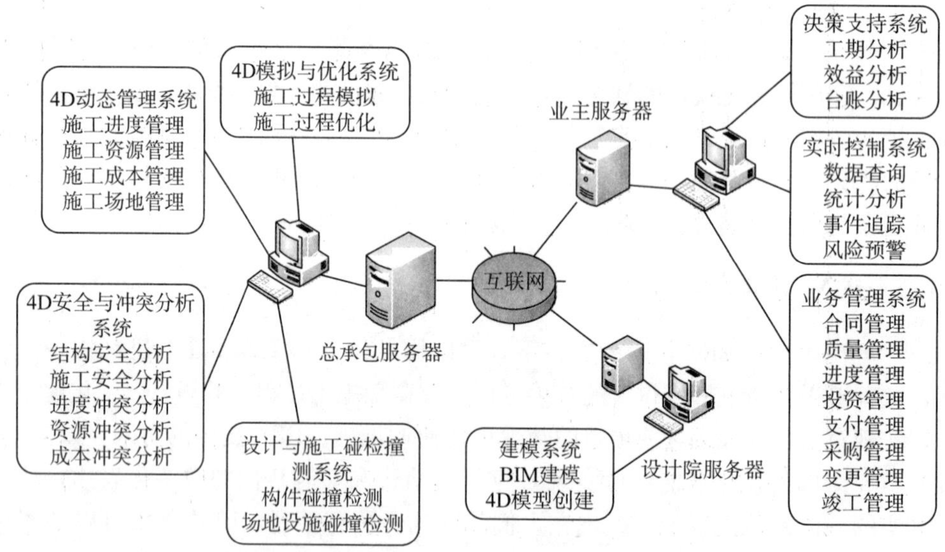

图10.1 基于BIM技术的信息系统架构

（2）系统功能。

①业务管理：为各职能部门人员提供项目的合同、进度、质量、安全、采购、支付、变更以及竣工等管理功能，管理数据与BIM的相关对象进行关联，实现各项业务之间的联动和控制，并在4D管理系统中进行可视化查询。

②实时控制：为管理人员提供实时数据查询、统计分析、事件追踪、风险预警等功能，可按照多种条件进行实时数据查询、统计分析，并自动生成统计报表。通过设定事

件流程，对施工过程中发生的安全、质量等事件进行跟踪，到达阈值将实时预警，并自动通过邮件和通知相关管理人员。

③决策支持：提供工期分析、台账分析和效益分析等功能，为决策人员的管理决策提供分析依据和支持。

（3）系统应用流程。

应用主体可以是业主、总承包或项目部、职能部门、设计、分包等参与方，利用系统相关功能，完成或辅助完成所承担的管理工作。

应用主体：首先提供项目的技术资料、基本数据和系统运行所需要的软件、硬件及网络环境。协调各职能部门和相关参与方，根据工作需求安装软件系统，设置用户权限。各部门业务人员和管理、决策人员按照其工作任务、职责和权限，通过内网客户端或外网浏览器进入系统，完成日常管理和深化设计工作。

应用参与方：通过外网浏览器进入系统，按照应用主体方的要求，填报施工进度、资源、质量、安全等实际工程数据，也可进行施工信息查询、辅助施工管理。

10.2　BIM 在设计阶段的应用

10.2.1　辅助决策

决策阶段主要应用 BIM 技术辅助进行设计方案选择（见图 10.2），利用 BIM 技术在可视化及模拟性方面的独特优势，帮助业主选择合理的项目设计方案。使用 BIM 技术对项目产生的各项数据准确处理，并且结合实际要求对数据进行转化直至符合标准，显示仿真建模结果。后期再对采取不同方案的项目造价进行对比计算，并总结不同方案的造价差异，提出可视化建议。

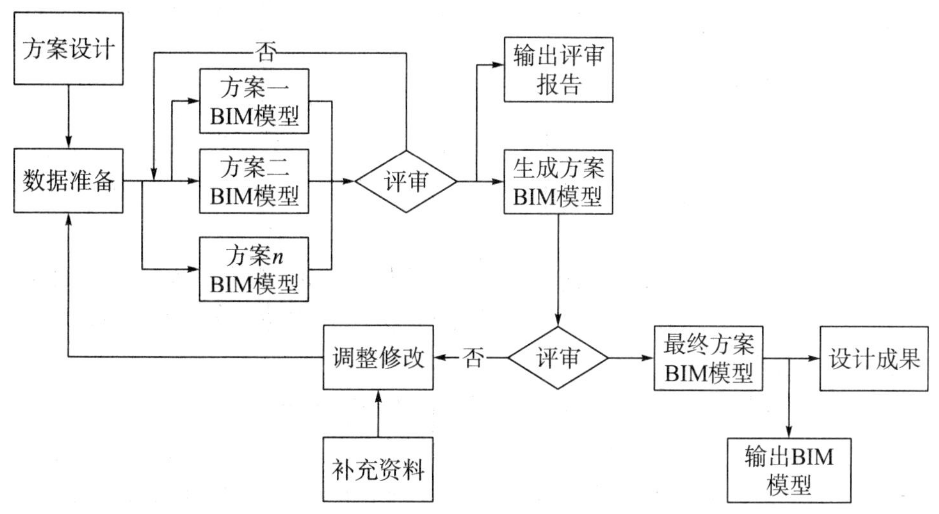

图 10.2　基于 BIM 的设计方案选择流程

10.2.2 构件信息应用

在设计阶段进行建模的同时，构建模型的每一单个墙、柱、梁、板，设定相应的参数，通过计算机数据处理后，直接在 BIM 信息平台上以更为简洁的表达方式展示。项目管理人员可由平台上的数据直接获取构件尺寸、面积、体积、标高等详细信息，适用于施工全过程管理。

在过去，数据是通过多张二维图纸结合工作人员计算的方式得出的，BIM 技术则直接跳过这一过程，数据计算处理直接交由电脑编制的程序完成，为工程技术提供了更为准确、高效的信息支持。

10.2.3 碰撞检查

设计阶段应用 BIM 技术可以建立工程三维模型，并通过投影的方式快速地生成相互关联的图纸，明显优于传统设计中二维图纸的表达方式。利用软硬碰撞检查，找出图纸存在的不合理之处，并出具碰撞报告，能够彻底消除软硬碰撞，优化工程设计，避免在施工阶段可能发生的错误和返工的可能。

硬性碰撞是指两个实体构件在空间位置上相交，此种碰撞为工程建设中最为常见的碰撞方式。产生此种碰撞的原因是工程设计常为不同专业设计部门同时进行，设计信息在交互过程中会发生遗漏，由此在模型整合过程中会产生硬性碰撞。软性碰撞是指两个构件实体并未相交，但是由于距离较小，发生不符合安全要求或无操作空间等现象。软性碰撞主要发生在管线密集的管道之间，由于其间距较小，导致安装难度增大，后期不易维修。

在 BIM 模型中能准确反映管道等构件的平面位置、标高、走向信息，在模型建立过程中，BIM 建模软件会对专业系统的构件碰撞情况进行提示，可在建模过程中修改，减少后期模型整合过程中的碰撞数量及修改工作量。

10.2.4 综合管线排布

由于地埋厂空间有限，设备及管道集中，传统二维图纸对管线排布表达效果有很大的局限性，通过 BIM 技术进行各系统综合管线排布能使管线布置更加合理、美观，减少施工过程中的拆改和返工。

综合管线排布的核心是构件碰撞检查及优化调整。在 BIM 模型构建后，分析各系统构件在空间位置排布的可行性，并对管线或构件较为集中的空间、发生碰撞可能性较大的空间进行审核及修订（见图 10.3）。

基于 BIM 技术的综合管线排布，可将建筑、结构、机电等专业模型整合，再根据各专业要求及净高要求将综合模型导入相关软件进行碰撞检查，根据碰撞报告结果对管线进行调整、避让，对设备和管线进行综合布置，从而在实际工程开始前发现问题。

图 10.3　消防管道与桥架硬碰撞

10.2.5　基于 BIM 的协同工作

对于大型项目，参与建模的人员可能分布在不同专业团队甚至不同城市，信息沟通和交流非常不便。除了让参与者明晰各自的计划和任务，还应让他们了解整个项目模型建立的状况、协同人员的动态、提出问题及表达建议的途径。工作平台（见图 10.4）能够实现这些功能，使项目参与方协同工作。

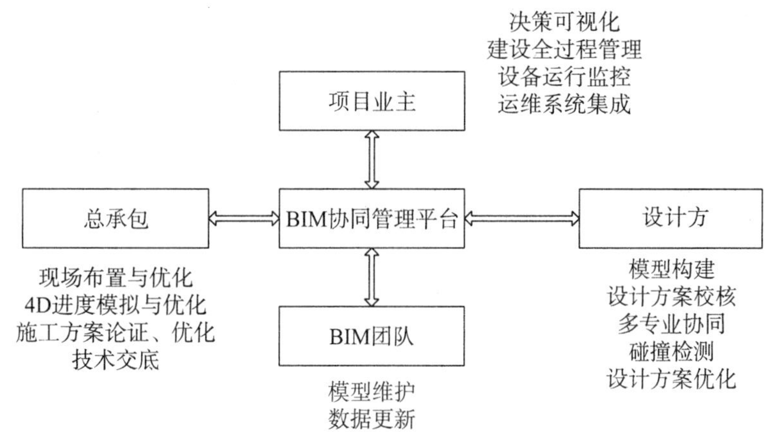

图 10.4　协同工作平台

（1）协同工作平台。

协同工作平台包括族库管理模块、模型物料模块、采购管理模块、统计分析模块、数据维护模块、工作权限模块及工程资料模块，所有模块通过外部接口和数据接口进行信息的提取、检索和实时更新。在 BIM 协同平台搭建完毕后，应明确 BIM 应用重点、协同工作方式、BIM 实施流程等多项工作内容。

总承包基于协同平台在项目实施过程中统一进行信息管理，一旦某个部位发生变化，与之关联的工程量、施工工艺、施工进度、工序搭接、采购单等相关信息都自动发生变化，且在协同平台上采用短信、微信、邮件、平台通知等方式统一告知各参与方，他们只需重新调取模型相关信息，便能轻松完成数据交互的工作。

（2）协同设计。

基于BIM技术的协同设计，可以采用三维集成化设计模型，使建筑、结构、给排水、暖通空调、电气等各专业在同一个模型基础上进行工作。建筑设计专业可以直接生成三维实体模型，结构设计专业可以提取其中的信息进行结构分析与计算。不同专业的设计人员能够通过中间模型处理器对模型进行建立和修改，并加以注释，从而使设计信息得到及时更新和传递，更好地解决不同专业间的相互协同问题，从而大大提高设计的质量和效率，实现真正意义上的协同设计。

10.3 BIM在施工阶段的应用

在施工阶段，基于BIM技术的施工现场管理，不仅是一种可视化的媒介，而且能对整个施工过程进行优化和控制，这样有利于发现并解决过程中潜在的问题，减少施工中的不确定性和风险。按照施工顺序和流程，对工期进行精确的计算、规划和控制，对人、机、物、法等施工资源统筹调度、优化配置，实现对工程施工过程交互式的可视化和信息化管理。BIM技术在施工阶段的应用分类见图10.5。

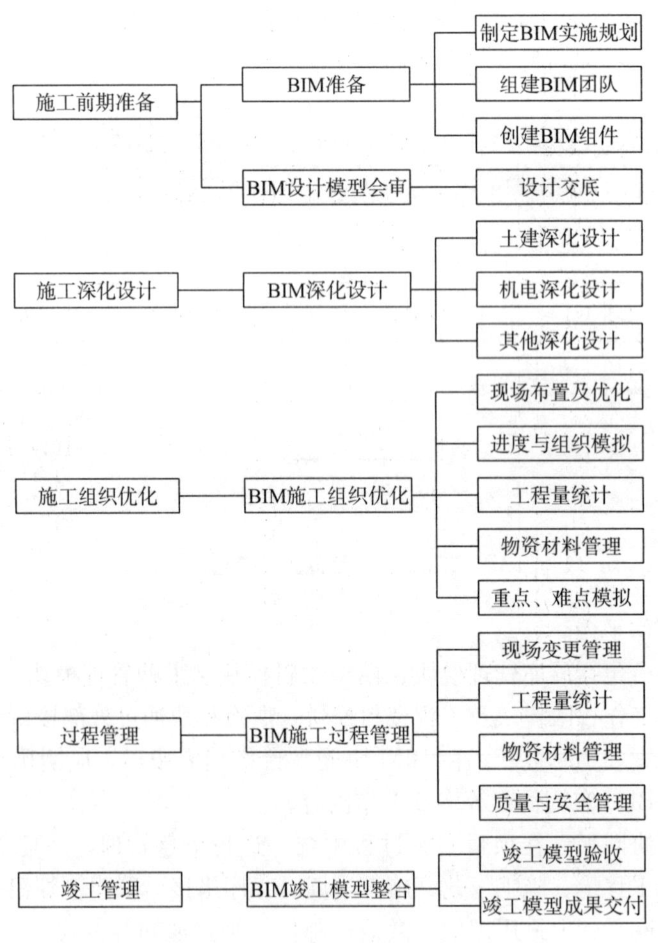

图10.5　BIM在施工阶段的应用分类

10.3.1　准备阶段的应用

10.3.1.1　现场布置优化

合理的施工平面布置，对于提高施工管理效率、降低管理成本、保证工程质量和施工安全等起着十分关键的作用。BIM技术的出现给平面布置工作提供了一个很好的方式，通过应用工程现场设备、设施等资源，在创建好工程场地模型与建筑模型后，将工程周边及现场的实际环境以数据信息的方式挂接到模型中，建立三维的现场场地平面布置，并参照工程进度计划，可以形象直观地模拟各个阶段的现场情况，灵活地进行现场平面布置，使施工平面布置设计的效率和合理性都得到大大提高。

基于BIM的现场布置，可对施工现场进行布置，合理安排塔吊、库房、办公区、加工厂和生活区等的位置，解决现场施工场地划分问题，通过可视化沟通协调，对施工场地进行优化，选择最优平面布置（见图10.6）。

图10.6　基于BIM的现场平面布置

（1）准备工作。

收集施工模型，确保数据的准确性，其中包括施工模型和场地模型、施工组织设计等资料，对场地进行初步分析评估，BIM结合地理信息系统GIS，对现场及拟建的建筑物空间数据进行建模分析，结合场地使用条件和特点，做出最理想的场地规划和交通流线组织关系。利用计算机可进行场地分析，评估建设地域发生自然灾害的可能性，区分适宜建设与不适宜建设区域，对前期场地设计可起到至关重要的作用。分析评估流程见图10.7。

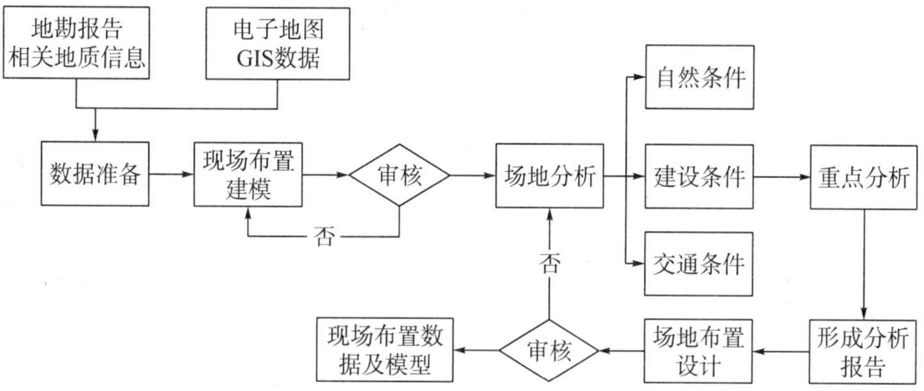

图10.7　基于BIM的场地分析评估流程

（2）施工过程动态划分。

根据不同项目的特点，按结构形式、工程部位、构件性质、材料设备种类的不同而对施工过程进行阶段划分。

（3）现场布置设计。

明确施工各阶段的主要施工特点及布置特点，根据各阶段特点及需求，分别进行现场布置设计。

施工是一个高度动态的过程，随着过程规模不断扩大，复杂程度不断提高，施工用地、材料加工区、堆场也随着过程进度的变换而调整。BIM 4D施工模拟技术可以在项目建造过程中优化使用施工资源，科学布置场地。

（4）施工模型模拟及空间冲突指标量化。

将带有场地布置的模型进行现场施工设施模拟，找到产生空间冲突的关键位置，包括施工机械在运行过程中与施工现场内的永久、临时建筑、材料堆场的空间冲突，与人员、机械设备、工作空间的安全冲突等，对这些冲突进行检测，得到施工阶段空间安全冲突指标值。

（5）布置方案评估。

综合考虑施工设施费用、施工占地使用率、施工运输量、施工管理效率、施工空间冲突等指标，对各布置方案进行评估，得出最佳方案（见图10.8）。

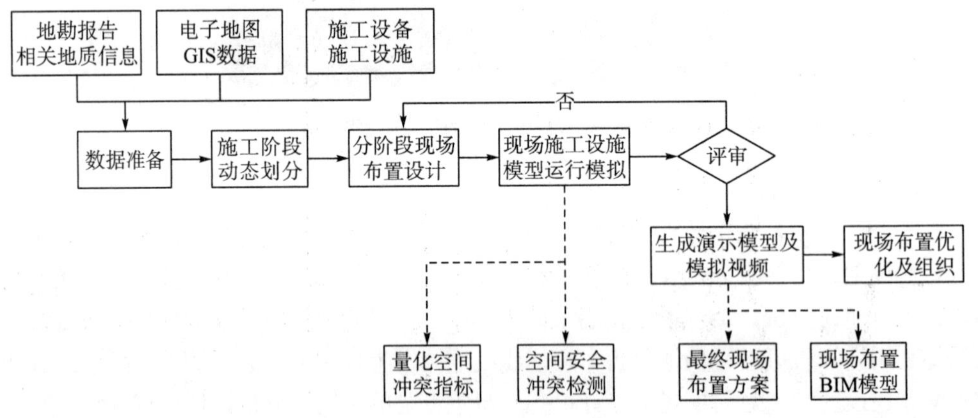

图10.8　基于BIM的场地布置流程

10.3.1.2　施工碰撞检查

（1）碰撞检查。在施工前期，依据BIM模型，准确反映管道等构件的平面位置、标高、走向等信息，同时结合施工技术措施，利用BIM技术进行碰撞检查（见图10.9）及管线综合、大型设备运输、安装路径模拟检查和空间优化等，从而在实际施工前发现问题，进一步深化施工图纸，在很大程度上可以减少施工过程中的管理难度和拆、改、返工损失。

图 10.9　基于 BIM 的施工碰撞检查

（2）大型设备运输通道及安装路径模拟检查。通过收集设备尺寸资料，作为模拟输入条件，利用 BIM 软件对模型进行设备运输通道及安装检修路径模拟检查，生成设备运输及安装路径检查报告。

（3）空间优化。利用 BIM 三维可视化技术，设置房间、廊道及走道净空标准，逐一排查房间及通道净空高度。针对不满足净空要求或净空尚有优化可能的区域，调整各专业管线的排布，最大化提升净空高度。同时，结合项目特点，确定需要优化净空的关键部位，如污泥脱水机房、箱体通道等，重点复杂区域进行重点优化。

（4）预留预埋孔洞确认。地埋厂单体规模大、结构复杂、预留预埋孔洞多，且精度要求高。通过 BIM 技术实现平面与三维的联动，借助模型准确地反映所有墙体、楼板预留孔洞位置及大小，可以直观指导施工人员进行孔洞预留预埋，提高施工效率的同时避免后期“错、漏、碰、缺”等问题，在一定程度上节约成本、缩短工期。

10.3.1.3　4D 模拟

（1）进度模拟。

应用 BIM 模型可视化的特点进行施工进度安排的复核，调整进度计划中不合理项，以便更好地指导现场施工安排。优化既定的施工组织部署，能有效保证各施工工序合理穿插，以及劳动力、材料、机械等资源的合理配置，对项目进行更有效的跟踪和控制。

在进度管理模型中输入实际进度信息后，通过实际进度与项目计划间的对比分析，发现偏差。对进度偏差进行调整，更新目标计划，以达到多方平衡，实现进度管理的最终目的，并生成施工进度控制报告。

（2）施工工序模拟。

受地埋厂构件复杂、空间交叉作业多等难点制约，施工组织难度较大，应用 BIM 技术进行 4D 工序模拟（见图 10.10），可实现工程进度可视化管理。模拟施工工艺、施工流程、建造过程等，在施工前预测项目功能及可建造性等潜在问题，提前反映项目的施工难点，进行施工中各专业的事先协调，从而避免返工。

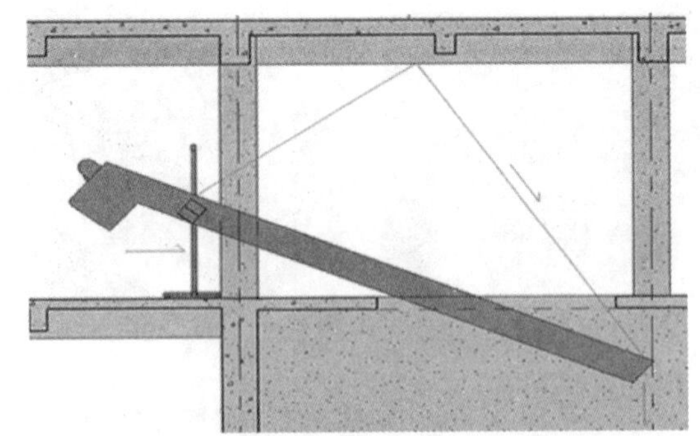

图 10.10 基于 BIM 的设备吊装模拟流程

10.3.1.4 可视化技术交底

随着项目的大型化和复杂化，图纸越来越复杂，增加了现场工人的识图难度，在大型复杂工程施工技术交底时，工人往往难以理解技术要求。使用基于 BIM 技术的施工管理软件，可以将施工流程以三维模型的形式直观、动态地展现出来，便于设计人员、施工人员进行技术交底，也便于对工人进行培训，使其在施工开始之前，准确地了解施工内容及施工顺序。例如通过 4D 模拟支模架的搭设，能准确展示支模架节点大样（见图 10.11），通过完成虚拟拼装操作，让管理人员和操作工人掌握搭设要点和安全注意事项。

图 10.11 基于 BIM 的支模技术交底模型

借助三维技术呈现技术方案，使施工重点、难点部位可视化、提前预见问题，通过模型进行技术交底，可以使工人直观地了解自身的任务及技术要求，确保工程质量，加快工程进度。基于 BIM 模型的技术交底流程见图 10.12。

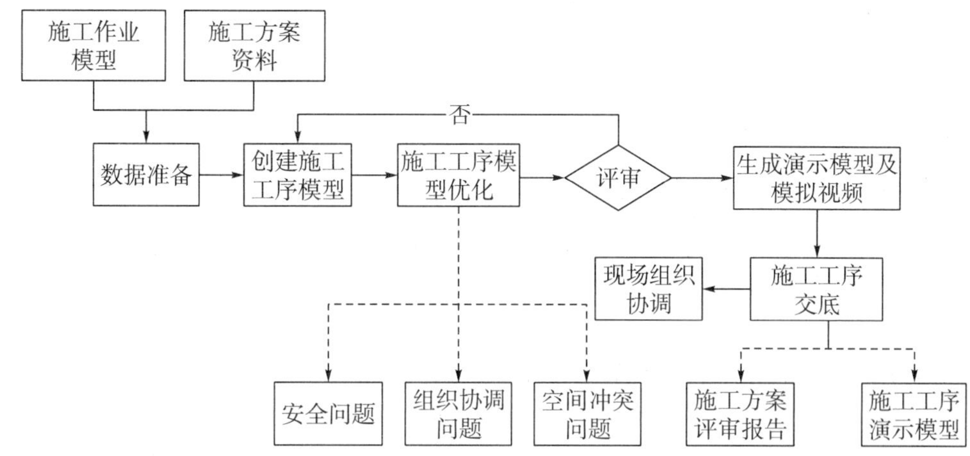

图 10.12　基于 BIM 模型的技术交底流程

10.3.1.5　综合管线排布

（1）由于地埋厂空间有限、设备及管道集中，箱体内布置了工艺、暖通、除臭、电气、仪表 5 个专业共 20 多种管线系统。地下二层的构筑物层，所有的主要工艺管道都布置在相邻构筑物间约 3m 宽的狭窄管廊内。传统二维图纸对管线排布表达效果有很大的局限性。通过 BIM 技术进行各系统综合管线排布能使管线布置更加合理、美观，优化地埋厂的操作层空间，减少施工过程中的拆改及返工，并将 BIM 模型轻量化后通过 App 指导现场安装查询。

（2）管线优化综合效益。各种管道交错碰撞，会导致管道无法顺利安装或返工的情况，造成材料、人工的浪费、工期的延误。利用 BIM 模型，对复杂节点进行方案排布，规避了管道碰撞的问题，使管道布置合理，尽量按照墙体已有预留洞的位置敷设，而且达到美观效果，最大限度地节省了材料，利用可用空间（见图 10.13）。

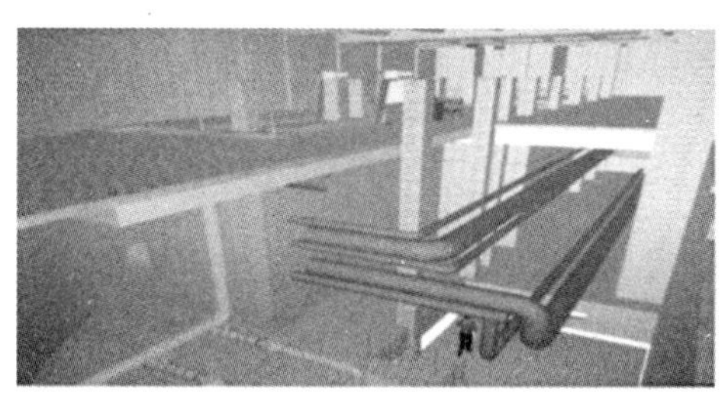
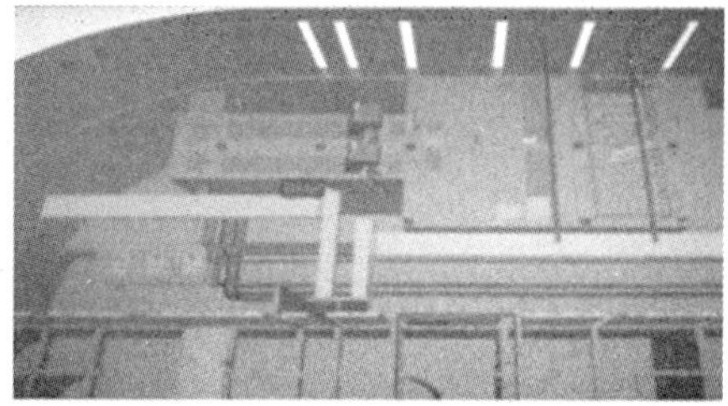

图 10.13　施工设备阶段的管线排布优化

10.3.2 施工阶段的应用

10.3.2.1 进度管理

BIM 技术能够将文字或表格数据转换成可视化的 3D 模型，通过加入时间参数对施工进度进行 4D 施工模拟。同时，BIM 信息平台提供了计划进度与实际进度的对比，从而展现了工程计划进度提前或滞后的情况。

基于 BIM 技术可实现进度计划与工程构件的动态链接，可通过甘特图、网络图及三维动画等多种形式直观表达进度计划和施工过程，为项目的不同参与方直观了解项目情况提供便捷的工具。基于 BIM 技术可对施工进度实现精确计划、跟踪和控制，动态地分配各种施工资源和场地，实时跟踪项目的实际进度，并通过计划进度与实际进度进行比较，及时分析偏差对工期的影响程度以及产生的原因，采取有效措施，保证项目能按时竣工。

在工程施工中，通过 BIM 模型对项目进行进度模拟、优化，并结合施工进度计划，生成 4D 模拟演示视频，实现施工方案的可视化交底，提前发现问题，提高施工质量和管理效率。基于 BIM 技术的进度管理流程见图 10.14。

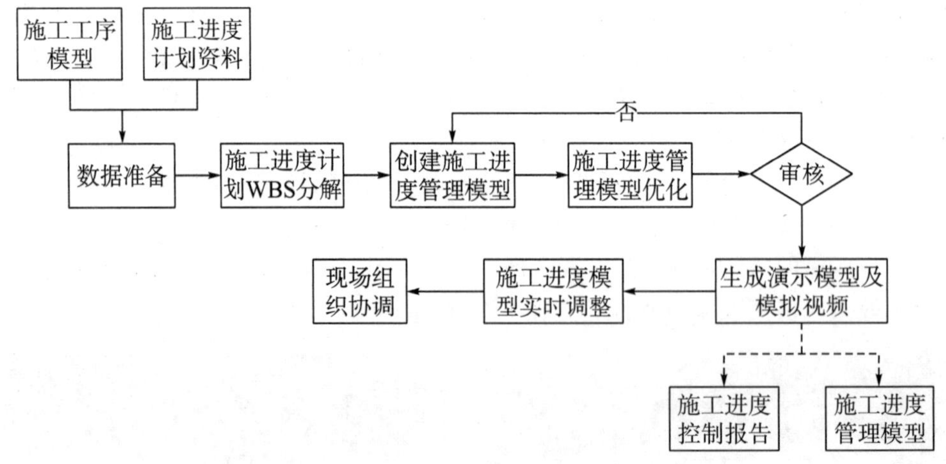

图 10.14 基于 BIM 技术的进度管理流程

10.3.2.2 工作面管理

在施工现场，不同专业在同一区域、同一楼层交叉施工的情况在所难免，对于复杂的地埋厂项目，分包单位众多、专业间频繁交叉工作多，不同专业、资源、分包之间的协同和合理工作搭接显得尤为重要。基于 BIM 技术以工作面为关联对象，自动统计任意时间点各专业在同一工作面的所有施工作业，并依据逻辑关系或时间先后，规范项目每天各专业、各部门的工作内容，工作出现超期可及时预警。

流水段管理可以结合工作面的概念，按照施工工艺或工序要求划分为一个可管理的工作面单元，在工作面之间合理安排施工顺序，在这些工作面内部，合理划分进度计划、资源供给、施工流水等，使得基于工作面的内外工作协调一致。BIM技术可提高施工组织协调的有效性，BIM模型是具有参数化的模型，可以集成工程资源、进度、成本等信息，在进行施工过程的模拟中，实现合理的施工流水划分，并基于模型完成施工的分包管理，为各专业施工方建立良好的工作面协调管理而提供支持和依据。

10.3.2.3 质量及安全管理

（1）质量管理。

在施工过程中，现场出现的各种偏差不可避免，如果能够尽早发现并整改，对减少返工、降低成本具有非常大的意义和价值。在现场将BIM模型与施工作业结果进行比对验证，可以有效地、及时地避免偏差的发生。BIM技术的应用丰富了项目质量检查和管理方式，将质量信息挂接到BIM模型上，通过模型浏览，让质量问题能够在各个层面上实现高效流转。这种方式相比传统的文档记录，可以摆脱文字的抽象，促进质量问题协调工作的开展。

BIM信息平台支持的质量检查功能主要是针对施工现场的质量验收情况表述，包括隐蔽工程验收、模板工程验收、混凝土工程验收，提供相关的检验批施工质量验收记录至平台进行审阅，为施工阶段的质量管控提供了重要依据，具有可追溯性。

（2）安全管理。

利用BIM建立三维模型，让各分包管理人员提前对施工面的危险源进行判断，在危险源附近快速地进行防护设施模型的布置，比较直观地将安全死角进行提前排查。对于防护设施模型的布置，向项目管理人员进行模型和仿真模拟交底，确保现场按照布置模型执行。利用BIM及相应灾害分析模拟软件，提前对灾害发生过程进行模拟，分析灾害发生的原因，制定相应措施避免灾害的再次发生，并编制人员疏散、救援的应急预案。基于BIM技术，将智能芯片植入项目现场管理人员和劳务人员安全帽或工作牌中，对其进出场控制、工作面布置等方面进行动态查询和调整，有利于安全管理。

在BIM模型中可以对预留洞口进行建模和编码，生成完整的洞口统计列表，开发基于BIM可视化的洞口管理系统，在模型上查看和选择各个洞口，通过洞口的移交和封闭流程的审批管理，实现洞口的使用权限和责任、实时记录安装人员出入洞口的数量和名单等功能。当作业人员进出洞口时，监理人员需查验审批流程无误后方可通行，基于三维模型还可以查看洞口所在位置，精确掌握洞口的实际使用状态，便于对建设过程中吊装预留洞口的使用、移交和封闭进行全过程规范化管理。

（3）基于BIM技术的质量与安全管理流程。

基于BIM的质量与安全管理是通过现场施工情况与模型的对比，提高质量检查的效率与准确性，并有效控制危险源，进而实现项目质量、安全可控的目标。

根据输入数据，生成施工安全设施BIM模型。实时监控现场施工质量、安全管理情况，并更新施工安全设施模型。通过移动App，实时进行现场监控、反馈，从而加强施工过程的质量控制。根据需要打印安全核查报告，核查报告应包含虚拟模型与现场施工情况的一致性对比，而施工安全风险报告应记录虚拟施工中发现的危险源与采取的措施，以及结合模型对问题风险提出的解决方案。基于BIM技术的安全文明施工管理流程如图 10.15 所示。

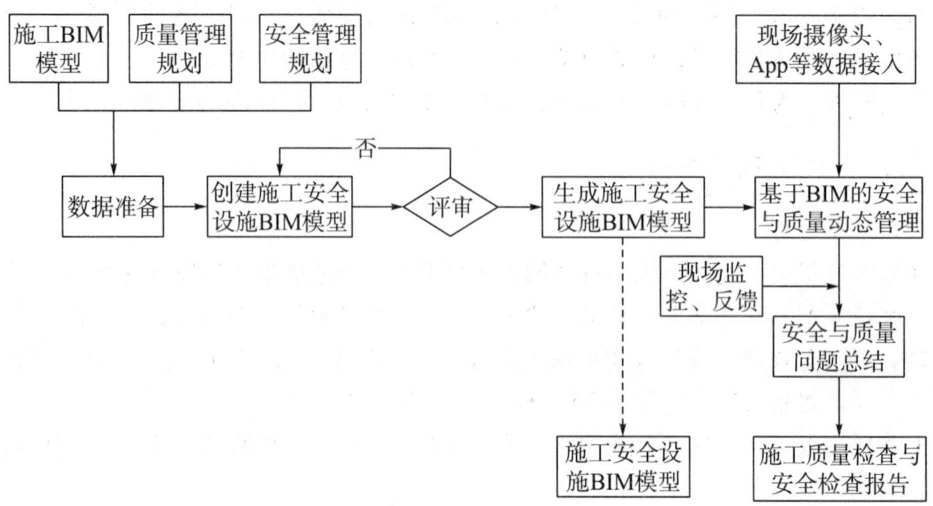

图 10.15　基于 BIM 技术的安全文明施工管理流程

（4）塔吊安全管理。

大型工程现场需布置多个塔吊同时作业，因塔吊旋转半径不足而造成的施工碰撞时有发生。确定塔吊回转半径后，在整体 BIM 施工模型中布置不同型号的塔吊，能够确保其同电源线和附近建筑物的安全距离，确定哪些员工在哪些时候会使用塔吊。在整体施工模型中，用不同颜色的色块来表明塔吊的回转半径和影响区域，并进行碰撞检测来生成塔吊回转半径计划内的任何安装活动的安全分析报告（见图 10.16）。

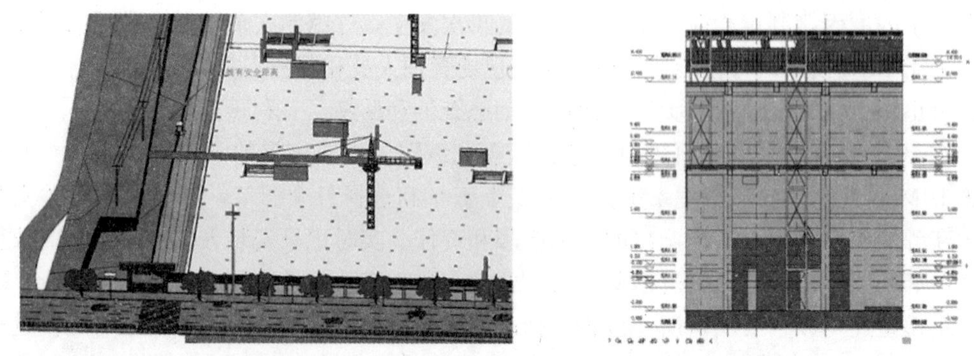

图 10.16　基于 BIM 技术的塔吊安全管理

（5）灾害应急管理。

利用 BIM 模型编制灾害分析模拟软件，模拟灾害发生的过程，分析灾害发生的原因，制定避免灾害发生的措施，以及发生后人员疏散、救援支持的应急预案。利用 BIM 模型进行模拟训练，训练工人对建筑的熟悉程度，在模拟灾害发生时，通过 BIM 模型指导工人进行快速疏散。

当灾害发生时，BIM 模型可以提供救援紧急状况点的完整信息，获取建筑物及设备的状态信息，利用 BIM 和自控系统的结合，使得 BIM 模型能清晰地呈现建筑物内部紧急状态的位置，甚至到紧急状况点最合适的路线，救援人员可以由此做出正确的现场处置，提高应急行动的成效。

10.3.2.4 资源计划及成本管理

基于 BIM 技术的成本控制的基础是建立 5D 建筑信息模型，它可以将进度信息、成本信息与三维模型进行关联整合。通过模型计算、模拟和优化对应于项目各施工阶段的劳务、材料、设备、资金等的需用量，从而建立劳动力计划、材料需求计划、机械计划和资金计划等，在此基础上形成项目成本计划，其中材料需求计划的准确性、及时性对于实现精细化成本管理和控制至关重要，它可通过 5D 模型自动提取需求计划，并以此为依据指导采购，避免材料堆积和超支。根据形象进度，利用 5D 模型自动计算完成的工程量，提高计量工作效率。在施工过程中，及时对分包结算、材料消耗、机械结算的实际支出进行统计，将实际成本及时统计和归集，与预算成本、合同收入进行三算对比分析，获得项目超支和盈亏情况，对于超支的成本找出原因，采取针对性的成本控制措施，将成本控制在计划成本内，有效实现成本动态分析控制。基于 BIM 技术的资源管理流程见图 10.17。

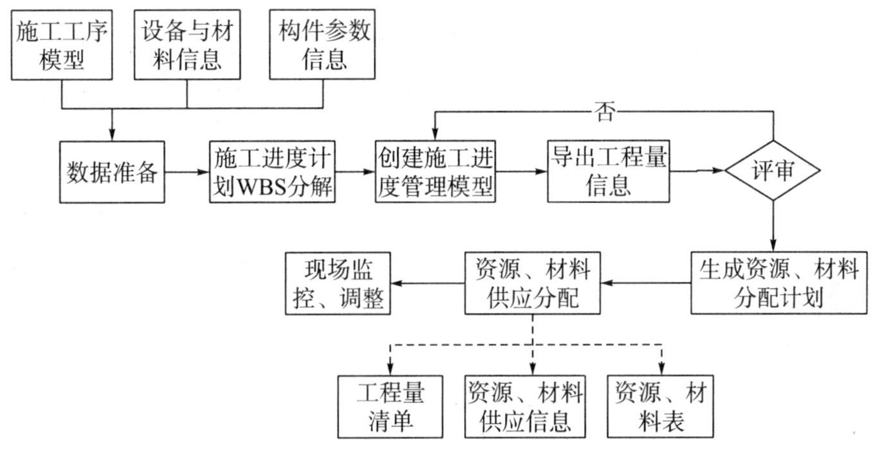

图 10.17 基于 BIM 技术的资源管理流程

10.3.2.5 造价管理

（1）工程量统计和计价。

使用基于 BIM 技术的成本预算软件，可以直接利用项目设计 BIM 数据，省去理解图纸及在计算机软件中建立工程算量模型的工作，大大减轻了工程算量和计价工作。

利用 BIM 技术对模型进行工程量精确统计，通过生成明细表的方法统计土建、机电等各专业实际工程量，无论是计算的准确度还是速度相比传统方法均有提升，能显著解决错算、漏算的问题，精确控制项目成本。

（2）下料交底。

造价员、材料员、施工员等管理人员可以透彻理解 BIM 三维模型，吃透设计思想，并按施工规范要求向施工班组进行技术交底，将 BIM 模型中用料意图传递给班组，用 BIM 三维图、节点大样图、CAD 图纸或者下料单等书面形式做好用料交底，防止班组“长料短用、整料零用”，做到物尽其用。

（3）材料管理。

运用 BIM 模型，结合施工程序及形象进度周密安排材料采购计划，不仅能保证工期与施工的连续性，而且能用好用活流动资金、降低库存、减少材料二次搬运。材料员根据工程实际进度，方便地提取施工各阶段材料用量，完成施工任务的限额领料单，作为发料部门的控制依据，实行对各班组限额发料，防止错发、多发、漏发等无计划用料，减少班组对材料的浪费。

10.3.2.6　设备管理

在 BIM 模型的基础数据上，可以开发地埋厂设备管理系统，实现设备全过程管理的信息化。地埋厂设备众多，而且专用的特殊大型设备占的比例较高，项目建成后设备管理对运行是否稳定具有重要的作用，因此在建设阶段设备资料的整理和数据采集具有重要的价值。

设备管理系统包括产品资料库、采购计划、安装计划、设备管理台账等多个模块，将所有厂内设备的信息从厂家资料到采购发货，再到进场和安装验收全过程，进行资料的收集和数据录入，实现随时掌握设备安装进度的要求。同时，所有采购设备的编号和 BIM 模型的设备编号保持一致，并进行自动匹配，可以相互校对，避免遗漏或多余，通过系统统计生成设备的统一报表，方便建设工程的管理查询。

在施工阶段，可以要求所有设备供应商提交设备 BIM 构件族，以及布置设备构件的 BIM 模型文件，并要求在模型中填写完整的设备编号等信息。通过 BIM 轻量化技术处理，可以通过网页浏览器查看设备模型（见图 10.18），实现地埋厂竣工后设备模型和信息的数字化交付。

图 10.18　基于 BIM 技术的设备管理模型

10.4 BIM 在调试运营阶段的应用

10.4.1 调试阶段的应用

由于每个地埋厂所采用的工艺细节差别较大，在项目进入调试阶段时，基于二维设计图的进水调试方案实施时，会遇到较大的困难。因此，调试单位可以利用 BIM 模型进行调试方案的模拟演示（见图 10.19），以方便调试过程和以后投入运行时对操作人员的指导。

图 10.19 基于 BIM 技术的调试模拟

虚拟调试可以通过 BIM 模型的三维可视化，结合虚拟现实技术，实现进水过程、设备操控、水流方向、污泥投加等过程的数字化演示。根据通水调试方案，利用动画模拟水流通过管道、水渠和构筑物内的全过程，展现通水过程中各种设备和阀门的开启顺序，以及构筑物内的水位变化情况。

通过对调试方案的步序分解，将地埋厂的工艺流程进行模拟，可以大大提高通水方案的优化效率，协助各方快速理解调试方案的具体过程，对今后投入正式运行后的工况调整也具有重要的意义。

10.4.2 运营阶段的应用

10.4.2.1 运维管理系统构建

基于 BIM 模型的运维管理系统（见图 10.20）可以提供可视化的操作及展示平台，运维管理工作更加形象、直接，增加了管理的直观性、空间性和集成度，能够帮助运营单位管理设施和资产，进而降低运营成本。

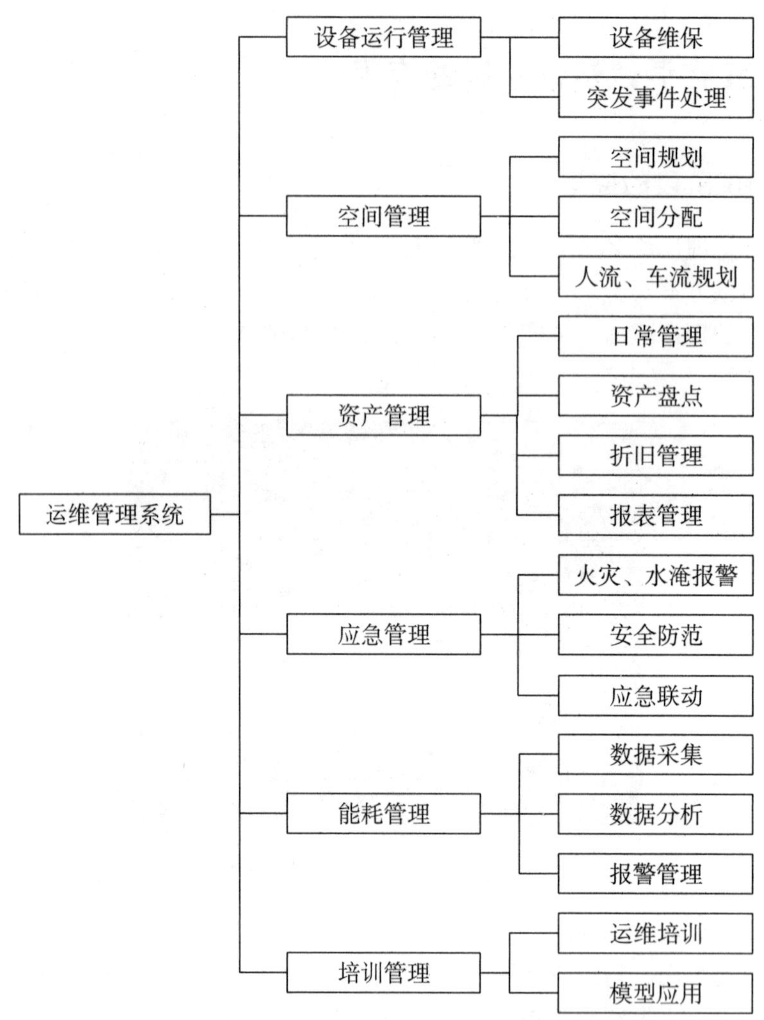

图 10.20 基于 BIM 的运维管理系统架构

10.4.2.2 运维阶段的应用

在施工过程中，BIM 模型可以不断细化、修改、录入信息，最终加工成为项目竣工 BIM 模型，将该模型与运维管理系统整合，为运营维护过程提供切实可靠的数据，帮助业主、运维单位实时查询所需的各种数据、信息。

（1）在空间管理上的应用。

利用 BIM 技术可以帮助管理人员进行空间管理，科学地分析地埋厂箱体空间现状，合理规划空间的安排。另外，在 BIM 模型中可以增加漫游模块，让进入地埋厂的参观者或学习者体验地埋厂运行空间的 VR 展示效果，促进进入实地前的体验感。

（2）设备维护管理。

可以通过模型将施工阶段录入的信息传递给运维阶段的相关人员，同时也提醒相关人员设备需更换、维护的时间，可以方便维护人员的工作，防止运维人员遗忘维护时间。

运维系统还可接入监测传感器及智能巡检机器人的信号，对重要设备进行远程控制。通过远程控制，可充分了解设备的运行状况，为运维单位更好地进行运维管理提供良好条件，实现设施和设备管理的智能化。

（3）在隐蔽工程管理上的应用。

随着地埋厂使用年限的增加，一些隐蔽管线相关的数据丢失可能会为日后的管理工作埋下很大的安全隐患。基于 BIM 技术的运维可以管理复杂的隐蔽工程，如进出水管、电线管网以及相关管井，其信息可全部以电子化的形式保存下来。内外部相关人员可实现资源共享，有变化的部位可以通过云平台随时同步调整，保证信息的完整性和准确性。在改建、扩建的时候就可以避开隐蔽工程所在的位置，避免经济损失和严重的安全事故。

（4）BIM 在应急管理上的应用。

基于 BIM 技术的运维管理对突发事件的管理包括预防、警报和处理。基于 BIM 模型的丰富信息，可以应用灾害分析模拟软件模拟建筑物可能遭遇的各种灾害的发生与发展过程，制定防止灾害发生的措施以及人员疏散、救援支持的应急预案。当灾害发生后，可以通过可视化的方式将受灾现场的信息提供给救援人员，让救援人员迅速找到通往灾害现场最合适的路线，采取合理的应对措施，提高救灾的成效。

现代项目管理理论的发展，要求管理者拥有较强的前瞻性和可持续发展的思想，BIM 技术因其具备的独特优势，成为项目管理信息化的好帮手。针对地埋厂的特点，利用 BIM 模型在可视化、模拟分析和信息传递上的优势，制定项目 BIM 应用目标和方案，推进 BIM 技术在建设中的落地应用，地埋厂作为工程中结构和工艺系统最为复杂的一种类型，BIM 技术在其建设管理中的应用具有重要的价值和意义。

参考文献

[1] 卜秋平，陆少鸣，曾科．城市污水处理厂的建设与管理［M］．北京：化学工业出版社，2002.

[2] 周金全．城市污水处理工艺设备及招标投标管理［M］．北京：化学工业出版社，2003.

[3] 陈荣秋，马士华．生产运作管理［M］．北京：机械工业出版社，2005.

[4] 任宏，张巍．工程项目管理［M］．北京：高等教育出版社，2005.

[5] 曹宇，王恩让．污水处理厂运行管理培训教程［M］．北京：化学工业出版社，2005.

[6] 李亚锋，晋文学．城市污水处理厂运行管理［M］．北京：化学工业出版社，2005.

[7] 谢经良，沈晓南，彭忠．污水处理设备操作维护问答［M］．北京：化学工业出版社，2006.

[8] 乌云娜，牛东晓．政府投资建设项目代建制理论与实务［M］．北京：电子工业出版社，2007.

[9] 黄维菊，魏星．污水处理工程设计［M］．北京：国防工业出版社，2008.

[10] 戴大双，宋金波．BOT 项目特许决策管理［M］．北京：电子工业出版社，2010.

[11] 郑国华．污水处理厂设备安装与调试技术［M］．2 版．北京：中国建筑工业出版社，2011.

[12] 徐晓珍．市政给排水工程常见质量问题及处理 300 例［M］．天津：天津大学出版社，2011.

[13] 张大群．污水处理机械设备设计与应用［M］．北京：化学工业出版社，2012.

[14] 沈晓南．污水处理厂运行和管理问答［M］．北京：化学工业出版社，2012.

[15] 朱汶迁，王云江．市政工程施工安全管理［M］．北京：中国建筑工业出版社，2014.

[16] 刘占省，赵雪锋．BIM 技术与施工项目管理［M］．北京：中国电力出版社，2015.

[17] 邱明，杨书平．地下式污水处理厂工程设计探讨与实例［J］．中国给水排水，2015（12）:48−51.

[18] 财政部政府和社会资本合作中心．PPP 示范项目案例选编（第一辑）［M］．北京：经济科学出版社，2016.

[19] 孙世昌，汪翠萍，王凯军．地下式污水处理厂的研究现状及关键问题探讨［J］．给水排水，2016（6）：37−41.

[20] 王勇．投资项目可行性分析：理论精要与案例解析［M］．北京：电子工业出版

社，2017.
[21] 蒋克彬. 水处理工程常用设备与工艺 [M]. 北京：中国石化出版社，2017.
[22] 傅庆阳，张阿芬，李兵. PPP 理论精要与范例 [M]. 北京：机械工业出版社，2017.
[23] 王燕，孙世昌. 地下式污水处理厂工程设计内容探讨 [J]. 环境科学导刊，2017 (5)：55-58.
[24] 徐晓波，崔洪升，刘世德. 地下污水处理厂的安全设计分析及建议 [J]. 中国给水排水，2017 (10)：17-21.
[25] 杨凡. 半地下式和全地下式污水处理厂布置形式分类浅析 [J]. 中国市政工程，2017 (6)：42-45.
[26] 郑梅. 污水处理工程工艺设计从入门到精通 [M]. 北京：化学工业出版社，2018.
[27] 赵树屹. 装配式混凝土建筑——政府、甲方、监理管理 200 问 [M]. 北京：机械工业出版社，2018.
[28] 财政部政府和社会资本合作中心，生态环境部环境规划院，E20 环境平台. PPP 示范项目案例选编（第四辑）——固废行业 [M]. 北京：经济科学出版社，2018.
[29] 陈洁. 建设项目 PPP 融资模式风险识别及控制策略研究 [M]. 北京：经济科学出版社，2018.
[30] 王晓睿. 城市地下空间开发 [M]. 北京：人民交通出版社，2018.
[31] 广州市建设科学技术委员会办公室. 建设工程 BIM 实践与项目全生命期应用研究 [M]. 北京：中国建筑工业出版社，2018.
[32] 李国金，李霞，郭淑琴，等. 地下式污水处理厂发展历程及工程设计注意要点 [J]. 城市道桥与防洪，2018 (8)：161-165.
[33] 刘雪林，尹利军，康金郁，等. 地埋式污水处理厂除臭工艺的选择及探讨 [J]. 绿色科技，2019 (10)：83-90.
[34] 蒋力俭. 地下式污水处理厂建设 BIM 技术应用 [J]. 特种结构，2020 (1)：112-116.
[35] 褚明兴，张婧. 地下式污水处理厂于城镇规划中价值提升方法 [J]. 山西建筑，2020 (5)：12-13.
[36] 国际咨询工程师联合会. 施工合同条件 [M]. 北京：机械工业出版社，2021.